“十二五”国家重点图书

中国建筑节能发展研究丛书　　　　丛书主编　江亿

中国建筑节能最佳实践案例

胡姗　主编

中国建筑工业出版社

图书在版编目（CIP）数据

中国建筑节能最佳实践案例／胡姗主编．—北京：中国建筑工业出版社，2015.12

（“十二五”国家重点图书．中国建筑节能发展研究丛书／丛书主编　江亿）

ISBN 978-7-112-18902-1

Ⅰ．①中…　Ⅱ．①胡…　Ⅲ．①建筑—节能—案例—中国　Ⅳ．①TU111.4

中国版本图书馆CIP数据核字（2015）第295739号

本书汇集了近六年的《中国建筑节能年度发展研究报告》中的最佳实践案例，并且为了配合农村新能源系统的方式的建设，新增了几个农村新能源案例，共计27个。本书按照不同的主题分为三篇，包括：北方城镇供热节能案例、公共建筑节能案例以及农村住宅建筑节能案例。

本书可供从事建筑节能技术的设计与运行管理人员、设备开发人员，以及从事建筑节能管理的政府工作人员等参考。

责任编辑：齐庆梅　吉万旺　王美玲　牛　松
书籍设计：京点制版
责任校对：刘　钰　关　健

“十二五”国家重点图书
中国建筑节能发展研究丛书
丛书主编　江亿
中国建筑节能最佳实践案例
胡姗　主编
*
中国建筑工业出版社出版、发行（北京西郊百万庄）
各地新华书店、建筑书店经销
北京京点图文设计有限公司制版
北京顺诚彩色印刷有限公司印刷
*
开本：787×1092毫米　1/16　印张：17½　字数：321千字
2016年3月第一版　2016年3月第一次印刷
定价：**68.00**元
ISBN 978-7-112-18902-1
（28154）

作者名单

清华大学建筑节能研究中心：

刘兰斌（案例 1，案例 3，）
李　岩（案例 2）
沈　启（案例 5）
李文涛（案例 6，案例 7）
李　峰（案例 9）
李　敏（案例 13）
张　涛（案例 15）
林波荣（案例 19）
吴忠隽（案例 20）
单　明（案例 26，案例 27）

付　林（案例 2）
夏建军（案例 5，案例 8，案例 10）
孙　健（案例 6，案例 7，案例 11，案例 12）
方　豪（案例 8，案例 10）
朱颖心（案例 13，案例 21）
刘晓华（案例 15，案例 22）
裴祖峰（案例 17）
刘彦辰（案例 19）
谢晓云（案例 23）
杨旭东（案例 26，案例 27）

特邀作者：

中国建筑科学研究院	刘月莉（案例 1）
山东建筑大学	刁乃仁，方肇洪（案例 4）
	田贯三（案例 5）
	谢晓娜（案例 14）
中国建筑西北设计研究院	周　敏（案例 15）
华东建筑设计研究院有限公司	田　炜，夏麟（案例 16）
广州市设计院	林　辉（案例 18）
哈尔滨工业大学	金　虹（案例 24）
赤峰元易生物质科技有限责任公司	陈立东，翟明志（案例 25）

统稿：胡　姗　郭偲悦

前言

《中国建筑节能年度发展研究报告》（以下简称《年度报告》）自2007年出版第一本，到现在已经连着出版了9本。每年围绕这部书的写作，我们组织了清华大学建筑节能研究中心的师生、清华其他一些单位的师生，还有全国许多单位热心于建筑节能事业的专家们一起，对我国建筑节能进展状况、问题、途径进行调查、分析、研究和探索，对实现中国建筑节能提出自己的理念，对各种争论的热点问题给出自己的观点，对建筑用能四大主要领域的节能途径提出自己的规划。这些内容在每一年的《年度报告》中陆续向社会报告，获得较大反响，对我国的建筑节能工作起到一定的推动作用。怎样才能把这套书中的研究成果更好地在相关领域推广，怎样才能使这套书对我国的建筑节能工作有更大影响？身为媒体人的齐庆梅编辑建议把这些书中的内容按照建筑节能理念思辨、建筑节能技术辨析和建筑节能最佳案例分别重组为三本书出版。按照她的建议，我们试着做了这样的再编辑工作，并与时俱进更新了一些数据，补充了新的内容，连同新近著的《中国建筑节能路线图》作为丛书（共四本）奉献给读者。

根据一些专家的建议，自2010年起，《年度报告》每年根据不同的主题组织一批“最佳实践案例”集中进行介绍，并且在清华大学“建筑节能学术周”上宣传和颁奖。入选的最佳实践案例的条件是：1.已完工并至少运行一年以上，有完整的能源消耗实测数据；2.达到良好效果，使用者确实满意；3.在国内属于同类技术中做得最好的之一。为了保证案例的真实性和公平性，我们尽可能争取对各个项目进行现场调查和测试，并按照差额选举的方式请专家答辩后通过投票确定。这样每年评选出的一批最佳实践案例基本可以反映出相关领域目前的发展状况和应用水平，具有一定的代表意义。

本书汇集了这六年的最佳实践案例，仅去掉个别几个不太合适者。为了配合农村新能源系统的方式的建设，还把将在2016年《年度报告》中发表的几个农村新能源案例也提前汇集在此书中发表。2013年的主题是居住建筑节能，从2012年初就开始组织挑选居住建筑节能的最佳实践案例。尽管动员了一批社会力量推荐和挑选，但最终很难找到完全符合上述三个条件的项目。为了坚持最初确定的基本条件，最终放弃了2013年城镇住宅建筑最佳实践案例的挑选。这样，本书所收入的仅为其他

5年的实践案例。真希望到2017年当我们再次出版城镇住宅节能专题的《年度报告》时，能够有足够的满足条件的城镇居住建筑项目入选。

出于上述原因，本书的实践案例按照主题汇集为3篇：北方城镇供暖，公共建筑与商业建筑，农村居住建筑。收入到北方城镇供暖主题的实践案例包括与供暖相关各环节的十余个案例：有燃煤、燃气热电联产系统挖潜改造的实践案例；有燃气锅炉、水源热泵、空气源热泵、污水源热泵等多种新型热源方式的实践；还有低品位余热作为集中供热系统热源的实践。用户侧壁挂燃气炉供暖、末端通断方式调节、降低热力站二次泵电耗等各环节的节能案例也被收入介绍。这些案例与目前国内广泛展开的供热节能挖潜和热改中涌现出的大量成果和工程实例相比，仅仅是很小的一角。在质和量上都远远不能反映出当前国内这一领域的真实状况。北方供暖中符合前述三个条件的最佳案例真是太多了，这几年我国在北方供暖的节能工作中真是做出了很多出色的工作。本书收入的仅算作他们的代表吧！

对于公共建筑和商业建筑的最佳实践案例我们要求是作为一个建筑整体，考察其各项技术集成后的综合能耗水平，而不是看某项单独的技术。这样一来很多单项技术做得很好的项目就都不能入选。除了香港一个大型集中冷冻站的案例外，其他项目都要求整座建筑单位面积耗电量处在全国同功能建筑的最低限。这样的要求就使得近年来一些引起很大影响的大型标志性建筑和大多数节能示范建筑落选。我们在这件事上的基本观点是：一座建筑是否节能，就看其实际能耗是否低于具有同样功能的其他建筑，而不是看采用了多少先进的节能技术，更不能由于其属于“高档”、“豪华”或“超水平服务”就可以对其能耗打折。当然这些入选项目的基本条件是使用者满意，高投诉的项目决不能入选。值得注意的现象是，按照这样的标准选出的7个办公建筑项目全部都是设计院或建筑节能研究与推广机构自行设计的自建项目。而这些项目之所以能够以低能耗而入选的主要原因又是这些建筑朴实、实用，不盲目追风，更不去刻意追求某种建筑造型而不顾其实用功能。为什么这些业主为自己设计、建造的办公楼都遵循这样的原则，而当为其他业主进行商业性设计建造时，其出发点就发生很大的变化，这也就导致各地不断地出现一栋栋奇奇怪怪的建筑，问题到底出在哪个环节呢？

农村节能案例是针对各项不同技术而确定的，包括围护结构的改造和生物质能源的应用。真希望树立一个实现“无煤村”的典型案例。很可惜，至今还没找到。这反映出我国农村建筑节能和新能源建设方面的发展目前尚处于起步阶段。恳请更多的有志者关注和介入农村的建筑节能与新能源建设工作，盼望着更多、更好、更全面的农村建筑节能最佳实践案例的出现。

由于我们的人力、物力和时间的限制，更由于我们经验有限和与社会联系有限，总的看来这些“最佳实践案例”很可能是挂一漏万，社会上一定还有很多更好的更出色的工程实践案例没有被收入。收集、编辑和出版最佳案例，向国内外各界宣传我们在建筑节能领域的这些成就，是我们今后持续的工作。希望社会上更多的同仁关注这项工作，向我们推荐更多更好的实践案例。当然，更盼望着奋斗在这一领域的诸位同仁创造出更多更好的作品，完成更多更好的工程实践。

本书的汇总编辑和修订工作由胡姗负责，感谢她为之付出的辛勤劳动。同时也感谢本书所收入的各个案例的发现和整理者，更感谢完成这些案例工程的实践者。中国的建筑节能事业只有靠这样一批人在第一线持续奋斗，不断创造出新的最佳案例来，才能发展下去，才能真正实现我们的节能目标。几年后本书也争取再出版第二卷、第三卷，不断记录下我国在建筑节能发展道路上的辉煌进程。

本书出版受“十二五”国家科技计划支撑课题“建筑节能基础数据的采集与分析和数据库的建立”（2012BAJ12B01）资助，特此鸣谢。

江亿

于清华大学节能楼

2015 年 12 月 2 日

目录

上篇　北方城镇供热节能最佳实践案例

中篇　公共建筑节能最佳实践案例

下篇　农村住宅建筑节能最佳实践案例

北方城镇供热节能最佳实践案例

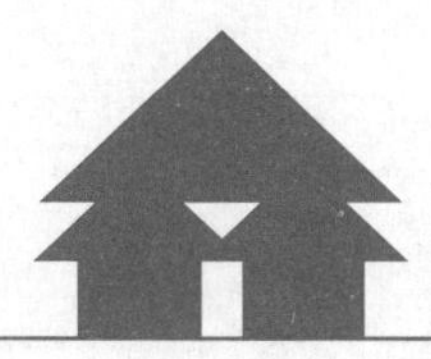

1 既有住宅围护结构节能改造案例介绍

1.1 项目概况

进行改造的建筑物为北京市朝阳区惠新西街12号楼，该建筑共18层，总建筑面积约11000m^2，计144户。该楼建于1988年，为内浇外挂预制大板结构，围护结构传热系数实测结果如表1-1所示。现场勘查发现，经过20年的使用后，该楼虽经几次维修，但外墙一些部位已出现渗漏、破损现象，导致部分墙体结露发霉，冬季室内温度低。红外热成像仪检测结果显示，结露发霉处外墙内表面温度在9℃左右，较相邻外墙内表面温度低2 ~ 3℃。这些部位外墙存在热工缺陷，严重影响外墙保温效果，不少住户反映冬天室内温度低，需通过加开电暖器和穿棉衣来解决热舒适度差的问题。

经现场实测围护结构传热系数数据（表1-1），计算得到12号楼建筑耗热量指标为25.9W/m^2，高于北京市节能标准值30%。

现场实测围护结构传热系数 **表1-1**

围护结构部位	组成	传热系数[W/（m^2·K）]
外墙	280mm厚陶粒混凝土	2.04
屋面	250mm厚加气混凝土	1.26

1.2 改造方案

拟通过围护结构改造，保证该建筑物达到北京市65%节能设计标准要求，降低建筑需热量。同时，为最大化地取得节能效果，同步进行了包括安装散热器恒

温阀在内的采暖系统改造。

（1）外墙保温改造

1）如图 1-1 所示，外墙保温采用粘贴膨胀聚苯板薄抹灰涂料饰面做法，聚苯板厚度为 100mm。考虑到外保温系统的防火安全，窗口增设防火隔离带；窗井部分也进行了外墙外保温处理。

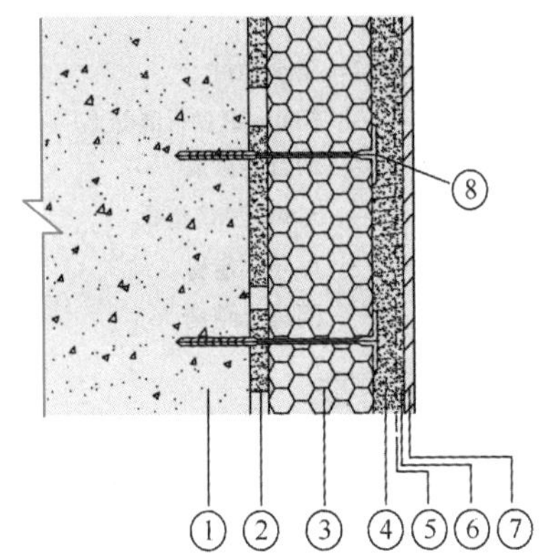

① 280mm 陶粒混凝土墙；
② 粘结砂浆，粘接面积不小于 50%；
③ 膨胀聚苯板 EPS，厚度为 100mm，密度 18kg/m^3；
④ 抹面砂浆，4mm；
⑤ 耐碱玻纤网格布，4×4；
⑥ 抹面砂浆 2mm；
⑦ 装饰砂浆 / 涂料；
⑧ 锚固件 160mm

图 1-1　外墙外保温构造

2）地下一层外墙采用内保温做法，保温浆料厚度为 50mm。

（2）外门窗

1）更换全楼外窗，以符合现行节能标准要求。户内外窗选用断热铝合金型材内平开窗，公共走廊外窗选用同系列旋开窗。

2）外门窗洞口上沿采用岩棉板，设置 200mm 高防火隔离带，宽度超出窗两侧 300mm。窗台构造满足防水、防渗、保温要求，加设金属挡水板（两侧带翻边）。

3）首层、二层安装防盗网，位置在结构窗洞内。三层以上不安装。

4）更换防火门。

（3）屋面

1）屋面在原保温、防水构造的基础上，增设 60mm 挤塑板上加铺防水层一道（如图 1-2 所示）。

2）屋面设备暖沟及女儿墙均做保温改造。

（4）新风系统

由于更换后的外窗气密性好，为了保证室内空气品质，本次在既有居住建筑节能改造中首次采用有组织通风。其原理如图 1-3 所示，通过安装在浴室卫生间的排风机，经排风道向室外排风，产生室内负压；从而使得室外新风通过安装在外墙上的进风口，经隔尘降噪处理后进入室内。图 1-4 为节能改造前、后的建筑外观实拍照片。

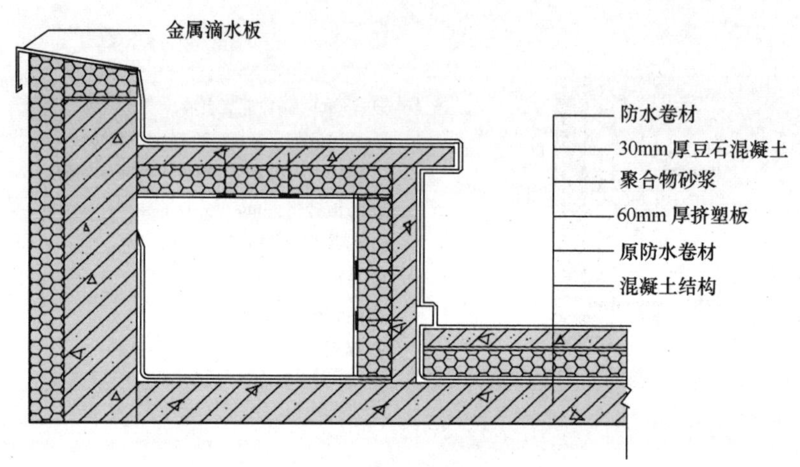

图 1-2　屋面保温构造图

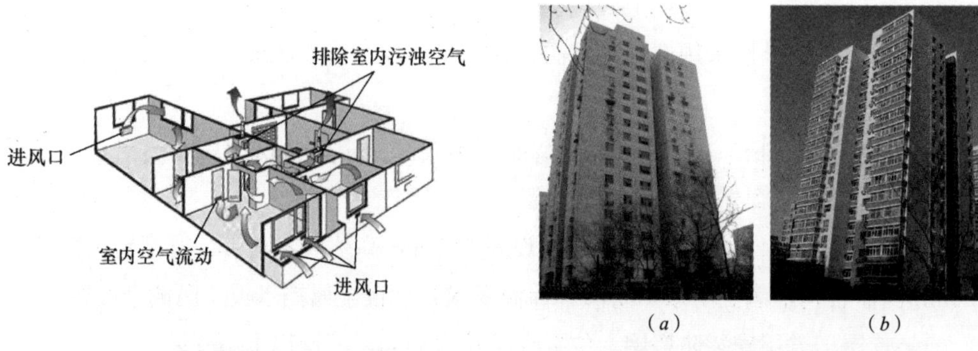

图 1-3　新风系统工作原理图

图 1-4　改造前、后建筑外观
(a) 改造前；(b) 改造后

1.3　改造效果

(1) 建筑外围护结构的热工检测

1) 红外热成像仪检测

采用红外热成像仪对建筑物外围护结构进行检测，结果显示：各层外墙外表

面温度较均匀，外墙外表面温度略高于室外温度，表明外墙外保温效果较好；外墙内表面温度在20℃左右，比室温低2 ~ 4℃，且明显高于室外温度（当时室外气温为零下3℃），节能改造前，部分住户的外墙内表面温度为7 ~ 9℃。上述结果表明各层外墙外保温性能较一致，且外墙保温效果显著。改造后的外窗外表面温度明显低于改造前的外窗外表面温度，因此建筑物外窗的保温性能也得到明显改善。

2）传热系数测试

采用热流计法检测外墙和屋面传热系数，表1-2为节能改造前后的检测结果。从表中可以看出，改造后外墙和屋面传热系数大幅降低，满足北京市65%节能标准要求。

传热系数检测结果 表1-2

	改造前的传热系数[W/（m^2 · K）]	改造后的传热系数[W/（m^2 · K）]
外墙	2.04	0.39
屋面	1.26	0.41

（2）建筑物气密性测试

表1-3是进行了节能改造后的12号楼与同一小区内未经改造的4号楼6个典型用户气密性测试结果。从表中可以看出：在10Pa压力作用下，改造后的12号楼平均换气次数为1.01次/h，而未经改造的4号楼平均换气次数为3.25次/h，相差3倍，建筑物气密性得到明显改善。

建筑物气密性测试结果 表1-3

12号楼住户门号	10Pa压力下建筑物渗漏（m^3/h）	10Pa压力下换气次数（次/h）	4号楼住户门号	10Pa压力下建筑物渗漏（m^3/h）	10Pa压力下换气次数（次/h）
108	175	1.4	101	410	3.28
201	75	0.6	108	240	1.85
1003	150	1.25	905	260	3.47
1006			1206	360	3.43
1501	100	0.79	1702	700	5.93
1703	120	1.01	1708	200	1.54
12号楼平均值	124	1.01	4号楼平均值	361.6	3.25

（3）节能效果测试

表 1-4 是改造后的 12 号楼与未改造的 4、6、10 号楼采暖能耗测试结果。可以看出，在室温明显高于其他楼栋的情况下，12 号楼仍节能 34.55%，节能效果明显。若能进一步有效改善室内调节，降低室内温度，可进一步降低 12 号楼的采暖能耗。

12 号楼与未经改造 4、6、10 号楼单位采暖面积能耗比较　　表 1-4

楼号	采暖面积（m²）	室内温度（℃）	采暖能耗（kWh/a）	单位面积能耗[kWh/（m²·a）]	节能率
12	10179.94	23.00	547104	53.74	34.55%
10	8967.87	21.32	731974	81.62	—
6	8967.87	19.47	737256	82.21	—
4	8967.87	20.29	740036	82.52	—

（4）室内热舒适度测试

表 1-5 为 12 号楼的室内热舒适度测试结果。一般来说，舒适度 PMV 值在 −0.5 ~ +0.5 之间为较舒适区域。热舒适度值小于 −0.5 时，室内偏凉，热舒适度值大于 +0.5 时，室内偏热。从测试结果看，12 号楼的室内温度偏高。

室内热舒适度测试结果　　表 1-5

测试日期	室内热舒适度测试平均值（PMV）
2008 年 1 月 22 日	0.63
2009 年 3 月 5 日	0.53

（5）住户节能行为调查

项目组在 2008 ~ 2009 年采暖季对住户开窗情况和住户温控阀使用情况进行了调查。调查结果统计如下。

1）住户开窗调查

选取初寒、严寒和末寒期的一天，每小时记录一次住户开窗情况。调查结果表明，虽然安装了新风系统，但是由于室温偏高，住户还是习惯于开窗通风，且南向阳面开窗数量居多。

2）温控阀使用情况调查

入户调查 116 户，结果表明，虽然相对于设计标准室内温度达到 23.8℃，属于偏热，绝大多数住户仍表示满意，而且即使对住户反复进行了温控装置的使用培训，但多数住户仍不习惯使用温控阀来调节温度。因此应采取方便操作、更有效的末端调节措施，同时落实收费体制改革，才能真正改变居民的用能行为。

1.4　围护结构各主要部分节能贡献率分析

图 1-5、表 1-6 为按照实测围护结构传热系数计算的改造前、后围护结构各部位传热量比较。从中可以看到：改造前，外墙的传热量占围护结构传热量的比例为 61%，其次外窗为 36%，屋面仅为 3%；改造后，围护结构各部位传热量所占比例发生了变化，外窗成为围护结构传热的最主要部分，尽管改造前后单位面积的外窗传热量降低最大（139.77kWh/m^2）。综上不难看出，对于惠新西街 12 号楼的节能改造来说，其围护结构中最有效的是外墙的改造，其节能贡献率超过了 2/3；其次是外窗；由于是高层，屋面的贡献率相对较小。对于外窗而言，从技术上说如果选用性能更好的外窗降低其传热系数值，其节能贡献率将会更高，但同时也会带来成本的大幅提升。

值得注意的是，此案例中尽管建筑保温性能和气密性大幅度提高，同时进行了有组织通风，但由于用户开窗所造成的新风能耗的比例急剧上升，表 1-7 是改造后围护结构和新风能耗（新风能耗的计算是通过楼栋总耗热量减去围护结构传热量）比例，可以看到，此时新风能耗和围护结构能耗接近 1∶1。因此，当围护结构大幅度改善后，应特别注意末端的室温控制，避免用户过热开窗。

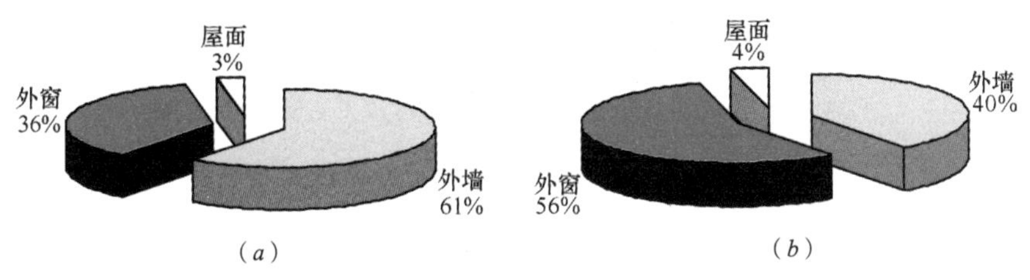

图 1-5　改造前后围护结构各部分传热量比例

（a）改造前；（b）改造后

围护结构主要部分冬季总传热量对比　　表 1-6

	改造前		改造后		减少量	
	围护结构传热量（kWh）	单位围护结构面积传热量（kWh/m^2）	围护结构传热量（kWh）	单位围护结构面积传热量（kWh/m^2）	围护结构传热量（kWh）	单位围护结构面积传热量（kWh/m^2）
外墙	646311	90.87	112948	15.88	533363	74.99
外窗	389872	235	158010	95.23	231862	139.77
屋面	32688	54.93	10637.1	17.88	22050.9	37.05

新风能耗和围护结构的能耗　　表 1-7

	耗热量（kWh）	单位建筑面积耗热量（kWh/m^2）	占总耗热量比例
围护结构	281595.1	25.6	51%
新风	265508.9	24.1	49%

2 基于吸收式换热的热电联产集中供热技术工程应用——大同第一热电厂乏汽余热利用示范工程

2.1 项目概况

该项目系利用华电大同第一热电厂的汽轮机乏汽余热对同煤集团棚户区和沉陷区（简称“两区”）进行的供热系统改造工程。华电大同第一热电厂既有的两台CKZ135-13.24/535/535/0.245 型超高压、一次中间再热、单抽、单轴、双排气凝汽式直接空冷汽轮机组，利用基于吸收式换热的热电联产集中供热技术，回收热电厂汽轮机乏汽余热，提高热电厂供热能力，改造后满足 2010 年同煤集团“两区”共计 638 万 m^2 的建筑采暖需求。项目包括：在电厂内空冷岛下方安装两台余热回收机组，由华电大同第一热电厂承担；热网部分配合改造部分用户热力站，安装 18 台吸收式换热机组以降低热网回水温度。图 2-1 是示范工程现场照片。

图 2-1　大同第一热电厂乏汽余热利用示范工程现场

2.2 供热现状

大同第一热电厂的 2×135MW 供热机组在冬季最大抽汽工况下主要热力参数

见表 2-1，采暖（五段）抽汽量为 $2\times200=400$t/h，参数 $P=0.245$MPa，$T=237$℃，折合供热功率约为 268MW；汽轮机低压缸排汽流量 160t/h，排汽压力 15kPa。

大同第一热电厂 CKZ135-13.24/535/535/0.245 型汽轮机最大抽汽工况下主要热力参数　表 2-1

型号	CKZ135-13.24/535/535/0.245	
形式	超高压、一次中间再热、双缸、双排汽、单轴、单抽、凝汽式直接空冷汽轮机	
主蒸汽压力	MPa	13.24
主蒸汽温度	℃	535
主蒸汽流量	t/h	480
再热蒸汽进汽阀前蒸汽压力	MPa	2.48
再热蒸汽进汽阀前蒸汽温度	℃	535
再热蒸汽进汽流量	t/h	411
五段抽汽压力	MPa（绝压）	0.245
五段抽汽温度	℃	237
五段抽汽流量	t/h	200
背压	kPa	15
低压缸排汽流量	t/h	160

连接大同第一热电厂热源与“两区”用户热力站的一次热网由同煤集团投建，管网及热力站布置见图 2-2，一次网设计供回水温度为 115/70℃。根据 2009 年采暖季的实际运行数据，实际运行供水温度约在 75 ~ 95℃之间，回水温度约 45 ~ 55℃，温差仅为 25 ~ 40℃左右，处于“大流量、小温差”的不节能运行状态。棚户区有用户热力站 34 座，沉陷区有用户热力站 14 座，约 80% 的用户采用地板辐射采暖，二次网实际运行温度约 45/40℃，其余 20% 的用户采用散热器采暖，二次网实际运行温度约 50/40℃。

2009 年采暖季，由华电大同第一热电厂为同煤“两区”供应约 260 万 m^2 的建筑采暖，其中棚户区约为 200 万 m^2，沉陷区约为 60 万 m^2。2010 年采暖季增加了约 378 万 m^2，“两区”建筑采暖面积增加到 638 万 m^2。

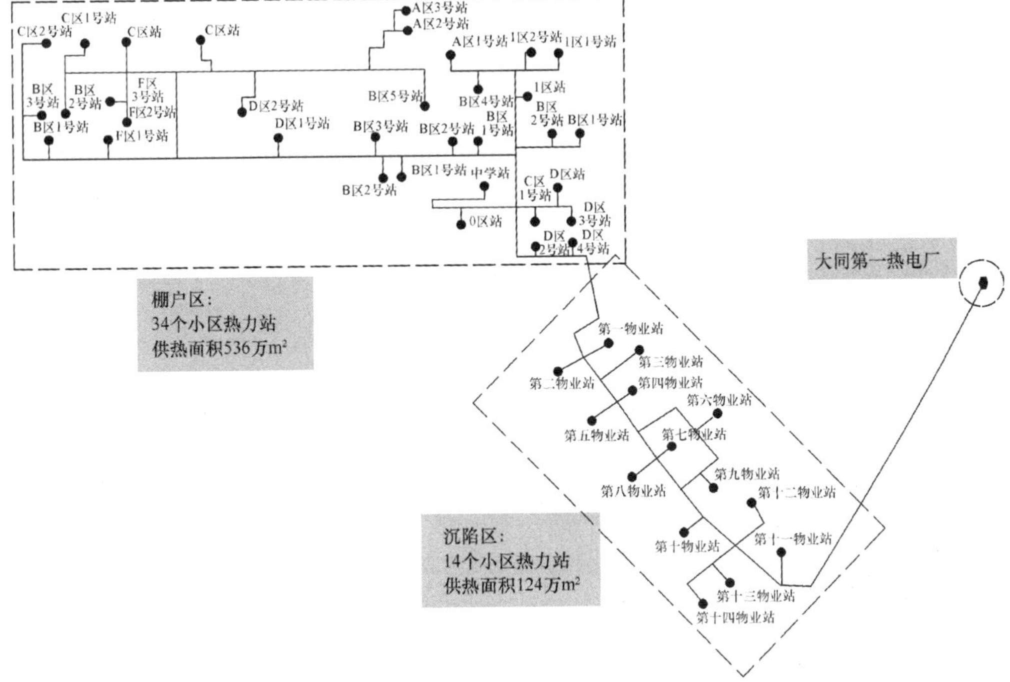

图 2-2　同煤集团“两区”城区的热力管网示意图

2.3　项目背景

（1）大同第一热电厂供热能力面临不足，亟需提高热源供热能力

采暖综合热指标按 60W/m² 计算，2010 年“两区”总热负荷需求达 383MW。从表 2-2 中的供需平衡可以看出，供热系统面临着严重的热源能力不足的问题，2010 年采暖季约出现 200 万 m² 的缺口，而由于大气环境治理的要求，又要严格控制城区燃煤锅炉及燃煤电厂的建设。作为城市基础设施的一项重要组成部分，如同煤“两区”的冬季采暖问题不能解决，则严重限制该区域居民的生活水平，影响该区域的和谐稳定发展。因此，亟待提高热源的供热能力，其中最为可行的办法即是提高既有热电厂的供热能力。

（2）将大同第一热电厂乏汽余热回收用于供热

华电大同第一热电厂 2×135MW 供热机组在最大抽汽工况下，为保证汽轮机安全运行，仍有约 160t/h 低压蒸汽通过空冷冷凝器排掉，折合热量 104MW，相当于燃料燃烧总发热量的 28%，采暖蒸汽供热量的 77%。如果把这部分热量充分回收并用于供热，可以大幅提高该电厂的供热能力和能源利用效率，解决热源不足的问题。

同煤集团“两区”供热系统供需平衡　　表 2-2

	2009年采暖季	2010年采暖季
“两区”供热面积（万 m^2）	260	638
“两区”供热负荷（MW）	156	383
电厂供热能力（MW）	268	268
热源供热能力与热负荷差值（MW）	+112	-115

本工程采用基于吸收式换热的热电联产集中供热技术，回收大同第一热电厂的汽轮机乏汽余热，在不新建热源、不增加污染物排放的情况下，提高了电厂供热能力，工程达产后实现 638 万 m^2 的建筑供热，满足 2010 年采暖季同煤“两区”建筑采暖的紧迫需求，并为大同市电厂余热回收供热技术的发展和应用积累实践经验。

2.4　供热系统改造方案

同煤“两区”2010 年采暖总供热面积 638 万 m^2，对其中的 14 座热力站（合计采暖面积 220 万 m^2）进行改造，站内安装 18 台吸收式换热机组，将一次网的回水温度降低至 20℃左右；剩余的用户热力站由于地下空间不够无法安装吸收式换热机组，可通过增加板式换热器换热面积，使一次网回水温度降低至 45℃左右。通过上述改造，一次网返厂回水温度约为 37℃左右，如图 2-3 所示。

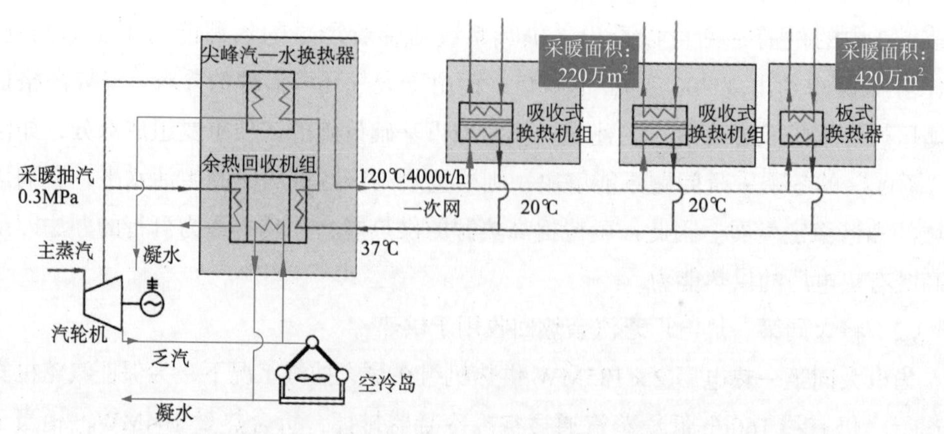

图 2-3　华电大同第一热电厂基于吸收式换热的热电联产集中供热方案

在电厂内安装两台 HRU85 型余热回收机组，其原理是：以部分汽轮机采暖抽汽为驱动动力，驱动吸收式热泵，回收低温乏汽余热，用其加热热网回水。热网热水得到的热量为消耗的蒸汽热量与回收的乏汽余热量之和，流量为 4000t/h、温度为 37℃的一次网回水进入电厂后由余热回收机组和尖峰热网加热器加热至 120℃。两台汽轮机的乏汽进入对应的余热回收机组，冷凝放热后凝结水返还给汽轮机排汽装置。

项目需要采暖抽汽 390t/h，利用余热回收机组回收 200t/h 乏汽余热，考虑到约 3% 加热环节的热损失后，总供热功率达到 383MW，即可满足 638 万 m^2 建筑采暖。供热系统设计工作参数见表 2-3。

供热系统设计工作参数 **表 2-3**

热网水	入口温度（℃）	37
	出口温度（℃）	73
	流量（t/h）	4000
	供热量（MW）	385
汽轮机乏汽	流量（t/h）	200
	回收乏汽余热功率（MW）	129
汽轮机抽汽	入口压力（MPa）	0.245
	流量（t/h）	390
	消耗抽汽供热量（MW）	256

供热负荷分配图如图 2-4 所示。进入初末寒期，负荷减少后，可以减少尖峰加热器加热量，从而降低抽汽量，多发电。这样整个采暖季供热量为 356 万 GJ，其中采暖抽汽供热量 203 万 GJ，乏汽余热供热量 162 万 GJ。汽轮机采暖抽汽耗热量与回收乏汽余热量的比例约为 1.25 : 1。

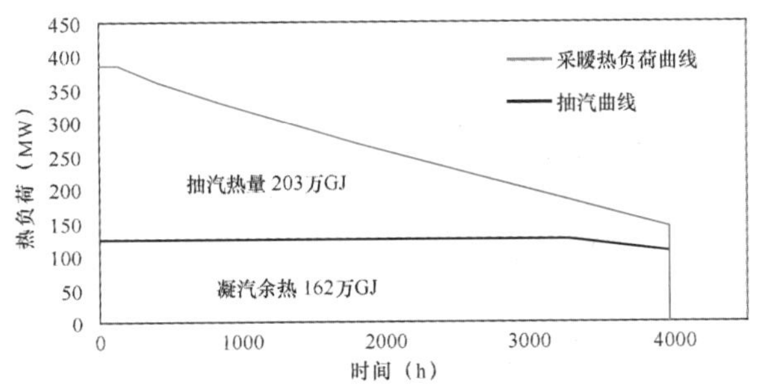

图 2-4 华电大同第一热电厂供热负荷分配图

2.5　电厂内热网加热首站建设内容

项目在电厂内增设了两台余热回收机组，并对原系统乏汽管道、五段抽汽管道、热网水管道、凝结水管道以及抽真空管道做了相应的改造，详见图 2-5。

（1）增设电厂余热回收机组：在汽轮机房 A 列外空冷岛下方，对应两台汽轮机分别安装两台 HRU85 型余热回收机组。

（2）改造汽轮机采暖抽汽管道：由两台汽轮机原五段抽汽 *DN*1000 管道分别引出 *DN*600 的接入管道，将部分采暖蒸汽引入余热回收机组。

（3）改造汽轮机低压缸排汽（乏汽）管路：由两台汽轮机排汽装置后的 *DN*4500 的排汽立管各引出 *DN*3500 的管道接入余热回收机组，并安装 *DN*3500 的电动真空蝶阀，并于两机组之间设置 *DN*2000 的联络管道，使得：采暖季工况，两台汽轮机乏汽进入对应的余热回收机组，放热降温后凝结水返回排汽装置；当负荷变化时（如采暖季初、末寒期），供热负荷小，热网需热量小于发电机组余热，过剩的乏汽排热通过空冷冷凝器散到环境；如一台汽机事故停运，可将另一台汽轮机的乏汽引入各台余热回收机组，仍可保证系统 80% 的供热量；非采暖季工况，全部乏汽进入空冷冷凝器散热。

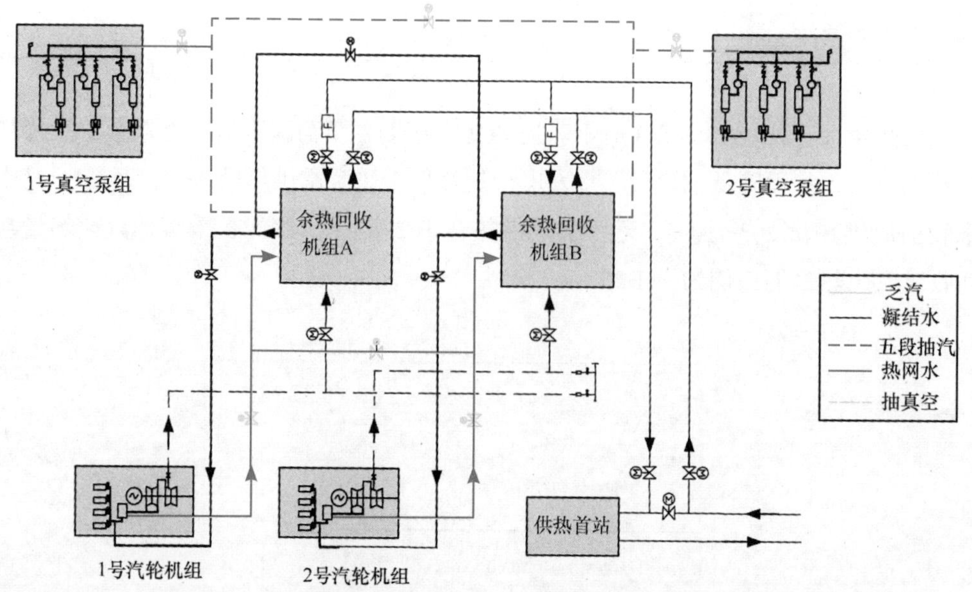

图 2-5　大同第一热电厂乏汽余热利用示范工程系统示意图

（4）改造电厂内的一次网热水管道：由原一次网回水管道引出 *DN*800 的管道，将流量为 4000t/h、温度为 37℃的一次网回水送入余热回收机组加热，再由原热网加热器加热至 120℃供出。

（5）改造原汽轮机系统凝结水管路：由排汽装置与凝结水泵之间连接管道处引出 DN300 的管道，将乏汽凝结水和五段抽汽疏水返还给汽轮机排汽装置。

（6）改造原汽轮机系统抽真空管路：由两台汽轮机抽真空管道各引出 *DN*150 的管道接入余热回收机组，用以维持机组乏汽换热侧以及新建乏汽管道与原汽轮机排汽系统的真空相同，保障汽轮机的运行安全。

2.6 测试结果

项目于 2011 年 1 月投产后，对电厂内余热回收机组实际运行工况下的主要运行参数及性能进行了现场测试。测试工况取在两台汽轮机电负荷达到 100MW 以上，五段抽气参数稳定时；由于约 100 万 m^2 安装了吸收换热机组的用户热力站尚未投进热网，因此实验时热网回水温度为 47℃左右，比设计值高 10℃，热网水总流量在 3500t/h 左右。

测试方法：系统启动连续稳定运行两小时后，开始测试，每间隔 30s 采样一次，连续采样 120 次（60min），取平均值，测试及计算分析结果如表 2-4 所示。

华电大同第一热电厂乏汽余热利用性能试验数据 表 2-4

	名　称	数　值
热网循环水	回水温度（℃）	47
	供水温度（℃）	104.5
	流量（t/h）	3650
	总供热量（MW）	244
采暖抽汽	压力（MPa）	0.178（1 号汽轮机） 0.198（2 号汽轮机）
	流量（t/h）	84.25（1 号汽轮机） 87.23（2 号汽轮机）
	采暖蒸汽供热量（MW）	118.67
乏汽	流量（t/h）	106.70（1 号汽轮机） 95.70（2 号汽轮机）
	乏汽余热回收量（MW）	125.33
系统抽汽热量：凝汽热量		0.95 : 1

从测试结果得出以下结论：

（1）两台余热回收机组乏汽余热总回收功率 125MW，基本达到预想的设计效果；

（2）待 100 万 m^2 安装有吸收式换热机组的用户热力站投入运行后，热网水参数达到了设计值，可进一步通过优化试验研究，确定最佳的运行真空，提高发电机组的发电效率，使电厂整体经济效益最大化。

2.7　方案评价

（1）增加电厂供热能力

利用基于吸收式换热的热电联产集中供热技术，回收大同第一热电厂供热机组共计 120MW 的汽轮机排汽冷凝热，可将电厂供热能力提高 200 万 m^2，较原热源供热能力提高 45% 左右，可使大同市少建 50t/h 集中式燃煤锅炉 4 台。

（2）节能减排

每采暖季凝汽余热回收量约为 162 万 GJ，燃煤锅炉效率按 85% 计算，回收这部分余热低位热值相当于节约 6.56tce，供热节能率约为 46%。相应减少因冬季采暖而产生的 46% 的 CO_2、SO_2、烟尘等污染排放。每个采暖季可减少 CO_2 排放量 17.2 万 t，SO_2 排放量 557.5t，NO_2 排放量 485.4t，灰渣量 1.6 万 t。

此外，由于部分汽轮机乏汽通过余热回收机组凝结降温，可大量节约空冷岛的风机电耗。

（3）经济性

本项目在电厂热网加热首站增加的投资约为 4690 万元，每采暖季凝汽余热回收收益 1835 万元，投资回收期约为 2.6 年左右。

本项目在用户热力站增加的投资约为 4580 万元，但回收排汽冷凝热可使同煤集团少建四台 50t/h 的燃煤锅炉，相应节约锅炉房建设投资 7000 万元，投资可相应减少 2420 万元。

综上所述，该项工程在工艺技术、建设条件上是成熟的，节能效益、环保效益、经济效益和社会效益方面是显著的，标志着基于吸收式换热技术在大型集中供热系统的成功推广。

3 以“室温调控”为核心的末端通断调节与热分摊技术应用案例介绍

3.1 应用工程概况

（1）建筑概况

此次跟踪测试的示范工程位于长春一汽车城名仕家园小区（图 3-1），总建筑面积 16.7 万 m^2，为了便于比较，仅对其中 9 栋建筑的 288 个用户进行了采暖末端通断热计量系统的改造，采暖面积约 4.2 万 m^2。

图 3-1 小区照片

（2）采暖系统概况

采暖系统为共用立管的分户独立系统，室内采用单管水平串联顺序式的连接方式，同时各个用户的热入口装有户用热表，可读取累计热量、当前供回水温度、当前流量等参数。为了应用基于分栋热计量的末端通断调节与热分摊技术，采暖季开始前对各用户热入口加装了末端通断调节装置。同时为计量各楼栋能耗，整个小区 26 栋建筑的楼栋热入口均安装楼栋总热量表。

3.2　测试结果

（1）被控房间的室温控制效果测试

1）不同位置用户、不同设定温度的室温控制效果

图 3-2 是处于楼内不同位置，设定不同温度的 8 个典型用户的室温控制曲线，图中直线为设定温度，点线为用户实际温度。可以看到，不管用户位于楼内哪个位置，以及设定温度是多少，只要用户处于调控状态，被控房间的室温均可控制在“设定温度 ±0.5℃”，控制策略展现了良好的鲁棒性。

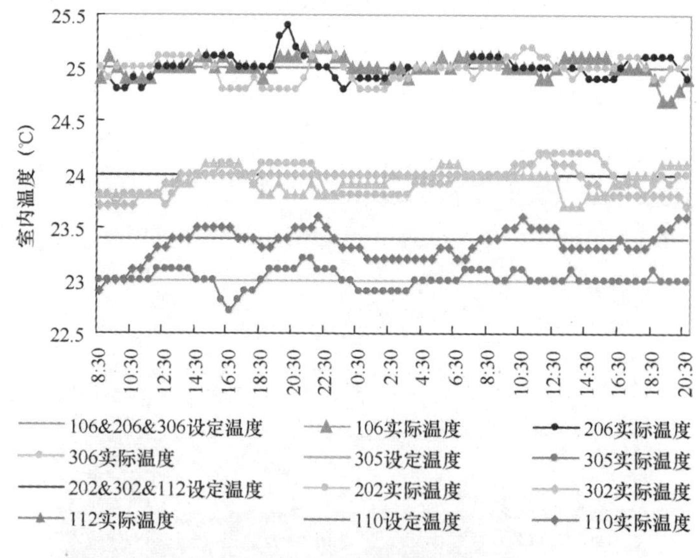

图 3-2　部分用户的室温连续变化曲线（12 月 27 ~ 29 日）

2）用户更改设定温度的室温效果

图 3-3 是某个典型用户在 12 月 27 ~ 30 日的室温和阀门瞬态占空比的变化曲线。不同于其他用户，该用户按照作息习惯对设定温度进行了调整，下班回到家后（18：00 左右）将室温设定由白天的 23℃提高到了 24℃，晚上睡觉前或上班前又将室温调至 23℃，同时在第二天回家后进行了短时间的开窗（图中圆圈标记处），从图中可以看到：用户设定温度调高或开窗后，阀门开启时间迅速增加，直至整个周期全开，因此按照阀门开启时间分摊热费的方式将会使得用户室温设定偏高或开窗的用户分摊更多的热费。另一方面用户调高设定温度后，虽然阀门全开，由于建筑巨大的热惯性，实际室温变化缓慢，并不能迅速升至用户所需的 24℃。因此短暂调高设定温

度对实际室温的变化影响不大；

虽然该用户行为复杂，但用户的室温基本控制在设定温度 ±0.5℃，室温控制效果良好；

从阀门瞬态开启占空比的变化可以明显看到，室温上升或设定温度调低，占空比减小，室温下降或设定温度调高，占空比增加，趋势对应明显。

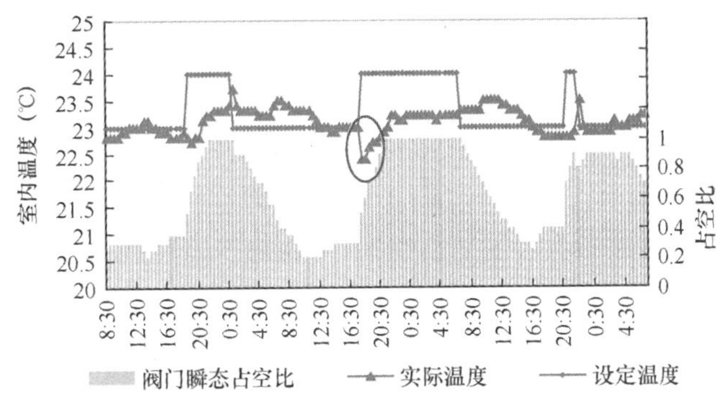

图 3-3　303 用户室温和阀门开启占空比连续变化曲线（12 月 27 ~ 30 日）

3）不同采暖时段的室温控制效果

图 3-4 是 110 和 202 两个用户分别在 12 月 27 日 ~ 12 月 28 日和 3 月 28 ~ 29 日不同采暖时段连续两天的室内温度和阀门瞬态开启占空比曲线。不同采暖时段，对应的室外温度、供水温度、流量偏差、太阳辐射等都不太可能一样，因此这两张图片可以间接证明，供水温度、供水流量、太阳辐射等不同时的室温控制效果。从图中可以看到：

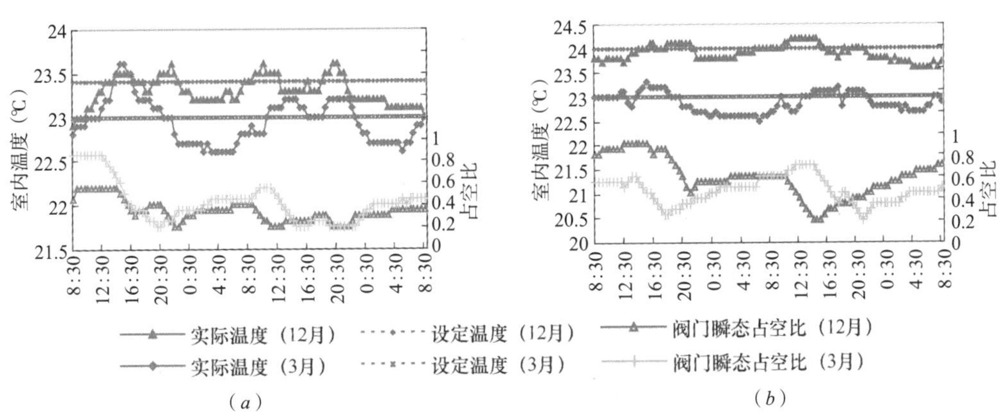

图 3-4　不同采暖时段的室温变化及阀门瞬态开启占空比

（a）110 用户；（b）202 用户

①两个用户在两个不同时段，阀门开启占空比均在 0.2 ~ 0.8 之间变化，室温处于调控状态；

②相比 12 月，两个用户的设定温度都有所降低，从室温控制效果看，仍控制在“设定温度 ±0.5℃”；

4）用户开窗过程的室温控制效果

图 3-5 是某个用户开窗过程中的室温和占空比变化曲线，从图中可以看到该用户有三个明显开窗动作，即在每天下午 6∶00 左右都会进行 0.5 ~ 1.5h 的开窗，这和当时的现场调查情况是一致的。从室温控制曲线看，开窗后，室温迅速降低，同时阀门开启占空比增大，以维持室温至用户的设定温度。当用户关窗后，阀门全开，但此时室温上升较缓慢，比较难以达到用户设定温度，用户的开窗会使室温波动明显增大，供热品质降低。

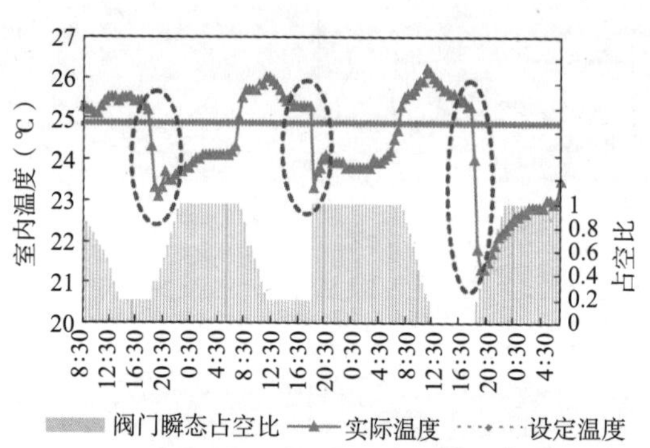

图 3-5　210 用户室温和阀门开启占空比连续变化曲线（3 月 28 ~ 30 日）

（2）房间的室温均匀性测试

图 3-6 是某用户各房间的室温变化曲线，各房间室温偏差在 1℃，因此如果各房间的散热器面积设计合理，控制某一个房间的温度即可满足整个用户室温的控制要求。

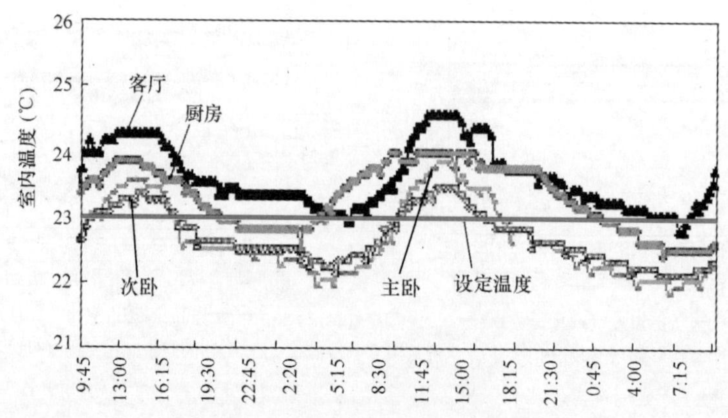

图 3-6　309 用户各房间室内温度变化（2008 年 2 月 26 ~ 28 日）

(3)水力工况测试

图 3-7 是 342 栋建筑分别在严寒期(12 月 27 ~ 29 日)和末寒期(3 月 28 ~ 30 日)每隔 5 分钟的楼栋总流量变化曲线,从测试结果看到:不管是严寒期还是末寒期,楼栋的总流量瞬态变化基本在 3% 以内,楼栋的总流量短时间内变化不大,水力工况平稳。

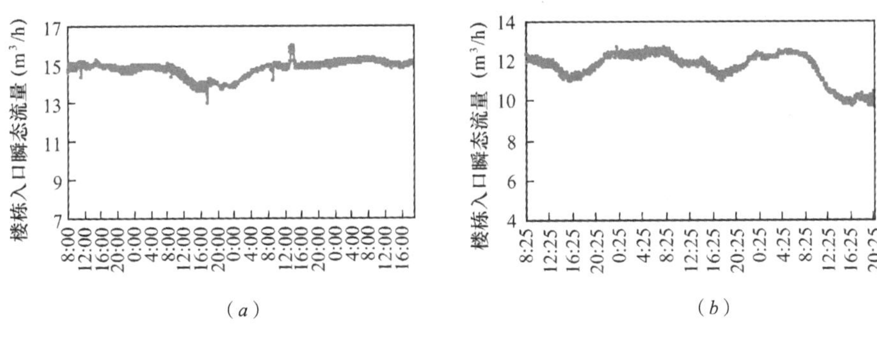

图 3-7 342 栋总流量瞬态变化曲线

(*a*)12 月 27 日 8:00 ~ 29 日 20:00;(*b*)3 月 28 日 8:30 ~ 30 日 20:30

(4)节能效果测试

1)总体节能效果

该小区的所有建筑同时建造,围护结构和户型等均相同,为了分析节能效果,以同一小区未调控的平均耗热量为基准进行比较,结果如表 3-1 所示。截至 2008 年 2 月 28 日,未调控楼栋平均耗热量为 0.1049MWh/m^2,调控楼栋仅有 30% 的用户处于长期调控下,平均耗热量为 0.0854MWh/m^2,相比未调控楼栋,节能 18.6%,如果有 70% 的用户处于长期调控,可节能 40%。

节能效果比较 **表 3-1**

	总面积(m^2)	总耗热量(MWh)	单位面积耗热量(MWh/m^2)	节能率①
未调控楼栋	103935.3	10905.3	0.1049	18.6%
调控楼栋②	41420.7	3536.9	0.0854	

注:① 节能率以未调控楼栋耗热量为参照标准计算;

② 仅 30% 用户长期调控。

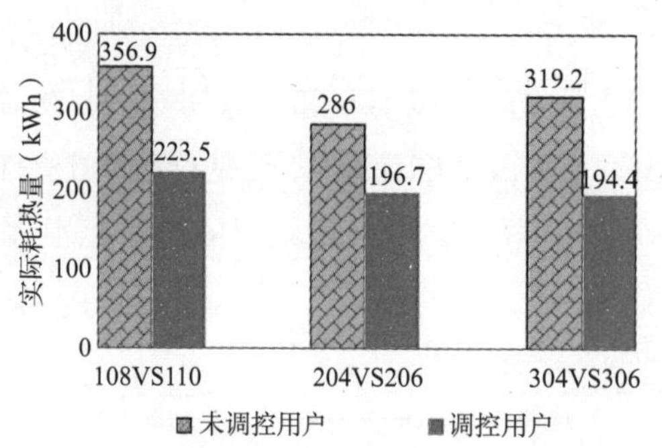

图 3-8 同一位置的调控用户和未调控用户实际耗热量

2）楼层不同位置相同的调控与未调用户实际耗热量比较

图 3-8 是在同一栋楼处于同一位置仅楼层不同的几个调控用户和未调控用户实际耗热量比较，可以看到调控用户相比未调控用户，调控用户节能 30% 以上，效果明显。

3.3 社会可接受性调查分析

为了调查用户的主观节能行为，对车城名仕小区的 246 个示范用户进行了问卷调查（占示范用户总数的 85%），统计结果如下：

（1）采暖室内温度设定范围调查

图 3-9 为用户设定温度行为调查统计，结果表明有 69% 的用户不能接受将室温设定在 20℃，进一步统计用户的期望设定室内温度（图 3-10），发现期望室温设定在 22℃以上的占了 99%，这其中可能与部分用户对温度的实际感觉不清楚有关，只是定性感觉温度越高越好，另外也和目前按面积收费、节能意识淡薄等有关。同时我们还发现有约 70% 的用户对采暖温度不低于 16℃即可满足要求的有关规定不清楚，因此培养用户节能意识的宣传力度有待加强。

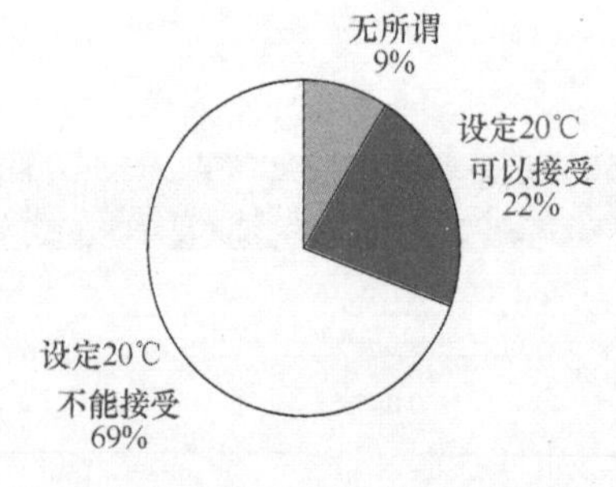

图 3-9 设定温度行为调查统计分布图

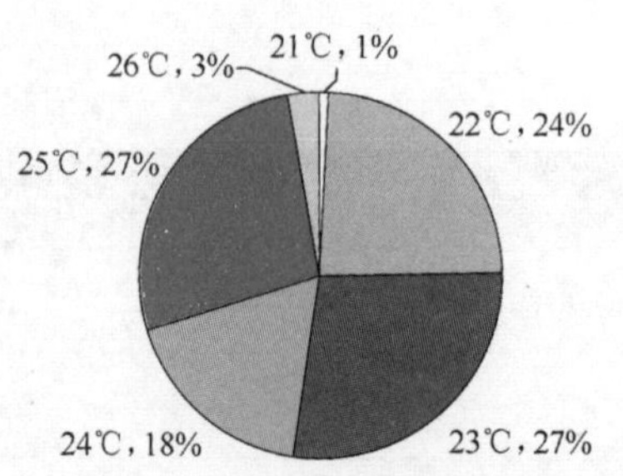

图 3-10 期望设定温度分布图

（2）房间过热可能采取的措施调查

图 3-11 为当房间过热时用户会采取的措施调查统计，结果表明，88% 用户选择调低设定温度，只有 12% 的用户选择开窗，说明分户调控对于防止过热有效。

（3）按热收费后，用户的开窗习惯调查

图 3-12 是对按热收费后用户的开窗行为调查，结果表明，当采用按热收费后，约 91% 的用户选择少开窗或不开窗，按热收费可以有效防止用户开窗。

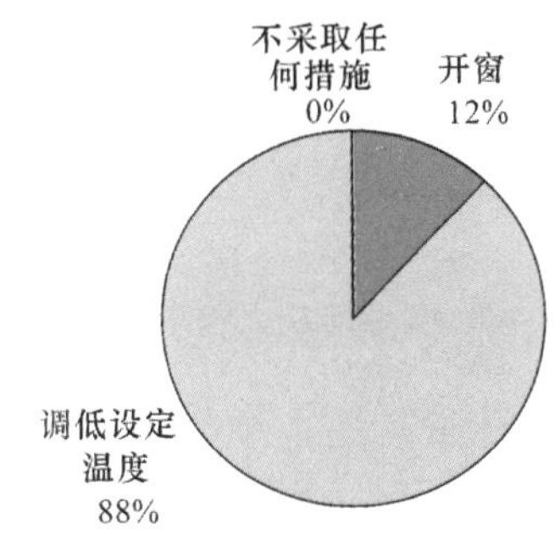

图 3-11 房间过热用户行为调查统计分布图

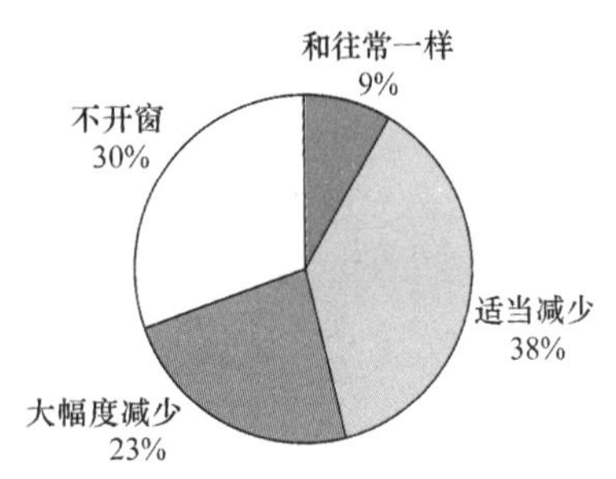

图 3-12 用户开窗行为调查统计分布图

（4）采暖通断调节和计量技术示范满意度调查

图 3-13 为采暖通断调节和计量示范过程中用户的满意度调查，结果表明，有 67% 的用户感到很满意或满意，仅有 5% 用户感到不满意。进而对选择一般和不满意的用户进行原因调查发现，有很大一部分是由于示范过程中，对调控原理、操作不清楚造成误解或误操作造成的。

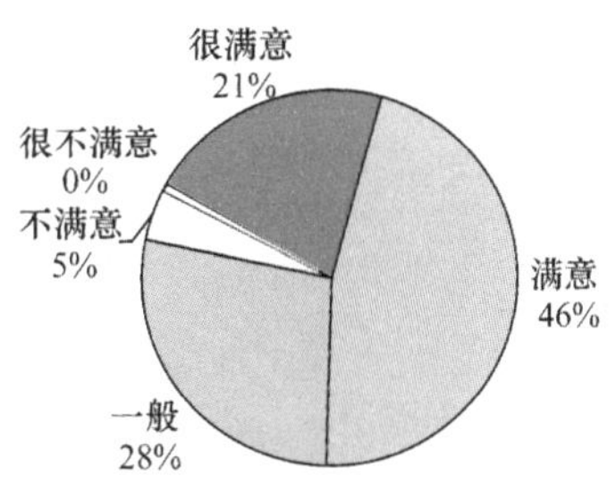

图 3-13 满意度调查统计分布图

3.4 经济手段激励效果

由于此次技术示范过程中，未能实现真正意义上的按热计量收费，因此用户主动节能的积极性不高，设定温度普遍偏高，数据统计发现，75% 的用户将温度设定在 23℃以上，因此为鼓励用户主动节能，把设定温度调低，示范项目组对满足“室温长期设定在 23℃以下”，同时“阀门累计开启时间低于 80%”的用户按照节能量进行节能奖励。在发放完奖励的第二天，发现在室温设定较高的用户中有 67 户主动将设定温度降低，最高幅度达 6℃，调低幅度分布见图 3-14，因此可以看到当采用按热收费、用户能够感受到切身利益时主动节能的积极性较大。

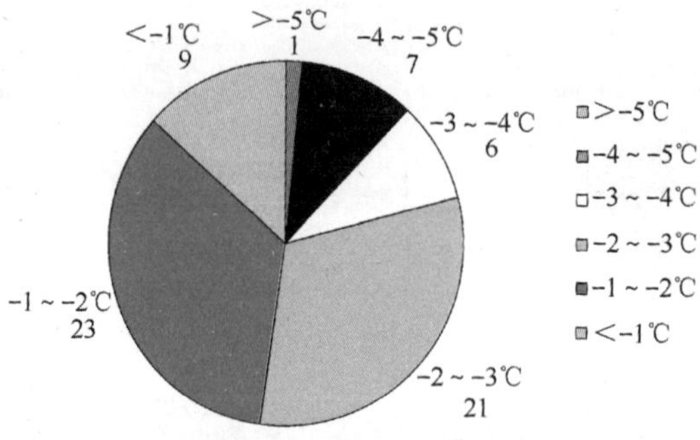

图 3-14　用户主动调低设定温度调低幅度分布图

4 济南市西区工程建设指挥部地源热泵空调工程

4.1 工程概况

本工程地处济南西部长清区大学园区，园区内无集中供热设施。建筑物周边可用地下空间约 6000m^2。该办公楼总建筑面积约 7880m^2，建筑高度 16.7m，参见图 4-1。地下一层为健身区和设备用房；地上 4 层为办公室和会议室。

图 4-1　济南市西区工程建设指挥部外观

该项目采用专业软件对地埋管换热器进行设计计算，并根据建筑的动态负荷对系统 20 年内的运行进行模拟计算；系统的设计充分考虑了地埋管换热器全年的热平衡。该系统自 2006 年投入运行以来已连续运行了 5 个冬夏，完全满足建筑供热和空调要求；能耗数据有比较可靠的记录。运行记录表明，该系统运行的实际情况与设计与模拟的结果很好地相符，由于全年向地下岩土的放热略大于从地下的吸热，实测地温逐年略有上升，有利于系统长期持续高效地工作。

4.2　空调实施方案

该办公楼采用竖直地埋管地源热泵空调系统。冷热源选用一台双螺杆式水源热泵机组，空调末端采用新风加风机盘管系统。地热换热器采用竖直单U形地埋管系统。

（1）主要设计参数

室外计算干球温度。冬季空调：–10℃；夏季空调：34.8℃；夏季空调室外计算湿球温度：28.7℃。

室内设计参数。夏季空调温度 26 ~ 28℃；冬季空调温度 18 ~ 20℃；空调新风量标准：办公室：25m³/（h·人）；会议室：35m³/（h·人）。

冷热源名义工况。空调水系统：夏季供回水为 7/12℃；冬季供回水为 45/40℃。地源侧水系统：夏季供回水为 30/34℃；冬季供回水为 8/4℃。

空调冷热负荷。建筑物空调设计冷负荷 800kW，设计热负荷 720kW。

地质构造与岩土热物性。岩土热物性测试孔深 80m。主要地质构成：自地平面下到 20m 内为黏土层，20m 深以下以砾石灰岩为主；测试深度内平均热物性参数：地层初始温度为 16.5℃；导热系数为 1.38W/（m·℃）；容积比热容为 1.81 × 106J/（m³·℃）。

（2）主要设备参数

选用双螺杆式水源热泵机组一台。该机组两个压缩机，能量调节范围：25% ~ 100% 之间连续调节。空调工况：制冷量为 884kW，耗电量为 150kW；冷冻水进出口水温为 12/7℃；冷却水进出口水温为 27/32℃；制热工况为制热量 960kW，耗电量为 260kW，蒸发器进出口温度为 5/10℃，冷凝器进出口温度为 40/45℃。图 4-2 为热泵机房安装的机组。热泵机房主要设备及其参数见表 4-1。图 4-3 为主要设备与管道平面布置图。空调水循环泵采用了变频技术。

图 4-2　安装的热泵机组

热泵机房主要设备一览表　　表 4-1

序号	设备名称	规格与性能	单位	数量	备注
1	水源热泵机组	制冷量：880kW，功率：150kW，制热量：960kW，功率：260kW	台	1	
2	空调水循环泵	流量：138m³/h，扬程 32mH₂O，功率：18kW	台	2	一用一备

续表

序号	设备名称	规格与性能	单位	数量	备注
3	地源侧循环泵	流量：240m^3/h，扬程 32mH_2O，功率：32kW	台	2	一用一备
4	全自动软水器	最大处理水量：5m^3/h	套	1	
5	软化水箱	有效体积：$V=6m^3$	个	1	
6	定压补水装置	补水量：11m^3/h，扬程：25mH_2O，功率：1.1kW	套	1	
7	高位定压水箱	有效体积：$V=1m^3$	个	1	

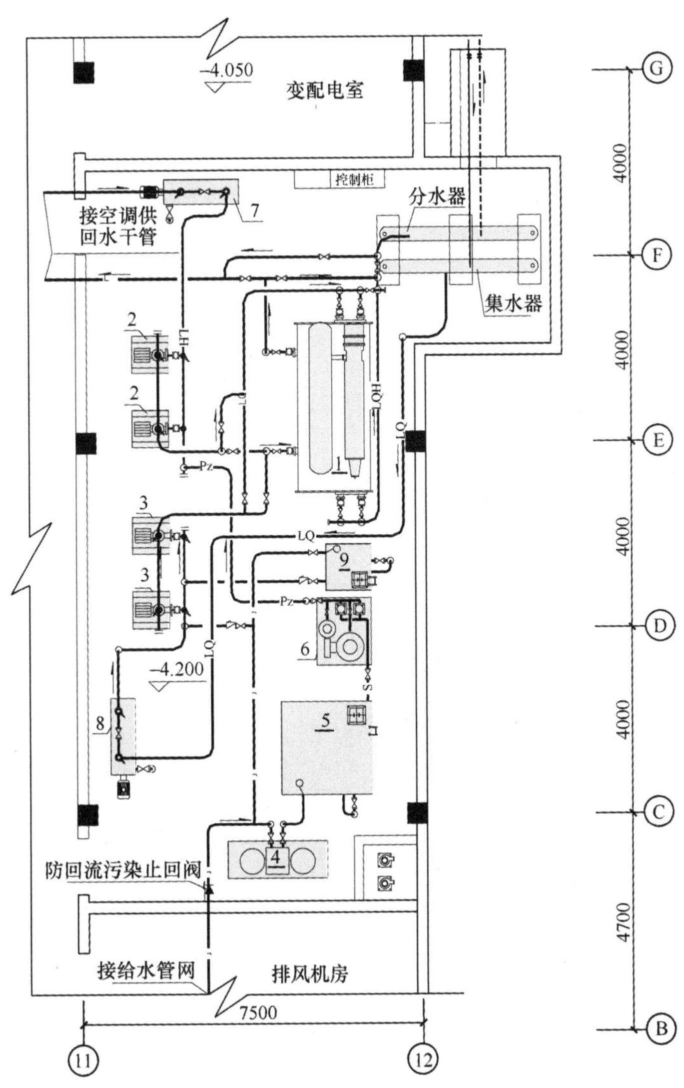

图 4-3 设备机房平面与管道示意图

1—水源热泵机组；2—空调水循环泵；3—地源侧循环泵；4—全自动软水器；5—软水箱；6—定压补水器；7、8—自动过滤机；9—地源侧定压补水箱

（3）地埋管系统

根据施工现场可利用地埋管区域，地埋管呈 L 形布置，见图 4-3。采用单 U 竖直地埋管，竖直 U 形地埋管管径为 *De*32，埋管总数 188 个，孔间距与排间距均为 5m。竖直地埋管深度 65m，水平埋管深 1.5m。每 8 个竖直埋管组成 1 个环路，共 24 组并联支路。每个支路分别接至机房总分、集水器。在每个支路回水管上设置温度检测点。机房设置在地下一层。

按设计工况要求：夏季每米孔深释放热量值约为 78W/m；冬季每米孔深提取热量值约为 43W/m。

（4）系统流程

该空调系统采用全地埋管地源热泵系统（图 4-4），不设辅助加热或辅助冷却设备。通过空调水系统和地源侧水系统的流道的改变实现水源热泵机组冷热工况转换。流程见图 4-5。

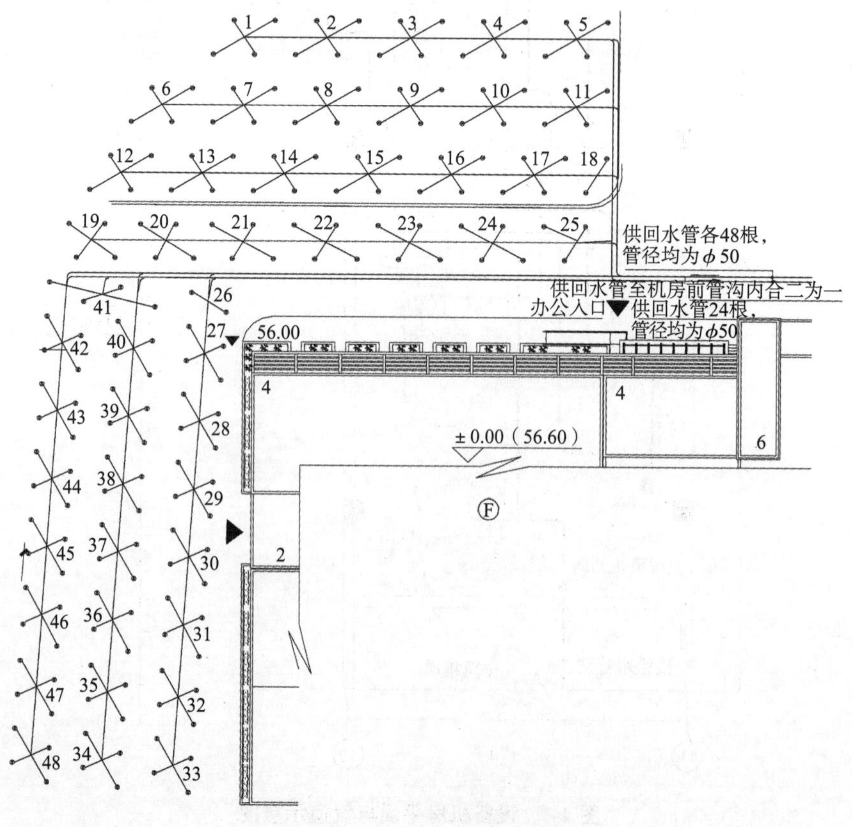

图 4-4　地热换热器平面布置

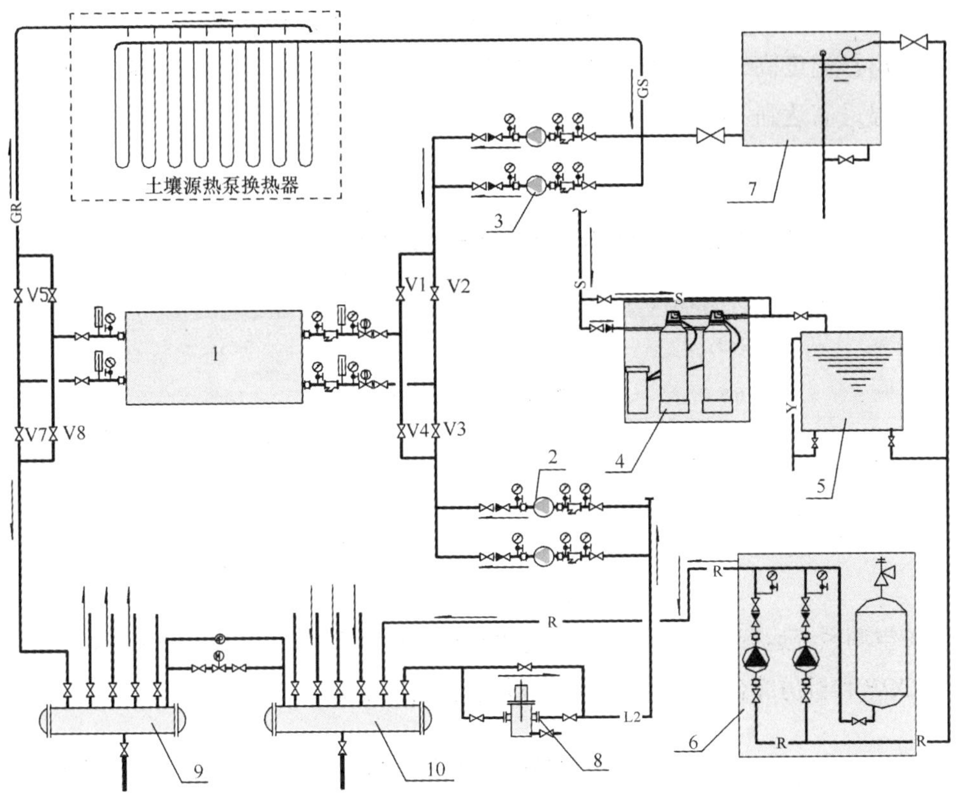

图 4-5　地源热泵系统流程图

1—热泵机组；2—空调侧循环水泵；3—地埋管侧循环水泵；4—软化水装置；5—软化储水箱；6—定压补水装置；7—高位定压膨胀水箱；8—除污器；9—分水器；10—集水器

4.3　实测结果

该项目 2005 年底竣工，空调系统进行了调试与初运行。2006 年春季办公楼启用，同年夏季空调系统投入正式运行，专业的物业公司接手管理。空调系统通常运行时间每天 10h，即上午 7：30 开机，下午 5：30 关机。

空调工况：空调期约 90 天。主要集中在 7 ~ 9 月三个月。空调期间约一半左右的时间两台压缩机运行，其额定制冷量：880kW；耗电量：150kW；冷冻水进出口水温：12/7℃；地源侧冷却水进出口水温最高达到：31/35℃；五年来历年夏季空调地源侧循环水平均最高进水温度见表 4-2。

制热工况：采暖期 120d，从 11 月 15 日至来年 3 月 15 日。采暖期间约一半以上时间两台压缩机运行，其额定耗电量：260kW，冷凝器进出口温度：40/45℃。蒸发器进出口温度高于设计值和名义工况值，在供热季开始阶段地源侧低温源水进出口水温最高达到14/18℃；五年来历年冬季空调地源侧循环水平均最低进水温度见表4-2。

热泵机组出口地源侧循环水平均最高温度与最低温度（℃）　　表4-2

	2006	2007	2008	2009	2010
夏季	28.5	32	33.5	34.5	35
冬季	6.5	7.2	7.6	7.8	8

4.4　用能效果

该空调系统运行五个冬、夏季，实测年平均热泵主机耗电量、循环水泵耗电量，热泵*COP*和机房综合*COP*以及单位平方米总用电量见表4-3。

系统用能效果一览表　　表4-3

项目工况	压缩机能耗（kWh）	循环水泵能耗（kWh）	热泵主机 *COP*	机房综合 *COP*	用电量[kWh/（m^2·季）]
夏季	72900	49500	4.94	2.94	15.5
冬季	126400	66000	3.42	2.25	24.4
平均与合计	199300	115500	4.07	2.56	39.9

5 燃气壁挂炉采暖

5.1 燃气采暖耗热指标与耗气量统计分析

（1）统计对象

参加统计的采暖实验户为北京回龙观小区共 100 户，建筑为 1998 ~ 2010 年建造的建筑，统计了用户各小时耗气量及室内采暖温度等数据。四室 2 户、三室 12 户、二室 21 户、单室 1 户，其中位于顶层 8 户、底层 4 户、中间层 24 户。

（2）耗热指标

为了消除燃气种类和住房面积不同的影响，采用面积耗热指标，即单位时间、单位建筑面积采暖消耗的热量。根据统计资料可以得到采暖季各月及全年的平均面积耗热指标与耗气量。

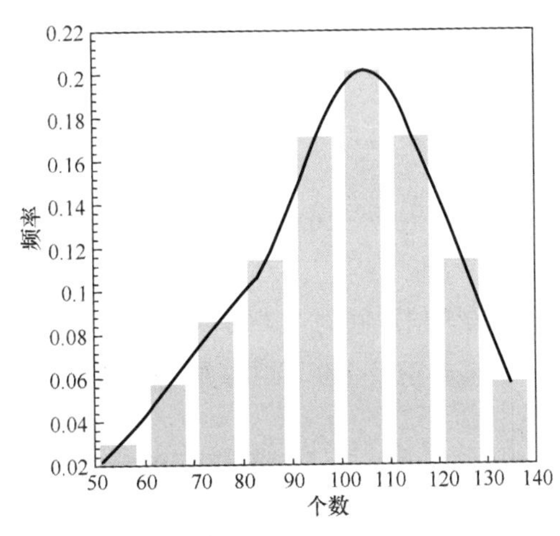

图 5-1　统计分布

根据统计学中推荐的分组方法对 100 户的统计数据分组，做出它的分布图（图 5-1），并对其分布状态进行判断。从频率分布图上可以看出，该样本总体服从 t 分布。同理由其他各月份及全年的统计样本可得出相似的频率分布图，也就是说各月份及全年的耗热指标均为 t 分布总体，因此可对每个月份的面积耗热指标的均值 μ 做出区间估计。

$$\because \qquad x \sim N(\mu, \ \sigma^2) \tag{5-1}$$

（表示随机变量 x 服从参数 μ 为均值，σ 为方差的 t 分布）

$$\therefore \quad \frac{(\bar{x}-\mu)\sqrt{n}}{S} \sim t(n-1) \tag{5-2}$$

（表示随机变量 $\frac{(\bar{x}-\mu)\sqrt{n}}{S}$ 服从自由度为 $n-1$ 的 t 分布）

式中
$$\bar{x}=\frac{1}{n}\sum_{i=1}^{n}x_i \quad （样本均值）$$

$$S^2=\frac{1}{n-1}\sum_{i=1}^{n}(x_i-\bar{x})^2 \quad （样本均差）$$

在 $\alpha=5\%$ 的情况下对每个月及全年的面积采暖耗热指标进行区间估计，即置信度 $1-\alpha$ 为 95%。

则
$$P\left\{\left|\frac{(\bar{x}-\mu)\sqrt{n}}{S}\right|<t_{\frac{\alpha}{2}}\right\}=1-\alpha \tag{5-3}$$

式中　$t_{\frac{\alpha}{2}}$——表示双侧 100α 百分位点。

又　∵
$$\left|\frac{(\bar{x}-\mu)\sqrt{n}}{S}\right|<t_{\frac{\alpha}{2}} \tag{5-4}$$

$$\therefore \quad \bar{x}-t_{\frac{\alpha}{2}}\cdot\frac{S}{\sqrt{n}}<\mu<\bar{x}+t_{\frac{\alpha}{2}}\cdot\frac{S}{\sqrt{n}} \tag{5-5}$$

例如：11 月份 $n=19$，$\bar{x}=16.03$，$S=6.20$，查 t 分布临界点表知 $t_{\frac{\alpha}{2}}=2.093$

$$16.03-2.093\times\frac{6.20}{\sqrt{19}}<\mu<16.03+2.093\times\frac{6.20}{\sqrt{19}}$$

μ 的置信区间为 [13.05 ~ 19.00]

将各月份及全年面积采暖耗热指标置信区间的计算结果列于表 5-1。

面积采暖耗热指标置信区间（W/m^2）　　表 5-1

时间	样本数	样本均值	标准离差	置信区间	时间	样本数	样本均值	标准离差	置信区间
11 月	19	16.03	6.20	[13.05，19.00]	2 月	35	19.87	3.23	[18.76，20.97]
12 月	33	20.53	5.57	[18.56，22.50]	3 月	34	13.99	3.74	[12.69，15.41]
1 月	35	27.55	5.04	[25.82，29.28]	全年	36	21.18	4.12	[19.74，22.57]

（3）单户采暖用气量

根据表 5-1 面积采暖耗热指标，取天然气热值 8500kcal/m³，壁挂锅炉采暖热效

率 85%，表 5-2 为计算的各月与全年耗气量。在统计研究过程中，根据统计学中的随机抽样方法选取实验户，使样本容量、计算精度和调查内容均满足实际工程要求。其结果可以作为北京与天津及气温类似城市采暖用气的参考数据。

单户燃气采暖面积耗气量 **表 5-2**

月份	平均耗气量[m³/（月·m²）]	耗气量[m³/（月·m²）]
11 月份	0.69	0.56 ~ 0.82（15d）
12 月份	1.82	1.65 ~ 2.00
1 月份	2.44	2.29 ~ 2.60
2 月份	1.59	1.50 ~ 1.68
3 月份	0.80	0.73 ~ 0.88（20d）
全年	7.57	7.06 ~ 8.07（125d）

图 5-2 为全年面积采暖耗热指标、置信区间及北京市建筑节能耗热指标。由图可以看出，燃气单户采暖的耗热指标接近北京市一步节能建筑的耗热指标，因此，这种采暖方式是节能的。

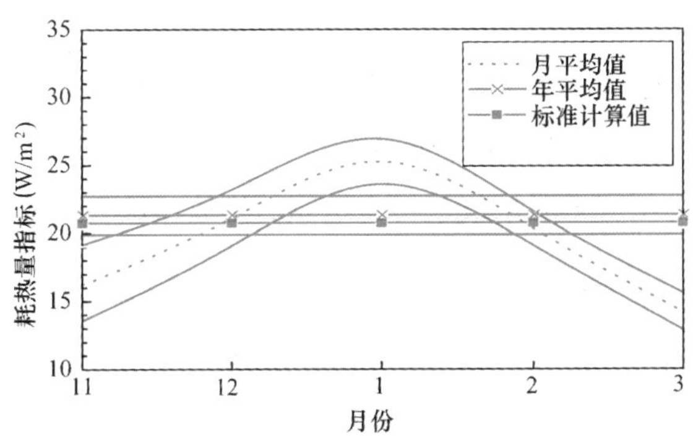

图 5-2 建筑耗热量指标曲线

（4）采暖温度

单户燃气热水采暖负荷不仅受室内外温度及围护结构的影响，而且还与用户的工作性质、上班时间、家庭人口及人口组成、生活水平及习惯有很大关系。根据实际测试可知，接近一半的住户在家的时候将房间温度控制在 16 ~ 18℃之间，接近 40% 的用户将房间温度控制在 18℃以上，13.5% 的用户将房间温度控制在 16℃以下。

（5）NO_x 的排放量

采用燃烧烟气效率与成分分析仪（型号为 madar GA40 Plus）对采暖炉的氮氧化物排放量进行了测试，测试表明鼓风式的 NO_x 排放量大于大气式。并按国际上通用的方式，整理成烟气中含氧量为 3 时的浓度。图 5-3、图 5-4 分别为大气式燃烧（壁挂式）的实测 NO_x 排放量和鼓风式燃烧（容积式）的实测 NO_x 排放量。

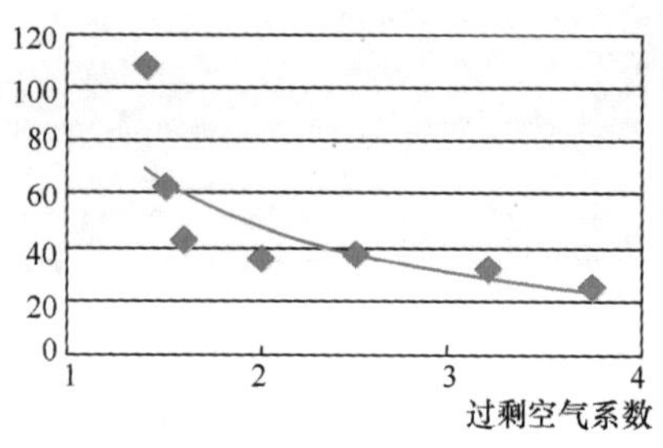

图 5-3　容积式燃气炉 NO_x 排放量

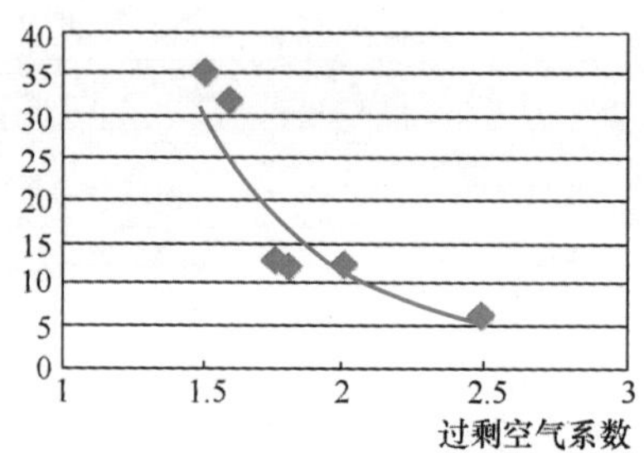

图 5-4　壁挂式锅炉 NO_x 排放量

实际测试结果表明，壁挂式燃气锅炉的燃烧单位体积天然气的 NO_x 排放量平均为容积鼓风式家用燃气锅炉的 50% 左右，为大型燃气锅炉的 20% ~ 30% 左右。由于单位面积采暖耗气量少，SO_2、CO_2、CO 和烟尘等大气污染排放总量也比其他直接燃烧采暖方式低。其主要原因是过剩空气系数高，燃烧系统运行时间短，炉膛温度低，所以产生的 NO_x 排放量低。实际排放量与表 5-3 中欧美国家的家用燃气采暖炉 NO_x 排放标准比，壁挂炉 NO_x 排放达到了欧美国家低 NO_x 排放标准。但是，多数使用壁挂炉采暖的用户未对烟气进行有组织的排放，这会造成排烟口附近 NO_x 的浓度相对较高。

家用燃气采暖炉 NO_x 排放标准　　**表 5-3**

国家	NO_x排放标准	国家	高NO_x排放标准	低NO_x 排放标准
美国	90PPm	日本	125PPm	60PPm
荷兰	60PPm	德国	113PPm	35PPm
克罗地亚	85PPm	奥地利	122PPm	61PPm

（6）排烟热损失

本研究用燃气燃烧烟气效率分析仪，对壁挂式和容积式两种类型的燃气采暖炉

进行了测试，图 5-5、图 5-6 为 4 台壁挂炉的测试结果。图 5-5 为韩国某品牌壁挂炉的测试结果，可以看出，其过剩空气系数 a 均不超过 2.0，排烟温度一般较低，实测的 4 台炉子的排烟温度均低于 90℃，排烟热损失较小，热效率也相对较高。图 5-6 为意大利某品牌壁挂炉，过剩空气系数 a 为 2.48，排烟温度较高，排烟热损失较大，热效率相对较低。因此，不同厂家的壁挂炉在热效率方面差异较大，这与其产品特性紧密相关。

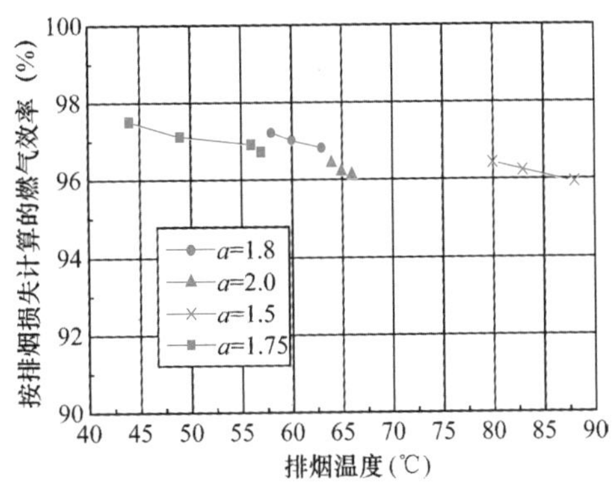

图 5-5　壁挂炉排烟温度

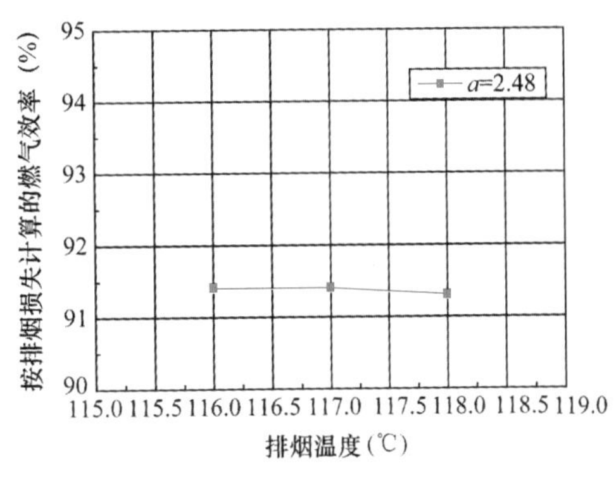

图 5-6　壁挂炉排烟温度

图 5-7 为容积式家用燃气采暖炉的实测结果。由图可以看出，所测的 4 台容积式家用燃气炉的排烟温度比壁挂式高，相应的热效率也低。其原因是无烟气预热，排烟温度高，排烟损失比壁挂炉高。

通过对壁挂式和容积式两种类型的燃气采暖炉测试，认为其排烟热损失较小，热效率高。壁挂式锅炉的实际测试结果表明过剩空气系数在 1.5 ~ 2.5 之间，不同的炉子在不同的运行状态排烟温度为 55 ~ 135℃之间，按低热值计算采暖热效率在 91.5% ~ 97% 之间（炉体散热也被看作用于室内采暖），平均热效率在 95% 左右，其原因是有烟气预热空气系统，排烟温度低、换热面积大，有前强制鼓风系统，对流换热系数大。容积式由于无烟气预热，排烟温度高，排烟损失比壁挂炉高，实际测试结果表明容积式家用燃气炉过剩空气系数在 2.5 ~ 4 之间，不同的炉子在不同的运行状态下排烟温度为 55 ~ 135℃之间，采暖热效率在 87% ~ 94.5% 之间，平均热效率在 92% 左右，低于壁挂式，而且噪声大，NO_x 排放量高，占地面积大。

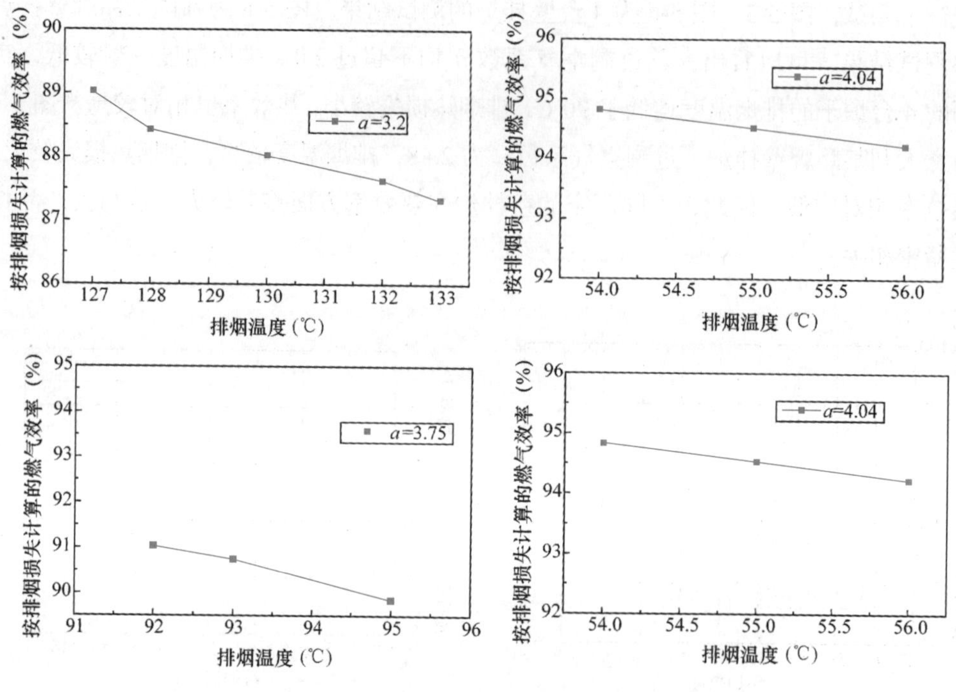

图 5-7 4 台容积式家用锅炉排烟温度

5.2 燃气壁挂炉采暖的探讨

（1）需注意的问题

全国在家用燃气锅炉的推广使用过程中，还存在一些问题，影响用户的正常使用，个别地区甚至出现安全问题，其主要原因如下：

1）壁挂锅炉的质量问题

家用燃气采暖锅炉生产质量不统一，有的保护系统不可靠或不完全，没有质保体系。安全使用培训不到位，售后服务不到位，出现故障时影响用户使用。随着国家行业标准《燃气采暖热水炉》CJ/T 228 的推广使用，家用燃气采暖锅炉按统一的生产质量标准生产，将解决这一问题。

2）燃气质量问题

应用人工煤气等杂质多的燃气时，这些燃气质量变化大，杂质多，易将换热器堵塞，产生不完全燃烧，热效率显著降低，甚至沉积在控制阀门的阀芯、阀座上，使阀门关闭不严，产生安全隐患，所以不宜用于壁挂炉。壁挂燃气锅炉宜采用天然

气等洁净气源。

3）安全保护系统问题

安全保障问题，家用燃气锅炉产生爆炸的原因有两个。一是采暖系统水冻结，如在严寒地区，有的用户外出，将家用锅炉关闭使炉内结冰，再次使用时由于保护系统不完善，一旦点燃，由于系统内水不能循环，炉内水汽化产生压力，当压力达到一定程度就会产生爆炸，爆炸又会破坏燃气管道，造成漏气而引起燃气爆炸或火灾，因此要求家用燃气锅炉的防冻装置安全可靠。二是燃气泄漏而引起燃气爆炸或火灾，这就要求燃气系统的安装质量一定符合有关标准要求，应由专业人员安装，确保燃气不泄漏，并设可靠的燃气泄漏报警装置。

4）燃气供应系统问题

燃气采暖是季节负荷，存在季节高峰问题，燃气采暖负荷的计算还没有标准，需研究并制定有关计算标准。现有居民用户管道设计一般未考虑壁挂炉采暖负荷，燃气管网供气能力适应性问题需解决，在管网区大量安装家用燃气锅炉，由于其供气能力的限制，不能满足燃气锅炉采暖的需求。

5）烟气有组织排放问题

目前许多家用燃气锅炉烟气排放系统的安装不规范，不符合有关标准要求，排放物对室内外产生污染较严重，存在安全隐患。因此应加强排烟系统安装的管理。家用燃气锅炉烟气排放系统应符合《家用燃气燃烧器具安装及验收规程》CJJ 12-99 等有关规范的条文及要求，确保烟气有组织地排放。

6）用户反映的问题

用户反映比较多的问题是供暖管道接头漏水、燃气炉噪声大、室内温度比集中供热低、采暖费用高等。其中，供暖管道接头漏水问题反映的人数最多，超过了调查总人数的五分之一。另外，少数住户还反映了其他相关问题：燃气锅炉有时出现故障维修不到位，墙角渗水，结露发霉，燃气炉排气污染，门窗封闭不严，系统防冻浪费燃气，燃气锅炉有安全隐患，容积式燃气锅炉占地面积大，散热器布置不合理，防冻无法外出，燃气炉频繁启动等。

出现这些问题的主要原因是新建小区在刚开始入住时，一些单户采暖系统不进行水压试验，所以刚开始用时接头漏水现象较多。在冬季开始时入住率低，一些用户的邻居未入住，所以围护结构的散热损失大，又因刚装修过，需经常开窗通风，这就造成用气量较大。由于燃气单户采暖，用户为了节省燃气，室内采暖温度平均低于集中采暖，因此位置不好的用户（特别是邻居未入住的用户）感觉到室内温度低，感到冷。由于房屋刚入住，在室温提高后，用石灰抹的墙面就会有水气析出，所以出现墙角渗水，结露发霉。当系统稳定时，系统防冻燃气用量很少，为了减少防冻燃气量，可以关小水循环系统的阀门，减少水流量，以减少燃气用量。当外出时间比较短时（1 ~ 2d），把锅炉设置在防冻状态即可。如果是在严寒地区长期外出，放锅炉的地方又会结冰，可以把系统的水放掉，再次使用时重新充水即可。燃气炉频繁启动这种现象属于炉子的特点。只要按规程生产、安装和使用，家用燃气锅炉不会有安全隐患。容积式燃气锅炉占地面积大，可选用快速式的。散热器布置不合理，可通过改进设计来解决。

（2）结论

根据以上分析得出以下结论。

1）节约能源

家用燃气锅炉效率高、功能多。单户燃气采暖具有很大的调节灵活性，使用完全独立，无锅炉房和热网损失。符合按热量收费的原则，可准确计量，用量可由用户自主控制，因而能促进能源的节约使用，这种供热系统的热效率高（一般在 90% 以上），避免了集中供热按面积收费造成的能源过渡浪费，节约燃气，同时采暖循环动力消耗低，节省电能。

2）节省投资和维护费用

发展采暖后充分利用现有燃气管网设施，扩大供气规模，降低单位供气量所需燃气输配系统的投资，同时降低供气成本。减少城市地下热网和简化建筑内的管道，减少投资和维护费用，单位采暖面积的投资相对少。

3）机动灵活建设和使用方便

对房地产开发商而言，建成的商品房很难一次全部卖出，就是同时卖出的房子，也很少一起入住。所以商品房往往都有一段入住率很低的时期，这种情况对集中供热是很难处理的，不供热用户会投诉，供热则能源浪费，亏损严重。而燃气分散采暖很好地解决了这一问题。甚至有的开发商利用燃气采暖的灵活性，房子卖出后再安装燃气采暖设备，既减少了资金占压，又避免了设备闲置而造成的一些不必要的浪费。在管道燃气够不到的地方，还可以利用液化石油气供应的灵活性，用钢瓶供气方式解决采暖问题。

4）减少污染物排放量

单户燃气采暖直接使用洁净的一次能源，由于单位面积耗气量少，二氧化硫、NO_x、烟尘和 CO_2 排放量比其他直接燃气采暖方式少，由于各种燃气采暖的烟气都

是低空排放，单户燃气采暖的低空污染相对也较低。同时减少运煤与煤灰的交通噪声污染与飘尘污染。

5）运行安全可靠

现在，使用天然气的北京等城市，天然气单户分散采暖已经开始大面积使用，在这一采暖方式开始时出现的问题已得到解决，经过两年的调查研究没发现安全事故产生，是一种安全可靠的采暖方式，已开始被人们所接受。

提高天然气利用效率，减少污染物的排放量是保证可持续发展的关键，从节能、降低采暖费用和减少大气污染的观点看，高效壁挂燃气炉单户采暖是居民用户直接采暖的最佳方式。由于天然气质优价廉，采用单户分散采暖的平均运行费用与集中供热的费用相差不太多，居民家庭是能够承受的。

6 云冈热电厂余热回收项目

6.1. 项目背景

大同云冈热电厂是大同市主力热源点之一。电厂现有 2×220MW、2×300MW 共 4 台空冷机组，供热范围为城区西部及十里河沿线新开发区，如图 6-1 所示。

改造前云冈电厂的供热能力和逐年增长的供热需求如图 6-2 所示，到 2015 年供热缺口将达到 880 万 m^2。

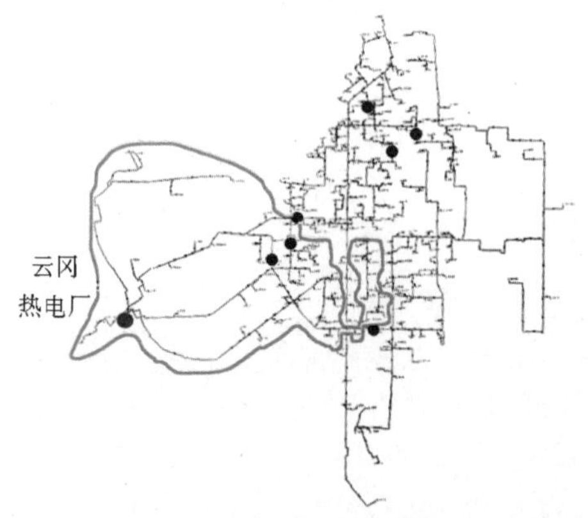

图 6-1 云冈电厂热网及供热区域

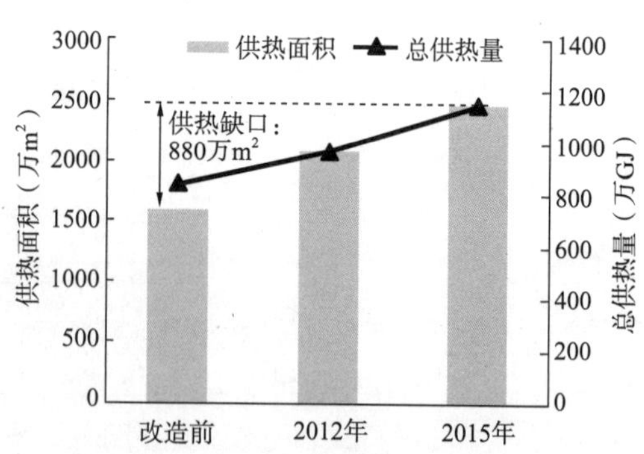

图 6-2 云冈电厂改造前供热能力分析

6.2 供热方案比较

云冈电厂项目在总结大同一电厂（简称大一电厂）余热回收项目的经验上针对供热系统流程进行改进，厂外热力站仍通过安装吸收式换热机组的方式降低一次网回水温度，实际采用板式换热器的常规热力站有 222 个，共计面积 1386.69 万 m^2，

热力站采用吸收式换热机组的有 94 个（吸收式换热机组介绍见 4.9 节），共计面积 986.83 万 m^2，全部供热面积总计 2373.52 万 m^2。

将云冈电厂实际方案与大一电厂方案进行对比，云冈电厂采用方案 1，供热系统流程和参数如图 6-3 所示，以 2×300MW 机组为例，一次网回水先后串联进入 3 号机、4 号机凝汽器升温，再并联进入吸收式热泵和热网加热器升温，4 号的排汽压力高于 3 号，设计工况下可保证 3 号和 4 号机组乏汽能够全部回收。而大同一电厂采用方案 2，供热系统流程和参数如图 6-4 所示，一次网回水分为两路，并联经过凝汽器 × 吸收式热泵和热网加热器逐级升温。

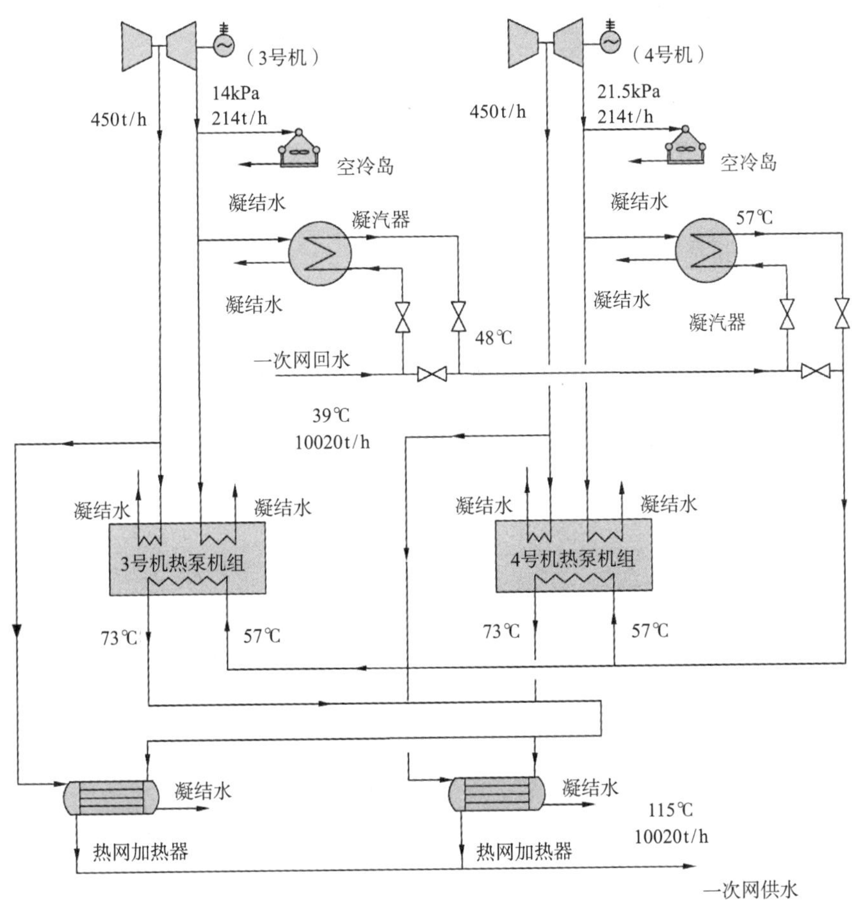

图 6-3 云冈电厂供热系统流程图（方案 1）

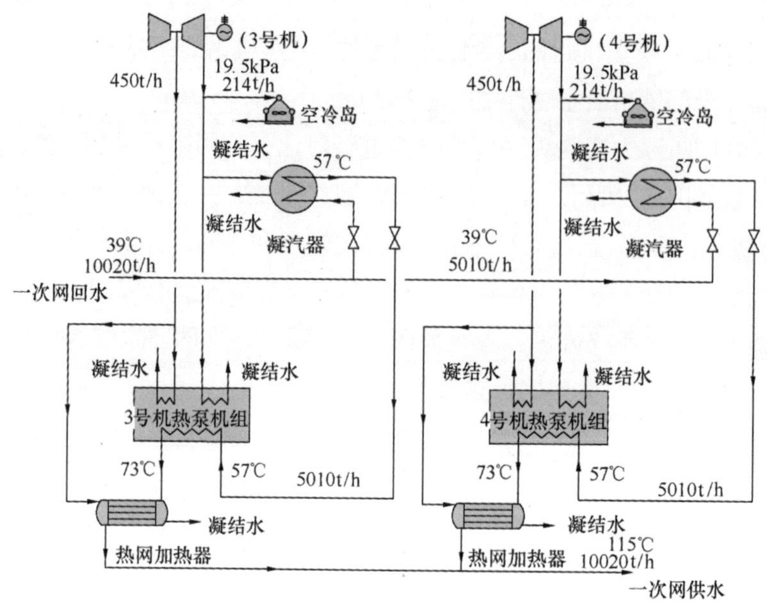

图 6-4　大一电厂供热系统流程图（方案 2）

在不同供热负荷下，两种方案的主要供热参数对比如表 6-1 所示。

两种方案的主要供热参数对比　　**表 6-1**

	热负荷100%		热负荷80%		热负荷60%	
	方案1	方案2	方案1	方案2	方案1	方案2
总供热功率(MW)	885.7	885.7	708.5	708.5	529.4	529.4
室外平均温度(℃)	−17	−17	−10	−10	−3	−3
供水温度(℃)	115	115	97.1	97.1	78.9	78.9
回水温度(℃)	39	39	36.3	36.3	33.5	33.5
抽汽量(t/h)	450/450	450/450	196/450	324/324	80/259	194/194
排汽量(t/h)	214/214	214/214	430/214	323/323	529/381	435/435
乏汽回收率	100% / 100%	100% / 100%	49.4% / 100%	66.3% / 66.3%	40.2% / 69.7%	49.3% / 49.3%
背压(kPa)	14.0/21.5	19.5/19.5	11.7/18.3	16.3/16.3	10.0/18.9	13.84/13.84
总发电功率(kW)	430275	428712	469920	464854	515933	506692

从表 6-1 中可以看出，方案 1 由于采用凝汽器串联的形式，在加热一次网循环水的过程中背压逐渐升高，而方案 2 由于采用凝汽器并联的形式，两台机组都处在

较高背压运行，造成方案 2 的发电量小于方案 1 的发电量，而且随着热负荷的减少，方案 2 对发电量的影响越来越大。其原因在于：方案 1 主要降低了 3 号机的背压，避免了两台机都在高背压下运行，随着热负荷减少，背压较高的 4 号机承担基础负荷，尽量保证 4 号机的乏汽全部回收，通过调节 3 号机的抽汽量适应负荷变化，因此有效避免了冷端损失，减少了对发电量的不利影响。而方案 2 虽然在严寒期能全部回收凝汽余热，但是随着热负荷减小，两台机的凝汽余热都不能全部回收，热负荷越小，冷端损失越大，因此，方案 2 对发电量的影响大于方案 1。此外，由于方案 2 在热负荷减少时两台机都有乏汽上空冷岛冷却，因此，需要在严寒期对空冷岛的防冻进行监控。而方案 1 延后了 4 号机上空冷岛的时间，在用户负荷降低到 80% 时仍能保证 4 号乏汽全部回收，而并联方案用户负荷一减少就开始两台机乏汽同时上空冷岛，空冷岛冻结危险明显降低。

6.3　实际运行参数分析

目前云冈电厂改造热力站面积约为 1100 万 m^2，热网流量调节均采用质调节方式。以 2×300MW 机组为例，一次网供回水温度和流量如图 6-5 所示。严寒期回水温度约为 49℃左右，末寒期回水温度约为 42℃左右。热力站采用吸收式换热机组的改造比例为 42%，当一网供水温度随负荷下降而降低时，二网的回水温度也相应降低，

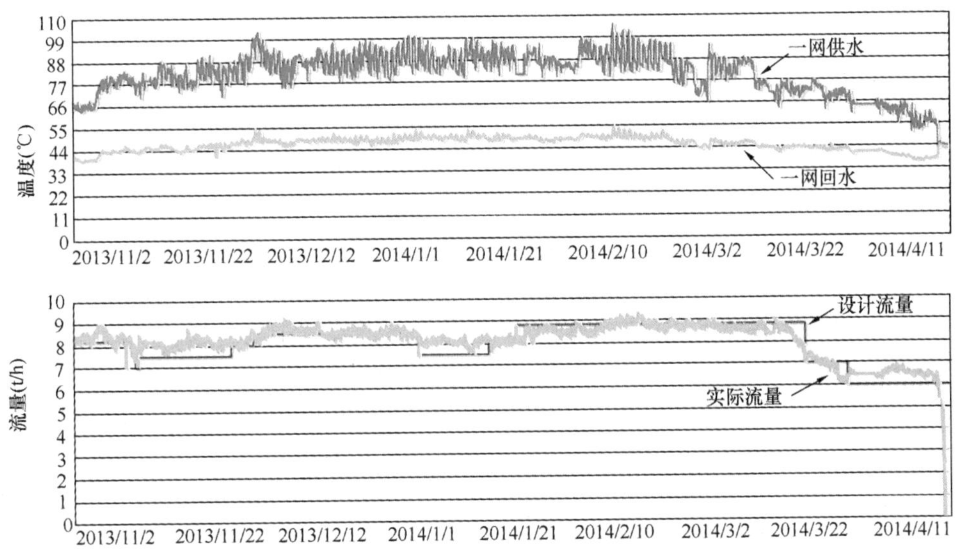

图 6-5　二期工程供回水温度及流量变化趋势

由于吸收式换热机组采用了吸收式热泵降低一网回水温度，一网供水温度和二网回水温度同时下降时对一网回水温度影响不大。而热力站采用板式换热器时，一网供水温度随负荷下降而降低时，一网的回水温度也相应下降，因此全部热力站的一网回水温度随一网供水温度下降而降低。

由于目前热网回水温度偏高，第一级凝汽器难以实现直接换热，若第一级升高背压反而造成浪费。因此，目前主要通过提高 4 号机背压回收凝汽余热，3 号机基本在正常背压运行，如图 6-6 所示。

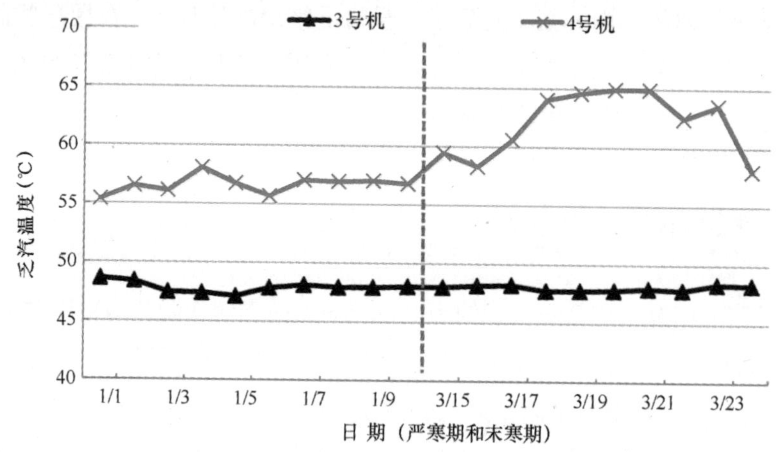

图 6-6　严寒期和末寒期乏汽温度变化

余热回收机组是该系统中的核心设备，出口温度基本维持在 72℃左右，一次水温升 24℃。如图 6-7 所示。

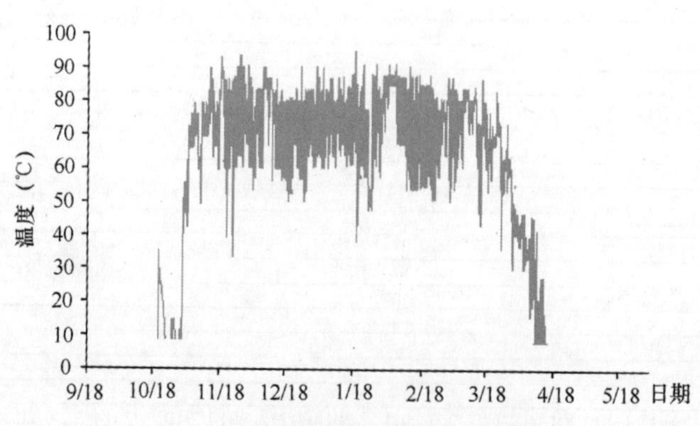

图 6-7　余热回收机组出口温度变化

从供热量构成来看，严寒期供热需求大供热量中乏汽比例较低，末寒期尖峰加热退出，主要由凝汽器和吸收式热泵供热，乏汽占总供热量比例显著上升，乏汽热量占总供热量可达 70%，如图 6-8 所示。

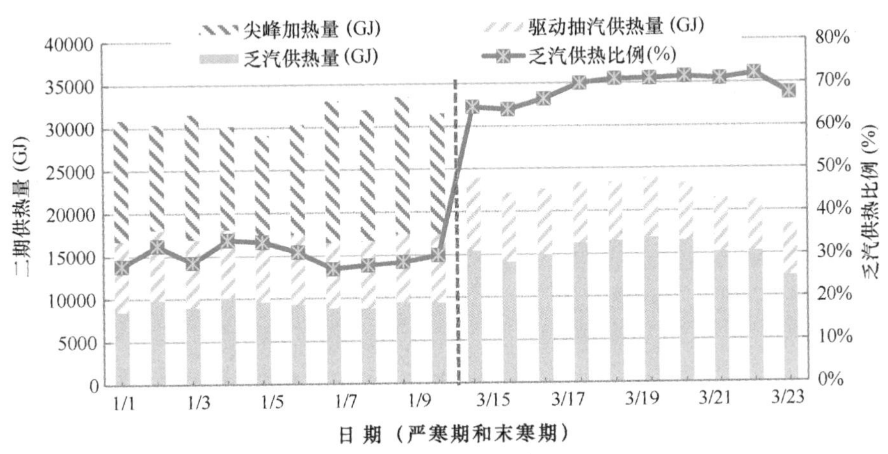

图 6-8　二期工程供热量及乏汽比例构成变化趋势

6.4　项目评价

根据 2013 ~ 2014 采暖季运行数据，二期工程的供热能耗为 18.2kgce/GJ，总供热量中乏汽供热比例为 51%。根据实际运行数据，在相同供热量下，项目实施后对发电量和综合热效率的影响对比如表 6-2 所示。

供热量和发电量影响　　表 6-2

名称	严寒期	末寒期
总供热功率（MW）	564.6	332.1
供水温度（℃）	100	70
回水温度（℃）	49	40
总发电功率（kW）	478557	532271
综合热效率（%）	77.6	64.3

由表 6-2 可以看出，改造后由于回收凝汽余热替代了高品位蒸汽，改造后严寒

期的综合热效率达到 77.6%（综合热效率为发电量加供热量除以锅炉蒸发量）。而在末寒期时，用户负荷降低，乏汽不能全部回收，综合热效率降低至 64.3%。

经过计算，当供热能力达到最大，且回水温度降低到设计值 39℃时，由于严寒期没有冷端损失，综合热效率将接近锅炉效率，末寒期热负荷为 60% 时，综合热效率可达到 77.8%。

由于回收乏汽供热，相应地减少了抽汽供热，更多的抽汽可以在低压缸发电，改造前后对发电量影响如表 6-3 所示，改造后发电功率增加约 7%。

改造前后对发电功率影响　　**表 6-3**

	改造前发电功率（kW）	改造后发电功率（kW）	增加比例（%）
严寒期	445248	478557	7.48
末寒期	497592	532271	6.97

该项目节能减排效果显著，整个采暖季回收的乏汽热量折合标煤 10.6 万 t，由于提高背压影响了发电，减少发电量折合标煤 0.91 万 t（按平均发电水平 350gce/kWh），因此，该项目总体节约标煤 9.7 万 t。与燃煤锅炉比，根据每燃烧 1tce 排放二氧化碳约 2.6t，二氧化硫约 24kg，氮氧化物约 7kg[1] 计算，相应减少了 SO_2、NO_x 及 CO_2 排放，降低排放如表 6-4 所示。

该项目减排效果　　**表 6-4**

名称	数值
减排 SO_2（t）	2326
减排 CO_2（t）	251940
减排 NO_x（t）	678

由此可见，项目改造后，由于实现了凝汽余热的回收利用，供热能效显著提高，对发电量的影响也大幅减小。目前这个系统的问题是：由于还有一多半热力站仍为常规的换热器，以及热量计量和计价方式的原因，热网公司没有降低回水温度的意愿，所以目前一次网回水温度偏高，供热能力尚未充分发挥，因此还有一定的提升空间。

[1] 能源基础数据汇编，国家计委能源所，1999.1。

7　十里泉电厂高背压改造项目

7.1　项目简介

目前十里泉电厂由两台300MW机组和1台135MW机组共同承担供热负荷。其中，135MW机组（5号机）为上海汽轮机厂生产的N125-13.24/535/535型超高压、一次中间再热、两缸两排汽、凝汽式汽轮机。2000年由上海汽轮机厂对5号机进行了高背压改造，更换了高中压内、外缸，高中压转子、动叶及隔板，低压转子、动叶及隔板，轴承箱和轴承等主要部件，改造后汽轮机出力由135MW增至140MW。

华电国际十里泉电厂所在的枣庄市东城区人口密集、工业发达，城市供热需求发展迅速。随着城市建设步伐的加快，尤其是枣庄市被列为全省棚户区改造试点城市以后，城市集中供热新增需求量更大。按照《枣庄市供热规划》，2010年东城区集中供热面积达到650万m^2；2011年将增至850万m^2；2012年集中供热面积将达到1137万m^2；到2016年集中供热面积将增至2187万m^2。按照市政府关停地方供热小锅炉计划，供热缺口将达到520万m^2。

为增加电厂的供热能力，提高供热经济性，针对5号机组进行低压缸双背压双转子互换循环水供热改造。

7.2　系统供热流程

在供暖期间冷却塔及循环水泵退出运行，一次网循环水全部进入凝汽器回收凝汽余热，由热网加热器尖峰加热后供至城市热网。设计工况下，进入凝汽器热网水流量约为9000t/h，排气背压45kPa，凝汽器出口温度为75℃。供热系统如图7-1所示。

由于背压显著提升，低压缸和凝汽器的温度和流量参数发生显著变化，本项目针对汽轮机低压缸的主要改造内容如下：

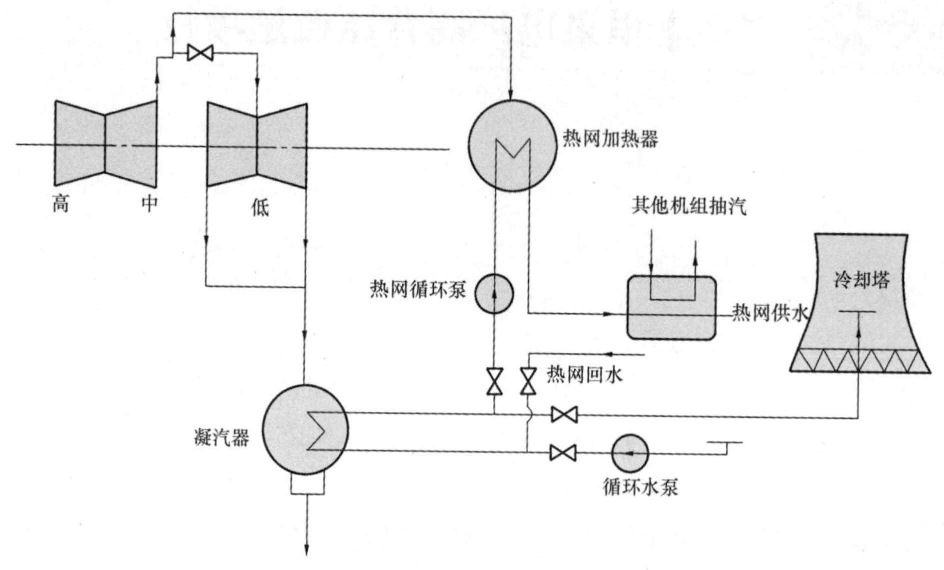

图 7-1　改造后的供热系统流程图

（1）低压缸 2×6 转子变为 2×4 级高背压转子；

（2）由于原末级和次末级叶轮、隔板处出现较大空当，加装导流环，使汽流平滑过渡，从而达到保持低压缸较高效率的目的。低压缸改造的部分如图 7-2 所示。

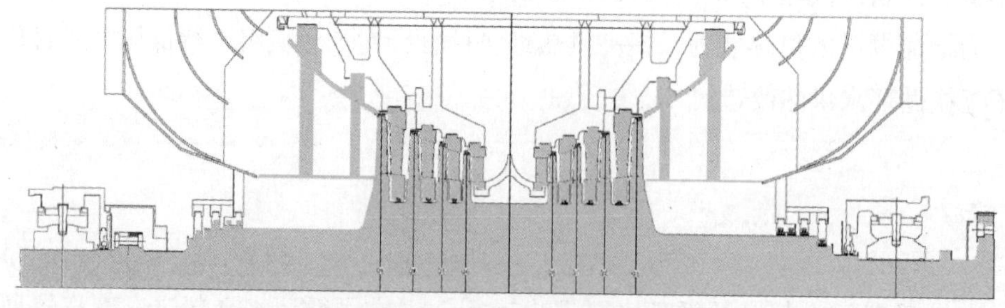

图 7-2　低压缸改造示意图

针对凝汽器实施的相关改造内容如下：

（1）更换凝汽器铜管及管束布置形式，管束布置形式由巨蟒形改为双山峰形；

（2）在凝汽器后水室管板内侧加装膨胀节；

（3）凝汽器进排水管更换具有更大补偿能力的膨胀节。

7.3 项目运行效果分析

采用高背压技术改造后整个采暖季排气压力如图 7-3 所示，当地大气压为 101kPa，乏汽压力基本维持在 38 ~ 46kPa 左右。

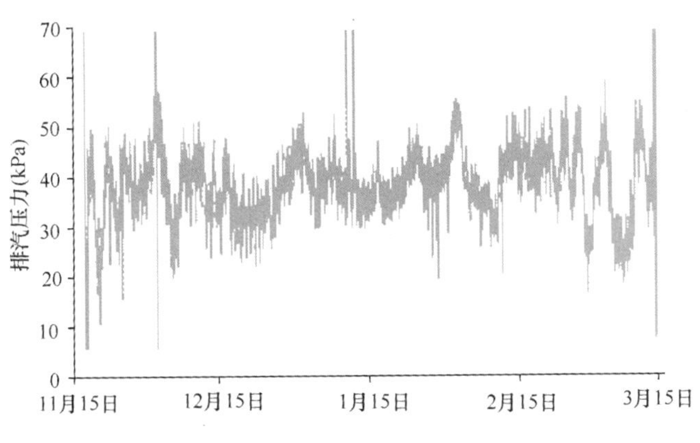

图 7-3　排气压力变化情况

分析该机组整个采暖季运行数据，将其供热能耗数据与常规抽汽供热方式进行比较，由于改造机组在整个采暖季无抽汽，背压机排气承担基本负荷，由相邻 300MW 抽凝机组的抽汽承担调峰负荷，根据实际运行数据，整个采暖季背压机平均排气压力为 38.8kPa，提高背压影响的发电量再乘以平均发电水平 332.6gce/kWh（供电煤耗为 350gce/kWh）即可得到背压机排气供暖煤耗为 10.3kgce/GJ，而整个采暖季的平均抽汽压力 0.4MPa，抽汽的供暖煤耗为 18.3kgce/GJ，由整个采暖季的排汽和抽汽比例，背压机排气热量占总供热量 71.5%，总供暖煤耗为 11.7kgce/GJ。一次网供水温度、回水温度以及凝汽器出口温度如图 7-4 所示。

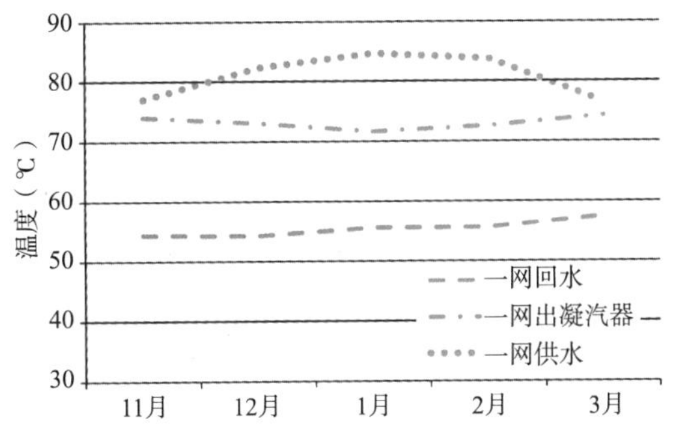

图 7-4　一次网温度逐月变化趋势

该高背压机组在采暖季没有抽汽，只是提高了背压后的乏汽加热一次网水。为了保证该机组乏汽热量全部回收，由其乏汽热量承担基本负荷，不足的热量由相邻的 300MW 机组的抽汽继续加热，供热量构成如图 7-5 所示。凝汽器温升和抽汽加热温升如图 7-6 所示。

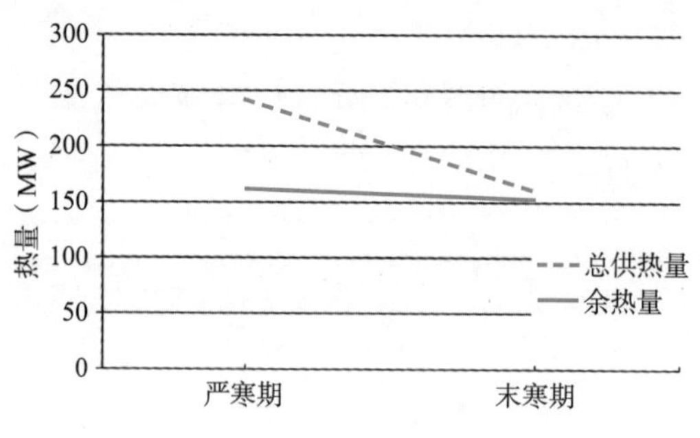

图 7-5　采暖季供热量构成

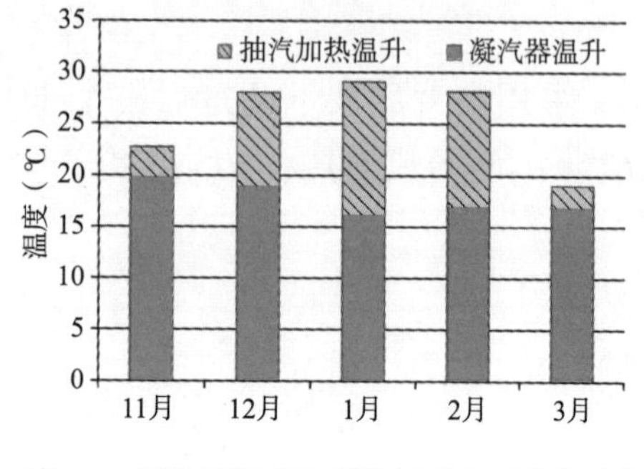

图 7-6　凝汽器温升和抽汽温升逐月变化趋势

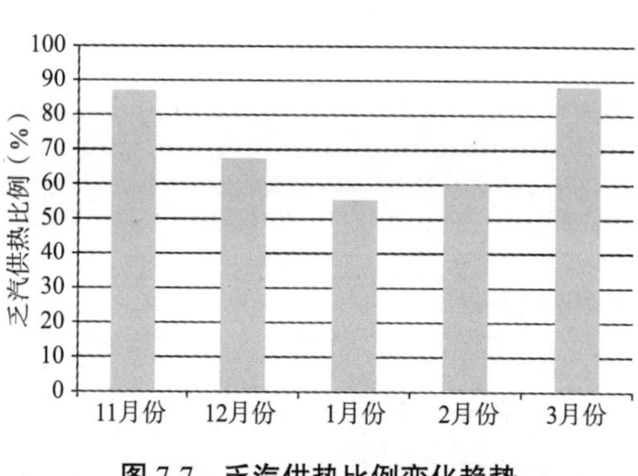

图 7-7　乏汽供热比例变化趋势

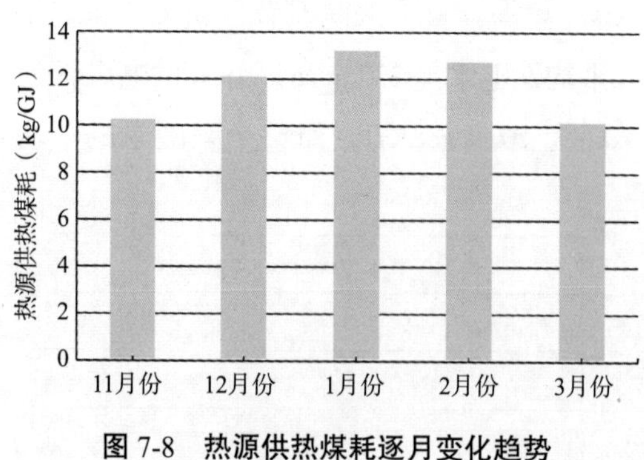

图 7-8　热源供热煤耗逐月变化趋势

由于初末寒期一次网的供回水温度较低，采用乏汽热量便可满足近 90% 的供热需求，当严寒期时，一网回水温度上升，而乏汽压力较为稳定，凝汽器回收的热量略有下降，同时供水温度的提升导致相邻的 300MW 机组的抽汽热量上升，乏汽供热量在总供热量中比例有所下降。末寒期的乏汽供热比例为 88%，严寒期的乏汽供热比例为 54%，如图 7-7 所示。

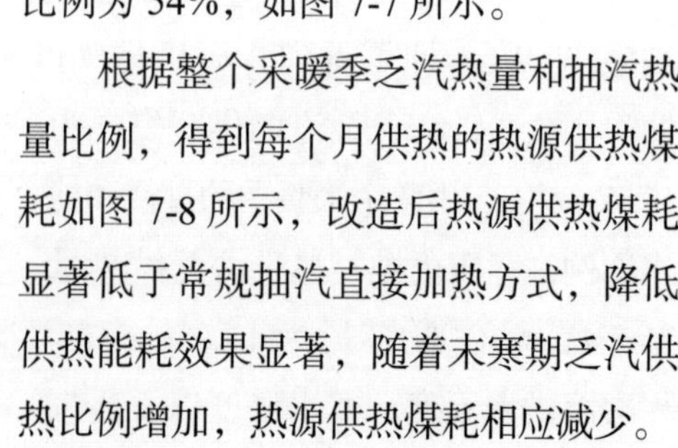

根据整个采暖季乏汽热量和抽汽热量比例，得到每个月供热的热源供热煤耗如图 7-8 所示，改造后热源供热煤耗显著低于常规抽汽直接加热方式，降低供热能耗效果显著，随着末寒期乏汽供热比例增加，热源供热煤耗相应减少。

7.4　项目评价

本项目利用低压缸换轴的方式提高了汽轮机排气温度，扩大了凝汽器的升温范

围，由于提高背压后凝汽余热全部回收，且在整个采暖季凝汽余热都承担基本供热负荷，没有造成高背压排气的浪费，因此没有冷源损失，供热能效较高。该项目主要有以下特点：

（1）经济效益显著

依据整个采暖季的运行数据，高背压机组的排气供暖煤耗为 9kgce/GJ，相邻 300MW 机组的抽汽平均供暖煤耗为 18.3kgce/GJ，按整个采暖季的排气和抽汽比例，排气热量占总供热量 71.5%，高背压机的供暖煤耗为 11.7kgce/GJ。整个采暖季背压机排气供热量为 162.2 万 GJ，当地供热热量价格为 45.52 元 /GJ，增加了供热收益 7383.3 万元，由于提高了背压降低了发电量，整个采暖季减少的发电量为 4379 万 kWh，上网电价 0.42 元 /kWh，发电收益减少了 1839.3 万元，综合供热和发电考虑，电厂采暖期增加收益为 5544 万元，该项目总投资为 5883 万元，投资回收期为 1 年。由此可以看出，提高背压虽然降低了低压缸的发电量，但是却因替代抽汽供热增大了供热能力，并且提高了热源能效、降低了供热成本，使经济性显著改善。

（2）节能减排效果显著

本项目回收乏汽热量折合 5.5 万 tce，由于提高背压减少了发电量，按平均供电煤耗 350gce/kWh，减少的发电量折合 1.5 万 tce，因此综合节约标煤 4 万 t，相应污染物减排量[1]如表 7-1 所示。

污染物减排情况 **表 7-1**

名称	数值
减排 SO_2（t）	960
减排 CO_2（t）	104000
减排 NO_x（t）	280

（3）运行方式需要负荷稳定

采用高背压技术改造后的显著缺点就是发电和供热互相耦合，热负荷和电负荷的调节比较困难，因此需要发电负荷尽量稳定，所以高背压机组适合承担基本负荷，由其他机组抽汽承担调峰负荷。另外一年需要两次停机换轴，每次换轴约需要 7 天。

[1] 国家计委能源所. 能源基础数据汇编. 1991.1。

8　赤峰金剑铜厂低品位工业余热集中供暖示范项目

8.1　工程概况介绍

（1）工程所在地概况及供暖现状

赤峰市是内蒙古自治区东部的中心城市，地处中温带半干旱大陆性季风气候区，冬季漫长而寒冷。全年供暖季长达6个月（10月15日～次年4月15日）。最冷月（1月）平均气温为-10℃左右，极端最低温度-27℃。

自20世纪80年代建市以来，城市发展迅速。80年代初期城市集中供暖面积仅为100万m^2，至2012年供暖面积已发展至约为2280万m^2。根据《赤峰市城市总体规划》预测，赤峰市中心城区每年新增供暖面积300万～400万m^2，预计到2015年整个城区供暖面积将扩大到约3500万m^2。

赤峰市的中心城区热源主要包括：京能（赤峰）能源发展有限公司、赤峰热电厂（A×B两厂）、赤峰富龙热电厂、赤峰制药股份有限公司等五家热电联产单位，总计最大供暖能力1156MW，约合2312万m^2。赤峰中心城区面临巨大的供暖热源缺口。尤其中心城区西南部的小新地组团（图8-1右下深色区域）正在加大开发力度，但目前此区域尚无热源，而且现有热网管径输送能力也无法满足此区域的供暖负荷，此区域建设一新热源势在必行。表8-1为小新地组团2013～2017年的供暖发展规划。

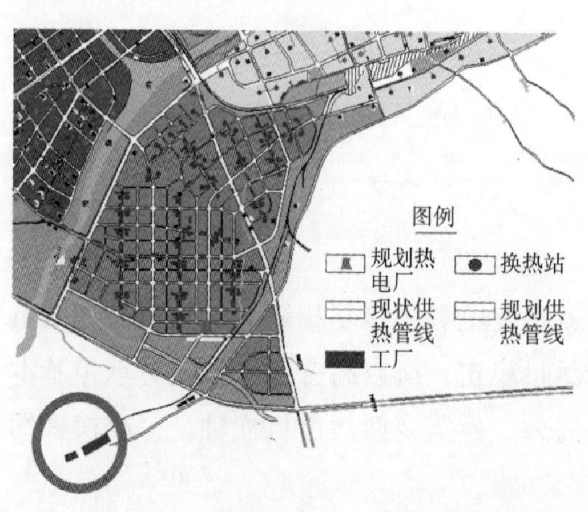

图8-1　小新地组团及附近的金剑铜厂

小新地组团供暖发展规划 表 8-1

末端类型	吸收式末端为主，少量电热泵末端 × 辐射暖气片末端			
一次网回水温度（℃）	20			
严寒期供水温度（℃）	120			
供暖热量指标（W/m^2）	50			
供暖面积（万 m^2）	2013 ~ 2014 年采暖季 30	2014 ~ 2015 年采暖季 180	2015 ~ 2016 年采暖季 250	2016 ~ 2017 年采暖季 350

赤峰市金剑铜厂（图 8-1 中圆圈标出位置）距小新地组团最近距离仅 3km，年耗电量近 2 亿度，年耗煤量达 8 万 tce。由于工业生产需要，实际工艺过程中存在大量的低品位余热无法直接就地利用，只能排放到环境中，造成能源浪费和环境污染，如图 8-2 所示，从左至右依次展示的情景分别为制酸工艺的循环冷却塔、炉渣冲渣和阳极铜散热。

图 8-2 金剑铜厂生产过程中排放的低品位余热（部分）

（2）项目进度总览

本项目的整体进度如图 8-3 所示。

项目于 2010 年 10 月开始对赤峰金剑铜厂低品位工业余热资源进行实地考察调研。2012 年 9 月起开始一期工程施工，一期工程于 2013 年元月施工完毕开始运行，至当年 4 月完成第一个采暖季的供暖实践。2013 年对一期工程进一步完善，最终将设计中要求回收的低品位余热悉数回收，完成了 2013 ~ 2014 年采暖季的供暖实践。上述两个采暖季回收的工业余热热量大于小新地的实际需热量，铜厂的工业余热实际也为小新地附近的其他热用户进行供暖。值得一提的是，在 2013 ~ 2014 年采暖季中，为了降低一次网回水温度，在松山法院热力站内进行了吸收式末端改造（见图 8-4），该热力站整个采暖季内一次网回水温度为 25℃左右；同时对万达广场某热力站进行了电热泵末端的设计，该热力站的一次网回水温度可以低于 15℃。

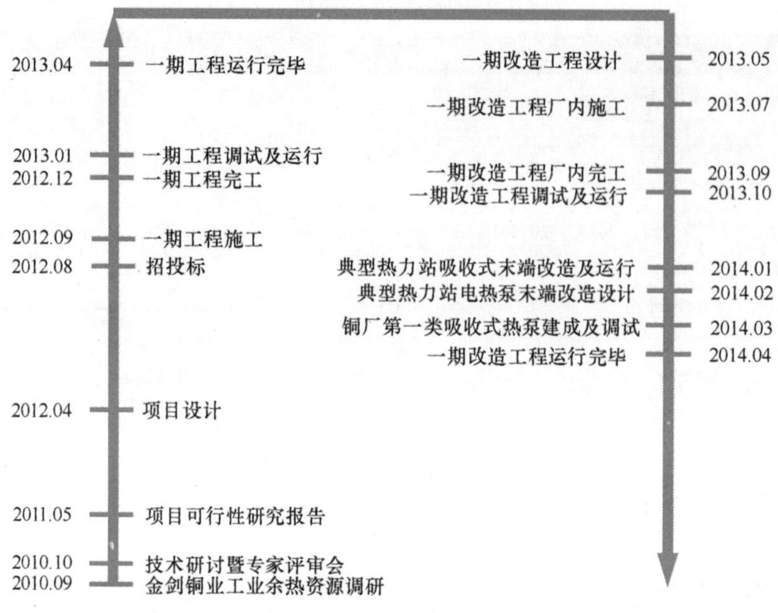

图 8-3　示范工程项目进度时间轴

图 8-4　松山法院热力站的立式多级吸收式热泵

8.2　示范工程整体设计

赤峰金剑铜厂为采用典型火法炼铜工艺的铜厂。经过现场调研，铜厂内可利用的低品位工业余热资源的热量与品位信息如表 8-2 所示。

铜厂可利用低品位工业余热资源的热量与品位　　**表** 8-2

热源序号	热源名称	热源热流率（MW）	被冷却前温度（℃）	被冷却后温度（℃）
①	奥炉炉壁冷却循环水	20	40	30
②	稀酸冷却循环水	5	40	30
③	干燥酸[a]	15	65（50）	45（30）
④	吸收酸[a]	29	95（70）	65（50）
⑤	奥炉冲渣水[b]	9	90	70
⑥	蒸汽[c]	7	150	150

注：a. 由于干燥酸 × 吸收酸必须通过特殊冷却设备（阳极保护装置）才能被安全冷却，特殊冷却设备的换热面积受到初投资与场地空间的限制往往不大，因此考虑该换热设备的换热温差后，热源品位出现较显著的降低，如被冷却前 / 后温度括号内的数值所示。b. 奥炉冲渣水作为末端环节的余热，从工艺要求看被冷却后的温度没有严格上限要求，但受到最大循环水量的制约不可能太高，设计中取 70℃。c. 蒸汽为铜厂内余热锅炉产生，考虑到使用过程中减温减压，温度按照 150℃计。

将赤峰金剑铜厂内余热热源具备回收可能的余热热源绘于 *T-Q* 图中，如图 8-5 所示。*T-Q* 图中每一根数字标出（与表 8-2 对应）的实线线段均表示一个余热热源，每一根实线线段在横轴上的投影长度表示热源的热流率，在纵轴上投影的两个端点分别表示被冷却前与冷却后的温度。所有余热（包括蒸汽）总计 85.0MW。

依据表 8-1 给出的小新地组团供暖发展规划进行计算分析，一次网回水温度为 20℃，供暖系统一次网供水温度 120℃，且工业余热承担基础负荷（负荷率 50%），以质调节方式进行系统调节时，工业余热利用系统的出口水温应为 70℃。

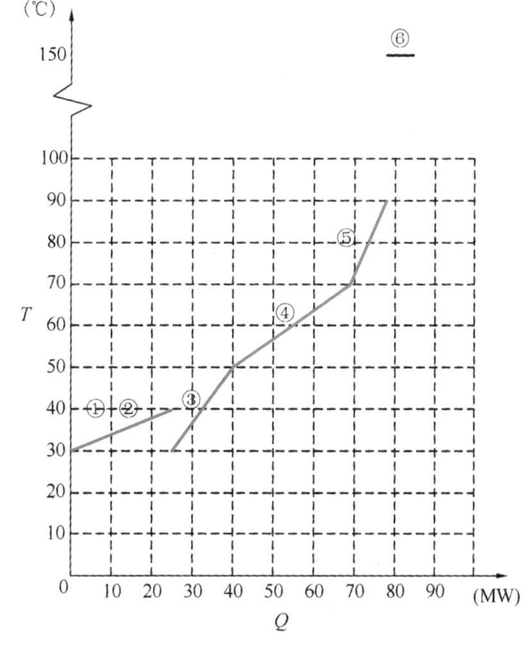

图 8-5　**金剑铜厂的余热资源**

运用夹点优化法进行余热采集整合流程的优化，如图 8-6 所示。图 8-6（*a*）为基于 *T-Q* 图的夹点优化法得到的取热流程。其中热源③与④下方的虚线表示干燥酸、吸收酸余热采集过程中增加一级板式换热器将浓酸生产冷却系统与热网系统分隔开，从而保证热网安全，由于增加了换热过程而进一步降低了热源的品位。

热源⑤下方的虚线表示由于回收冲渣水余热的换热器换热温差导致的冲渣水热源品位的下降。具体取热流程为：一次网回水进入铜厂厂区后，先回收干燥酸余热，再分成两股并联回收奥炉炉壁循环水与稀酸冷却循环水余热，汇合后再依次串联回收吸收酸、奥炉冲渣水和蒸汽的热量，温度及流量参数如图 8-6（*b*）所示。

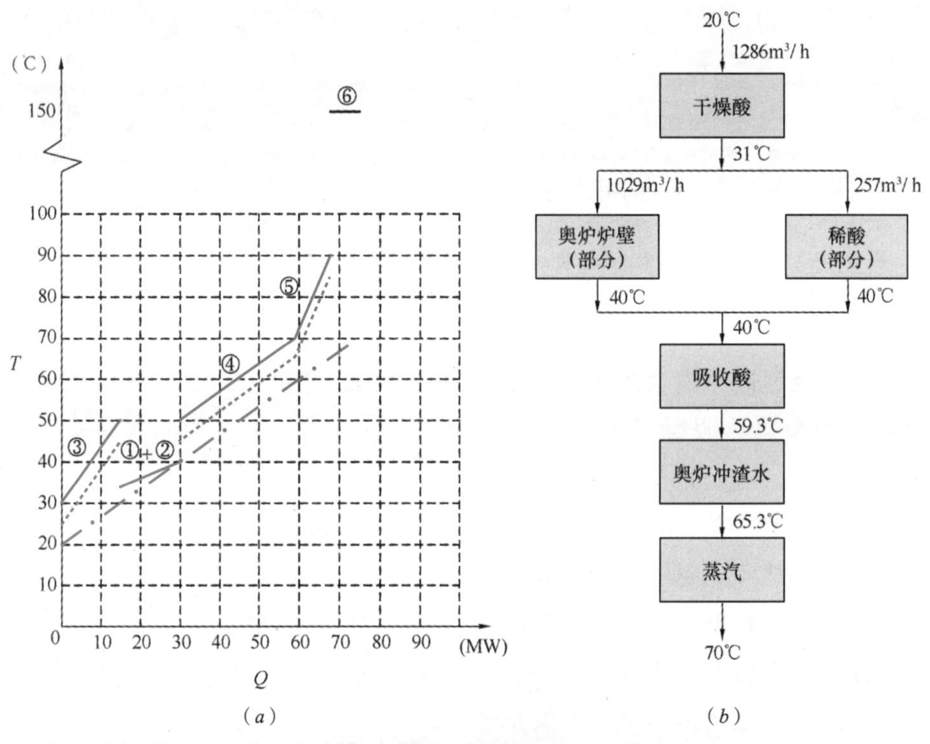

图 8-6　示范工程余热采集整合理论最优流程

示范工程设计阶段，小新地组团的供暖面积有限，该工程负责供暖的区域大部分为小新地周边区域的热用户，这些热用户绝大部分是辐射暖气片末端，实际一次网回水温度约为 45℃。

为了实现较高的余热回收率，热量较大的吸收酸余热必须被回收，此时工业余热利用系统的出口水温为 76℃，设计余热回收量为 45.0MW。为了进一步提高余热回收率，也为了提升出口水温，在铜厂内安装了一台蒸汽型第一类吸收式热泵（如图 8-8 中图①），以 7MW 蒸汽驱动吸收式热泵回收 5MW 干燥酸余热，此时设计余热回收量为 50.0MW。对应的 *T-Q* 图如图 8-7（*a*）所示。实际示范工程中为了避免复杂的管路在厂区内来回穿行，采取并联回收吸收酸、奥炉冲渣水余热的方式，对

应流程如图 8-7（*b*）所示，可以看出由于存在掺混损失，实际采取的余热采集整合流程比最优流程的出水温度低了近 7℃。

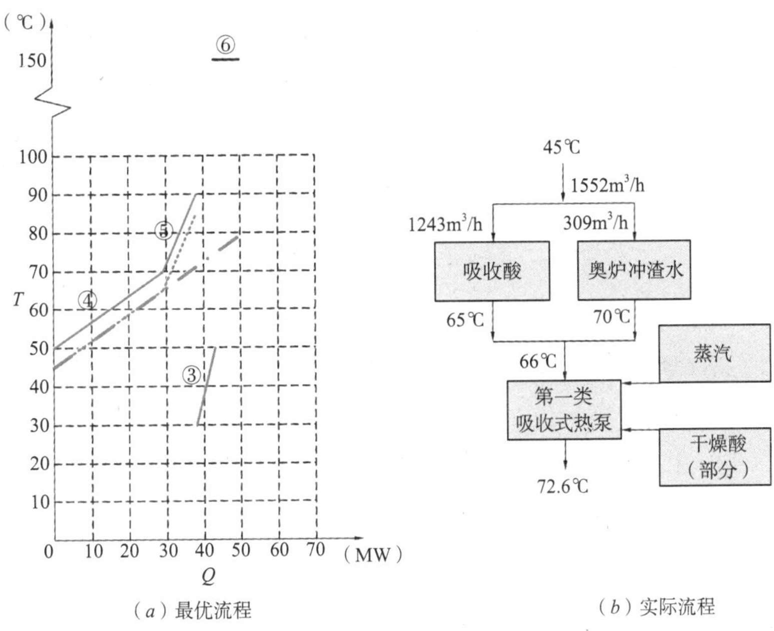

（*a*）最优流程　　（*b*）实际流程

图 8-7　示范工程余热采集整合的理论最优流程与实际流程

为了满足调峰需要且保证示范工程供暖的安全可靠，在距离铜厂约 500m 处建立了首站，首站内安装了两台 29MW 天然气锅炉（如图 8-8 中图④），作为调峰与备用热源。首站内的中央控制室既可以控制天然气锅炉、循环水泵的启停与调节，亦能监测系统运行状态，自动记录并存储重要运行参数。

图 8-8　示范工程现场照片

图 8-8 展示的是示范工程的现场照片。其中，①为铜厂内安装的第一类吸收式热泵；②为铜厂内具有远传功能的传感器（包括电磁流量计、温度传感器、压力传感器等）；③为用于吸收酸、干燥酸余热回收的酸—水换热器；④为调峰及备用的天然气锅炉；⑤为监测工程运行状态及存储运行参数的中央控制室；⑥为用于奥炉冲渣水余热回收的螺旋扁管换热器；⑦为用于吸收酸、干燥酸余热回收的水—水换热器。

8.3　示范工程运行效果

（1）铜厂第一类吸收式热泵运行情况

铜厂内第一类吸收式热泵在 2014 年 3 月完成建设并完成调试，预计将在 2014 ~ 2015 年采暖季进行供暖。铜厂内饱和蒸汽进入热泵发生器驱动机组运行，干燥酸冷却循环水余热在热泵蒸发器内得以回收，热网水在热泵吸收器与冷凝器内获得蒸汽与余热的热量而升温。

热泵的主要设计参数如表 8-3 所示，调试期间对于热泵重要性能参数（如 *COP*、蒸发器出口水温等）的测试结果如图 8-9 所示。

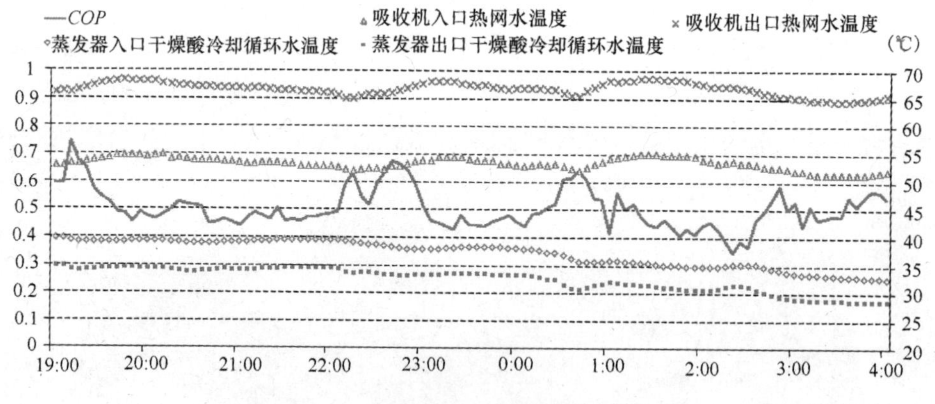

图 8-9　铜厂吸收式热泵试运行情况

从图 8-9 可以看出，蒸发器出口的干燥酸冷却循环水温度可以较好地控制在 30℃左右，满足铜厂干燥酸冷却的工艺要求。试运行期间处于采暖的末寒期，一次网回水温度整体偏低，因此进入吸收式热泵吸收器的热网水温度不足 55℃，吸收式热泵冷凝器出口的热网水温度约为 65 ~ 70℃。吸收式热泵 *COP* 未达到设计值 0.7,

约为 0.5 ~ 0.6，主要由于蒸汽压力未达到设计值导致。

铜厂第一类吸收式热泵主要设计参数 **表 8-3**

部件	参数	设计值	单位
发生器	入口蒸汽压力	0.5	MPa
	热量	5000	kW
蒸发器	入口水温	40	℃
	出口水温	30	℃
	热量	7000	kW
吸收器 / 冷凝器	入口水温	66	℃
	出口水温	73	℃
	热量	12000	kW

（2）工业余热利用系统整体运行情况及末端用户室温

图 8-10 所示为 2013 ~ 2014 年采暖季严寒期两个典型周工业余热利用系统的运行情况，包括余热回收量及工业余热利用系统的进、出口水温。该采暖季回收的低品位余热为吸收酸余热及奥炉冲渣水余热。

图 8-10（*a*）为 2014 年 1 月 3 日 ~ 1 月 9 日的情况，低品位工业余热回收量平均值为 22566kW。由于铜厂生产的周期性安排，余热回收量也呈现周期性的波动，余热回收量最大值为 30217kW，最小值为 10983kW。由于铜厂产量相比于设计阶段显著减少，低品位余热回收量最大值仅为设计值的 80% 左右。工业余热利用系统的出口水温随着余热回收量的周期性波动而频繁升降，两者之间呈现显著的同步性。然而热网及用户巨大的热惯性使得回水温度基本稳定维持在 45 ~ 49℃之间。

图 8-10（*b*）为 2014 年 1 月 23 日 ~ 1 月 29 日的情况，低品位工业余热回收量平均值仅有 17136kW，这是由于期间铜厂停产两次（23 日，26 日），停产时余热量几乎为零。26 日铜厂停产后，一台天然气锅炉启动，补充 12MW 的热量，满足大约一半的供暖需求，以保证末端用户的安全。即便如此，一次网回水温度还是不可避免地降低至 40℃以下。停产一天半之后，随着产量的恢复正常，回水温度迅速回升至 45℃。

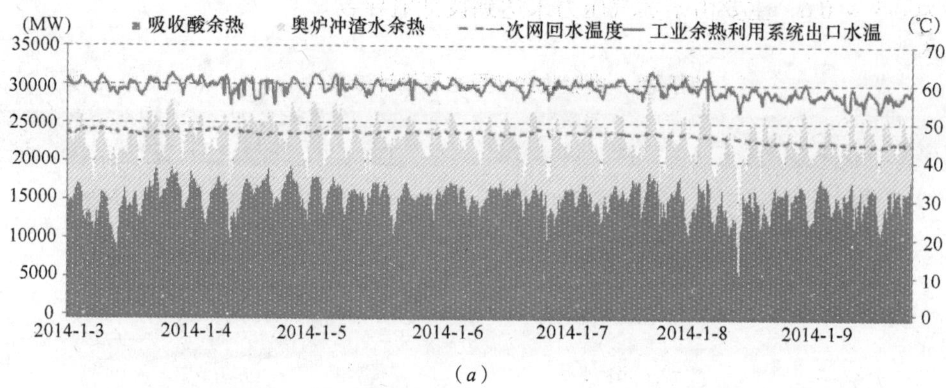

（*a*）

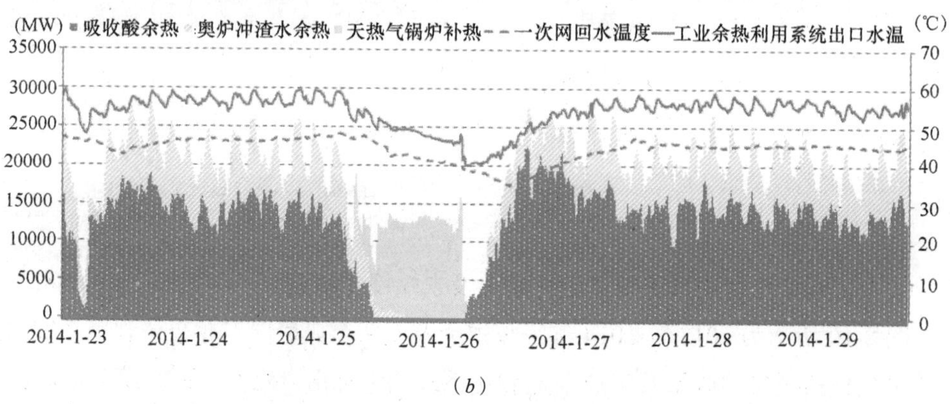

（*b*）

图 8-10　工业余热利用系统整体运行情况

（*a*）典型周（2014 年 1 月 3 日 ~ 1 月 9 日）；（*b*）典型周（2014 年 1 月 23 日 ~ 1 月 29 日）

在示范工程的供暖区域内选择具有代表性的住宅用户作为测试对象，监测用户的室内温度，进而分析低品位工业余热供暖的效果。图 8-11 所示为 2013 ~ 2014 年

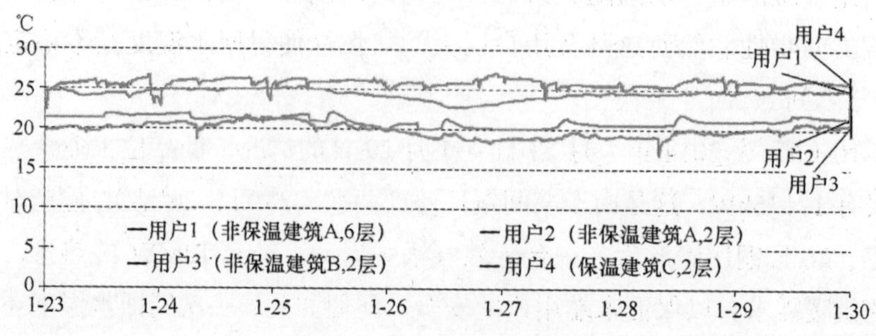

图 8-11　典型末端用户室温

采暖季严寒期典型周（2014 年 1 月 23 日 ~ 1 月 29 日）的典型用户的室温。可以看出：

1）所有用户室温都没有出现类似铜厂余热的周期波动性；

2）对于非保温建筑，绝大多数用户室温均高于 20℃，满足人员舒适性要求；而保温建筑的用户室温甚至高于 25℃，过量供热明显；

3）个别非保温建筑的底层用户由于耗热量大而出现短时间室温低于 18℃的情况，出现几率小，持续时间短，对用户的舒适性影响微弱；

4）几乎所有的非保温建筑用户在 1 月 26 日均出现了室温持续降低的现象，与铜厂当天停产相关；保温建筑用户的室温则没有受到影响，其室温主要受到人行为的影响。特别可以看到用户 9，由于过量供热，该户只有开窗通风才能使室温降低，而在 1 月 26 日后该户室温增长缓慢，开窗周期延长。

总体来看，低品位工业余热供暖的效果是良好的，可以满足供暖的基本要求。

8.4 示范工程综合效益

低品位工业余热应用于城市集中供暖项目的实施带来巨大的综合效益，包括缓解热源紧张、显著的经济效益及环境效益等。

（1）缓解热源紧张问题

该示范工程项目的成功实施，使金剑铜业的工业余热成为重要补充，和热电厂以及锅炉房一起并入城市热网为赤峰市集中供暖提供热源，填补了小新地及松山区 100 余万 m^2 的供暖缺口。有效地缓解了赤峰市中心城区热源紧张的局面。同时本示范工程也为我国北方地区集中供暖提供了新的途径与解决方案。

（2）经济效益

示范工程的经济效益显著，如表 8-4 所示。2012 ~ 2013 年采暖季运行的三个月内共计回收低品位工业余热 9.2 万 GJ，实现供暖收入 195.8 万元。2013 ~ 2014 年采暖季运行的六个月内共计回收工业余热 39 万 GJ，实现供暖收入 828.2 万元。该项目的投资总额为 5128 万元（不包括天然气锅炉房及供暖管网），按照 2013 ~ 2014 年采暖季的供暖收入计算，考虑人员工资、水泵输配电费等运行费用（约 400 万元 / 年），静态回收期约为 12 年。由于节约了供暖燃煤的费用，与热电联产、区域锅炉房等常规热源的供暖项目相比，项目经济性理想。

示范项目采暖收入　　表 8-4

	运行天数（天）	回收工业余热总量（GJ）	节约标煤（t）	供暖收入（万元）
2012 ~ 2013 年采暖季	91	92000	3416	195.8
2013 ~ 2014 年采暖季	183	390000	13300	828.2

（3）环境效益

项目运行期间，一方面减少了常规热源供暖时化石能源燃烧产生的二氧化碳及其他污染物的排放，另一方面原本铜厂内冷却塔蒸发散热导致的水耗也由于余热的利用而避免，节能减排效益明显，如表 8-5 所示。

示范项目节能减排量　　表 8-5

	运行天数（天）	减少 CO_2 排放（t）	减少 SO_2 排放（t）	减少 NO_x 排放（t）	节水（t）
2012 ~ 2013 年采暖季	91	8，223	27	23	36，840
2013 ~ 2014 年采暖季	183	34，857	113	98	156，160
总计	274	43，080	140	121	193，000

9 燃气锅炉余热回收项目

9.1 项目概况

天然气燃烧后的烟气中含有大量的水蒸气，烟气中水蒸气的汽化潜热占天然气高位发热量的比例达到 10% ~ 11%，目前基本上都没有利用而直接排放到环境。另外，天然气烟气中的水蒸气排入大气后冷凝，造成了冒白烟现象，形成景观污染，并使 PM2.5 排放指数增加。因此深度回收利用包括水蒸气凝结潜热在内的烟气余热对节约能源和减少污染物排放都有重要意义。

9.2 总后锅炉房示范工程简述

清华大学提出了基于吸收式热泵的直接接触式烟气余热回收技术，并于 2012 ~ 2013 年采暖季在北京市建设了示范工程。

该工程实施在北京市丰台区程庄路总后大院供暖锅炉房内。该供暖锅炉房由热力集团负责运营管理，2012 年之前为燃煤锅炉房，2012 年进行“煤改气”后，锅炉房内设有三台 29MW 燃气热水锅炉与一台 14MW 燃气热水锅炉，总供热面积约为 70 万 m^2。四台锅炉的烟气通过各自独立烟囱排入大气。

本工程在锅炉房内增设直燃型烟气余热回收装置，回收一台 29MW 锅炉的烟气余热，技术方案简要描述为：燃气锅炉的烟气在卧式直接接触式换热器中放出显热和潜热，使烟气温度降至 35℃或者更低温度，通过烟囱排至大气。循环冷却水在换热器中升温后泵入吸收式热泵，吸收式热泵以天然气为驱动热源，提取循环冷却水热量，用于加热锅炉给水，以减少锅炉的天然气耗量。

本工程的烟气余热回收系统原理如图 9-1 所示，锅炉烟气与循环冷却水叉流直接接触，完成传热传质过程。卧式换热器中，循环冷却水通过水泵提升压力，通过外螺旋喷嘴雾化为小颗粒的液滴，喷入换热器中与通过换热器的烟气进行传热传质，实现烟气降温、循环冷却水升温。

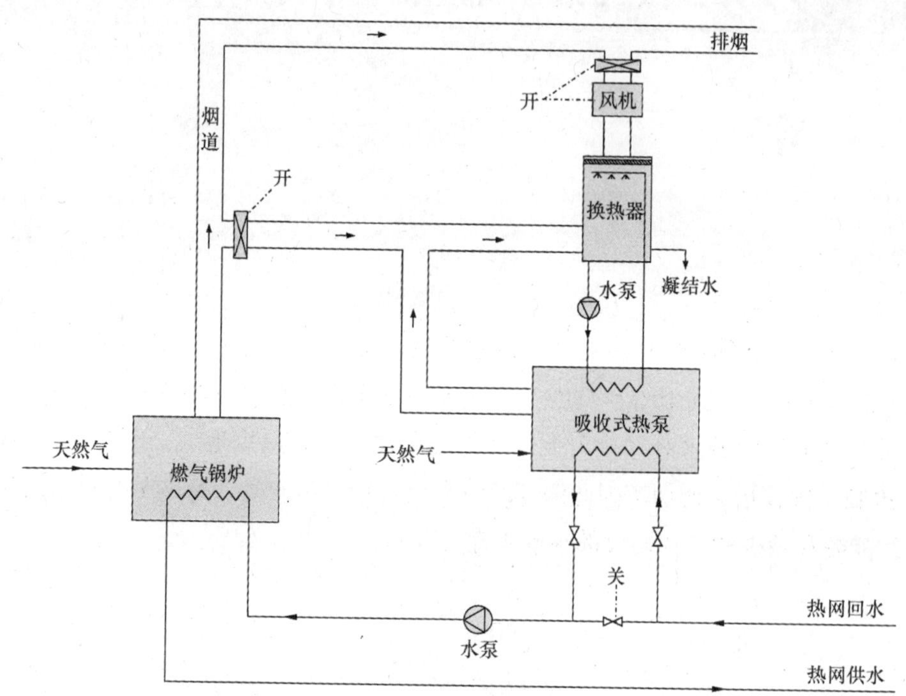

图 9-1　烟气余热回收系统基本原理图

9.3　总后锅炉房示范工程余热回收系统设计

北京天然气成分与热值见表 9-1。

北京市天然气特性　表 9-1

成分	CH_4	C_2H_6	C_3H_8	i–C_4H_{10}	n–C_4H_{10}	i–C_5H_{12}	n–C_5H_{12}	N_2	CO_2
含量（%）	93.7671	3.3611	0.5855	0.1013	0.1104	0.0449	0.0196	0.5215	1.4885
低位发热量	34705kJ/Nm^3								

燃气锅炉工作在额定负荷，燃气锅炉的热效率为 90%，排烟温度按照 90℃计算，

过量空气系数为 1.2，空气条件成分与含湿量见表 9-2。

空气特性 **表 9-2**

成分	O_2	N_2	CO_2	H_2O	Ar
含量（%）	20.93	78.01	0.0329695	0.0924906	0.932137
空气含湿量	3g/kg 干空气				

经热力计算，设计工况运行下，进入烟气余热回收设备的锅炉烟气流量约为 19891Nm³/h。回收的锅炉烟气热量为 2.23MW（其中潜热 1.73MW，烟气露点温度为 55.8℃）。烟气余热回收设备耗天然气量为 494Nm³/h。烟气降温过程可产生 3.4t/h 的冷凝水。烟气余热回收装置将烟气温度降至 25℃，总供热量为 7.2MW，可将热网水的温度由 55℃提升至 65℃，再由燃气锅炉加热至 95℃送至用户处用于供热。系统的热力平衡图表，如图 9-2、表 9-3 所示。

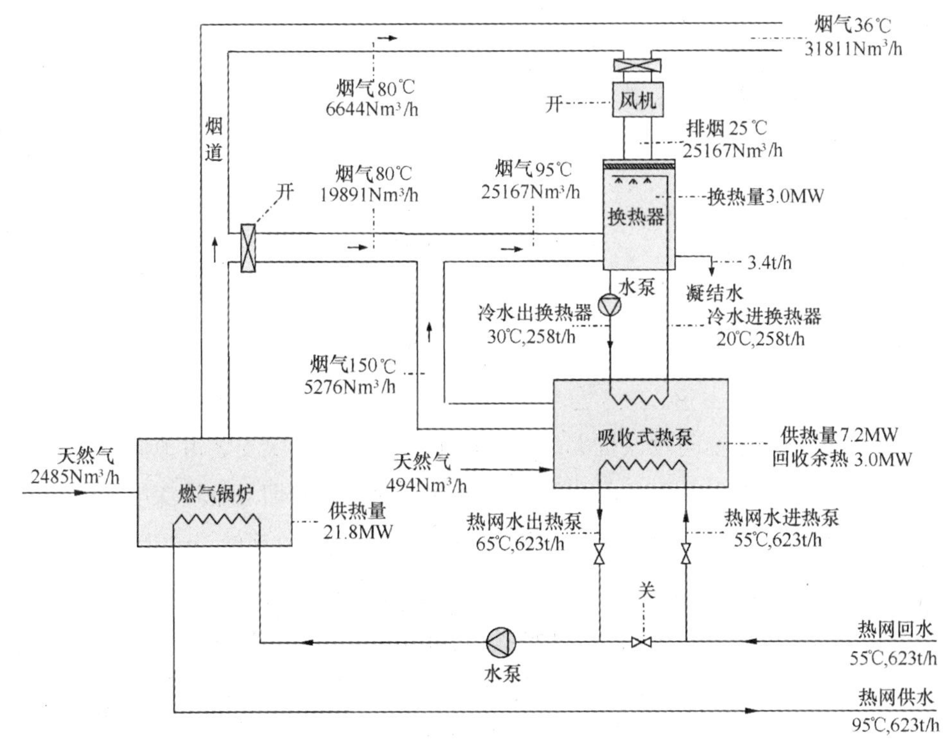

图 9-2 烟气余热回收系统热力平衡图

烟气余热回收系统热力平衡表　　表 9-3

直燃型吸收式热泵热平衡								
燃气侧			喷淋水			热网水		
燃气量	Nm^3/h	494	进水温度	℃	30	进水温度	℃	55
烟气量	Nm^3/h	5279	出水温度	℃	20	出水温度	℃	65
烟气温度	℃	150	水量	t/h	258	水量	t/h	623
回收烟气余热：3.0MW								
供热量：7.2MW								

喷淋换热器热平衡					
烟气侧			喷淋水		
烟气量	Nm^3/h	25167	进水温度	℃	30
进口温度	℃	95	出水温度	℃	20
排烟温度	℃	25	水量	t/h	258
换热量：3.0MW					

燃气锅炉热平衡					
燃气侧			一次网热水		
进气量	Nm^3/h	2485	进水温度	℃	65
排烟温度	℃	80	出水温度	℃	95
排烟量	Nm^3/h	26535	水量	t/h	623
供热量：21.8MW					

现有烟气余热深度回收项目大多为改造工程，原有厂区安装占地面积限制是北京地区烟气余热深度回收项目面临的一个共有问题。为使烟气余热深度回收系统的占地面积尽可能缩小，在该示范工程中，烟气余热深度回收系统设计为一体化设备，如图 9-3 所示，在直燃型吸收式热泵上方布置直接接触式换热器。烟气余热回收一体化设备与锅炉房原有设备仅通过两根烟管连接。这种一体化设备便于现场安装，有效减小了占地面积，使工程得以顺利推进。同时，这种一体化设备不影响原有设备的运行，可以通过烟气阀门随时实现与原有系统的切断。

图 9-4、图 9-5 为总后锅炉房示范工程一体化设备的实景照片。

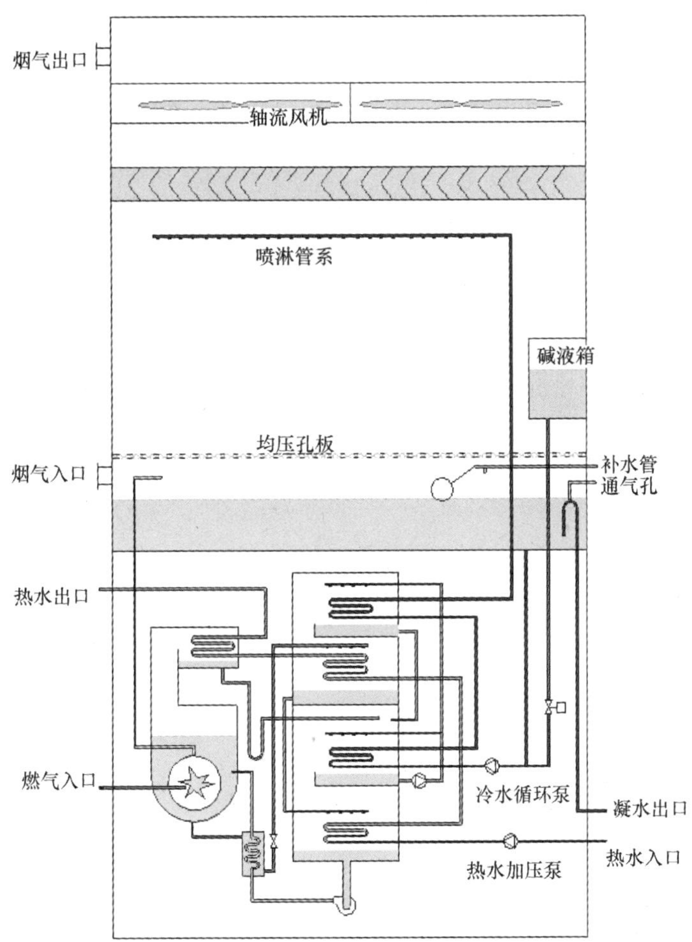

图 9-3 一体化设备设计示意图

（*a*） （*b*）

图 9-4 工程实景图

（*a*）直接接触式换热器实景；（*b*）吸收式热泵实景

图 9-5　一体化设备封装后实景

9.4　总后锅炉房示范工程运行测试结果及分析

根据实验需求，设计了示范工程的测试系统，如图 9-6 所示。

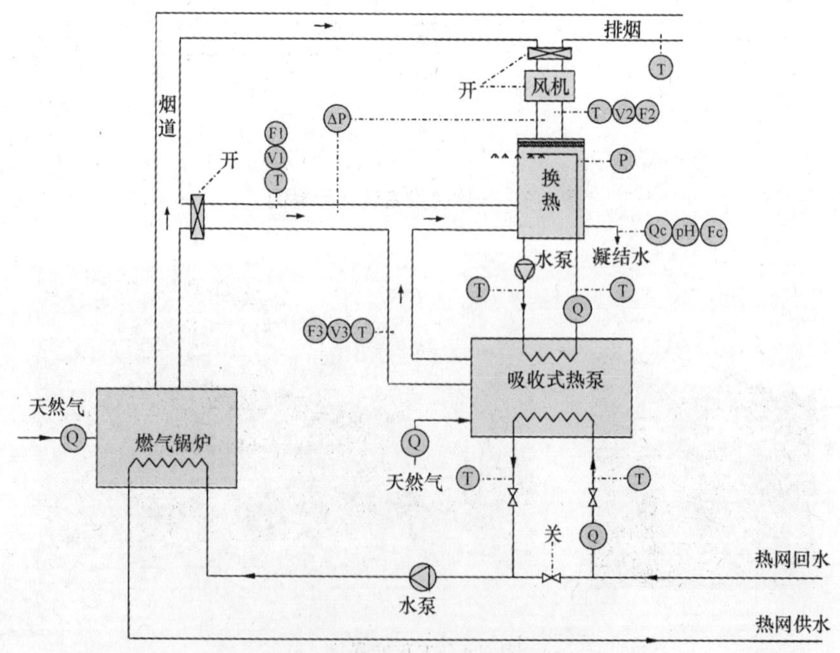

图 9-6　实验系统设备、管路、测点布置图

用于余热回收的4号锅炉连续运行时间为2013.12.09 ~ 2014.02.21，总共运行时间为75天。余热回收系统的测试时间为2014.01.13 ~ 2014.02.15，测试时间为33天。清华大学对吸收式热泵的冷、热水进出口温度及流量、喷淋换热器的烟气进出口温度、电气设备的耗电功率、典型工况余热回收前后的烟气成分及产生的冷凝水量进行了测试，并获取了整个采暖季燃气锅炉房的运行记录。

以某典型日（2014年1月18日）为例，直接喷淋式烟气换热器的烟气进出口温度，热泵的喷淋冷水进出口温度以及热泵的热水进出口温度分别如图9-7、图9-9所示，测试期间直接喷淋烟气换热器的烟气进出口温度以及热网回水温度变化如图9-10所示。

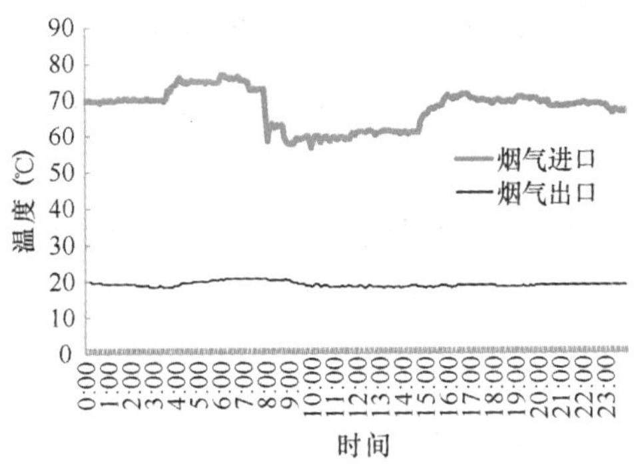

图9-7 典型日直接喷淋换热器烟气进出口温度变化

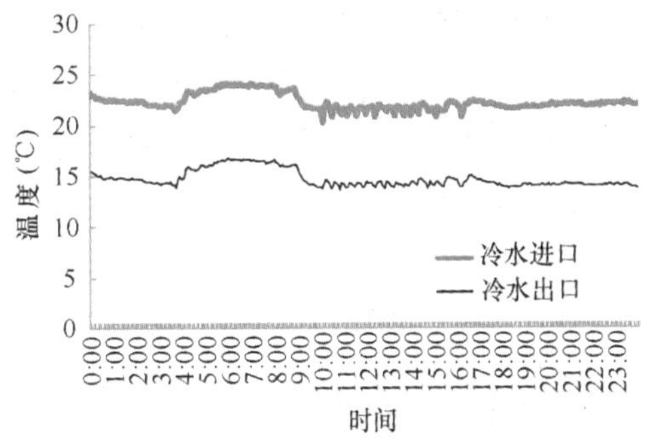

图9-8 典型日吸收式热泵蒸发器进出口水温变化

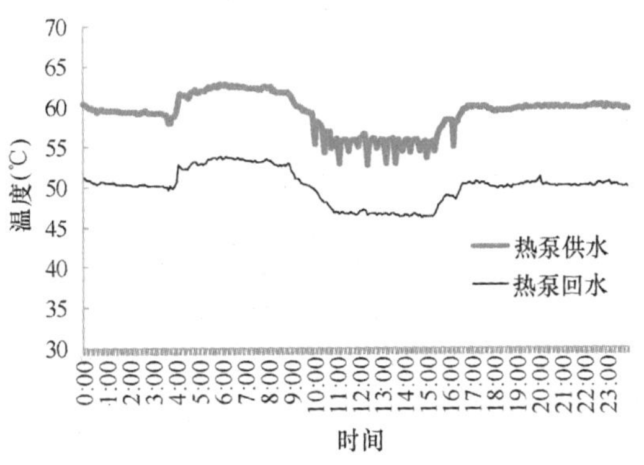

图9-9 典型日吸收式热泵的热网供回水温度的变化

如图9-7所示，烟气换热器的烟气进口温度在56.7 ~ 76.9℃之间变化，平均值为67.7℃；排烟温度在18.3 ~ 21.0℃之间变化，平均值为19.3℃，烟气侧温差为48.4℃；如图9-8所示，热泵冷水出口温度在13.7 ~ 16.8℃之间变化，平均值为14.7℃；冷水进口温度在20.3 ~ 24.1℃之间变化，平均值为22.3℃，冷水侧温差为7.6℃；如图9-9所示，典型日的热网回水平均温度为50.1℃，经热泵升高至59.2℃，温升平均为9℃；如图9-10所示，测试期间喷淋换热器烟气进口温度基本在60 ~ 80℃之间变化，平均温度为 70.3℃，热网回水温度为 50℃左右，而排烟温度基本稳定在 20℃，显著低于热网回水温度，余热回收效果较好。

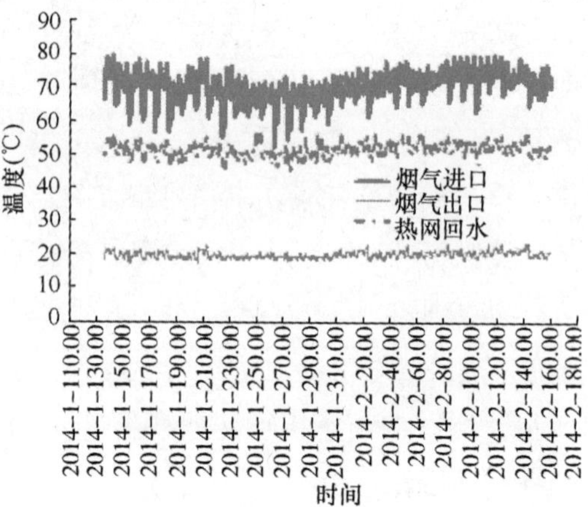

图 9-10　测试期间直接喷淋换热器烟气进出口温度以及热网回水温度的变化

9.5　节能减排效益分析

（1）经济性分析

如图 9-11 所示，在整个采暖季（按照 121 天计算），如全部热负荷均由燃气锅炉来承担，则对于一台 29MW 的燃气锅炉而言，需要提供 19.99 万 GJ 的热量，燃气锅炉的效率按照 91% 进行计算，可以得到该锅炉年耗气量约为 633 万 Nm^3。

该系统回收烟气余热量为 2.72 万 GJ，直燃燃气供热量约为 3.81 万 GJ，烟气余热回收设备燃烧部分的热效率按照 87% 计算，则直燃型烟气余热回收机组年耗气量约为 126 万 Nm^3，用于烟气余热回收的燃气锅炉供热量约为 13.45 万 GJ，折合耗气量约为 426 万 Nm^3，则增加了烟气余热回收系统后，年耗气量约为 552 万 Nm^3。综上，增加烟气余热回收系统后，在一个采暖季可以节约天然气约 81 万 Nm^3。

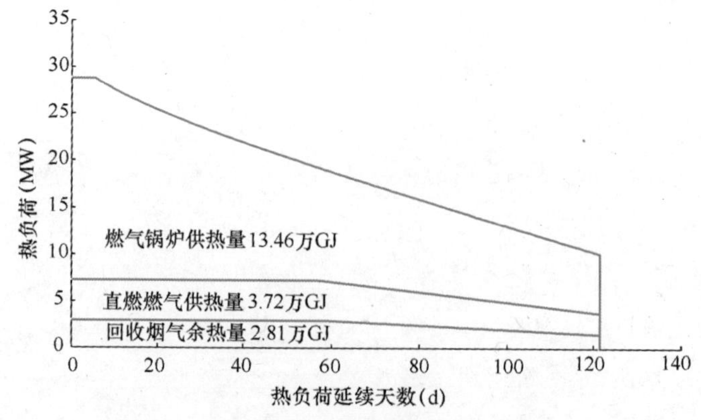

图 9-11　烟气余热回收方案热负荷延续时间图

另外本项目需增加锅炉房电耗约 140kW，则整个采暖季增加电耗约 35 万 kWh。本项目所使用的天然气价格为 2.28 元 /Nm^3，电价为 1 元 /kWh。按上述能源价格计算，

则本项目每年节省天然气费用约185万元，增加电耗约35万元，综合节省费用约150万元/年。综上，本项目预计静态投资回收期约为4～5年，经济性较好。

（2）节能分析

根据采暖季测试数据，可以计算出测试期间回收余热量、天然气效率提高值以及热泵供热*COP*。经过计算，测试期间回收余热量在1.7～2.5MW之间变化，平均回收余热量为2.21MW，热泵的供热*COP*在1.35～1.92之间变化，平均值为1.72；天然气的热利用效率提高值平均为9.0%。计算结果如图9-12～图9-14所示。

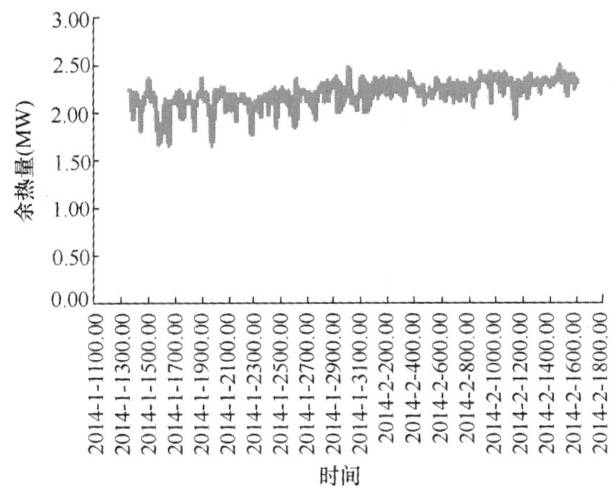

图9-12 测试期间回收余热量的逐时变化

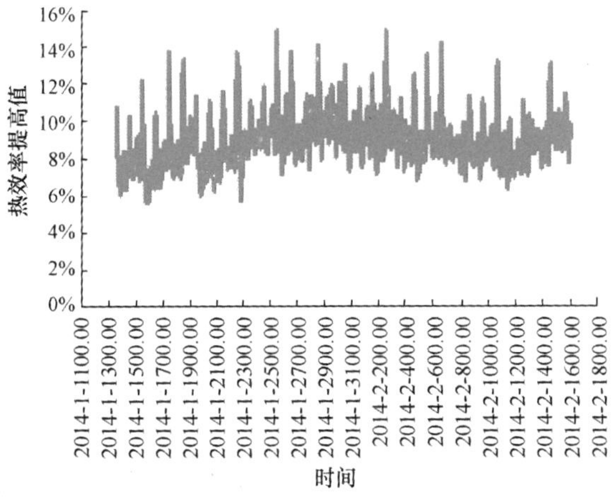

图9-13 测试期间天然气热效率提高值的逐时变化

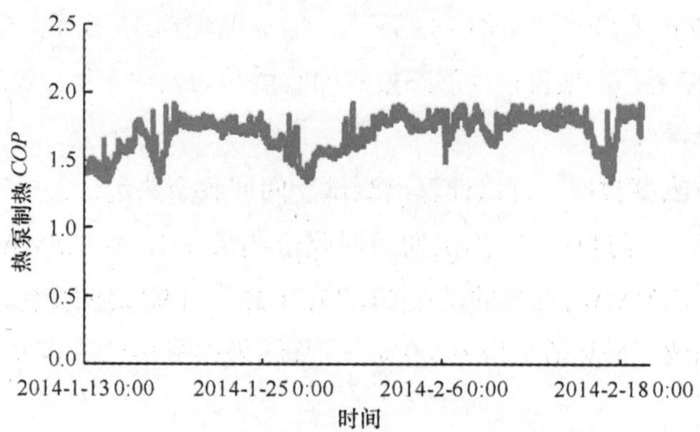

图 9-14　测试期间热泵供热 *COP* 的逐时变化

余热回收系统的运行参数和计算结果统计如表 9-4 所示。

余热回收系统的运行参数和计算结果　　　　**表 9-4**

项目	数值	项目	数值
供水平均温度（℃）	59.8	平均供热量（kW）	5306
回水平均温度（℃）	51.2	热泵平均 *COP*	1.72
冷水出口平均温度（℃）	15.4	热水循环泵电功率（kW）	30.69
冷水进口平均温度（℃）	23.1	冷水循环泵电功率（kW）	26.23
烟气进口平均温度（℃）	70.3	风机电功率（kW）	13.6
烟气出口平均温度（℃）	19.8	喷淋泵电功率（kW）	70.17
热水流量（t/h）	530	平均供热能效比	1.68
冷水流量（t/h）	245	热效率提高值	9.0%
平均回收余热量（kW）	2212		

如表 9-4 所示，该项目在采暖季的平均热效率提高值约为 9.0%。

（3）减排分析

采用直接接触式烟气水换热系统回收余热，减少了天然气的排放，相应地也减少了污染物的排放。另外，在直接接触式换热器内的喷淋过程中，烟气中的不同污染物将会部分溶入喷淋水中，使得排烟中有害气体含量降低。

由于天然气硫含量很低，燃烧烟气中的 SO_x 含量也很低，在天然气利用设备中一般不设置专门的脱硫设备，采用本套烟气余热回收系统，在回收余热的同时，还

可对 SO_x 进行脱除，使得天然气燃烧烟气中的 SO_x 排放达到更低的水平。

氮的氧化物有 NO、NO_2、N_2O、N_2O_5 等，统称 NO_x。锅炉烟气中氮的氧化物主要是 NO，NO_2 含量较少。NO 稍溶于水，NO_2 易溶于水，形成亚硝酸和硝酸水溶液。

在典型日（2014 年 1 月 8 日）对总后锅炉房烟气余热回收工程的污染物 NO_x 的排放进行了现场测试，测试时锅炉运行负荷为 70% ~ 80%。测试分析结果如表 9-5 所示。

NO_x 减排测试及分析　　　　表 9-5

测试情景	余热回收开启	余热回收关闭
管道截面积（m^2）	1.1304	1.1304
过剩空气系数（3%O_2）	1.176	1.174
实测烟气量（m^3/h）	23196	25637
标况烟气量（m^3/h）	21761	21274
标干烟气量（m^3/h）	21326	17763
NO_x 折算浓度（mg/m^3）	82.4	92.0
NO_x 排放速率（kg/h）	1.76	1.63
估算燃气消耗量（m^3/h）	2671	2283
NO_x 排放因子（g/m^3 燃气）	0.658	0.716
余热回收装置 NO_x 处理率	8.1%	

如上表所示，烟气余热回收装置的 NO_x 处理率为 8.1%，结合上节中提到，节能率为 9.0%，则该烟气余热回收系统可以减少 NO_x 排放约为 16.4%。

（4）节水分析

天然气的主要成分是甲烷（CH_4），燃烧后生成 CO_2 和 H_2O。1Nm^3 的天然气可生成 1.55kg 的 H_2O。据了解，北京市 2012 年采暖季消耗 60 亿 Nm^3 天然气，平均每天消耗 5000 万 Nm^3。严寒的 1 月份，每天消耗 6000 万 ~ 7000 万 Nm^3。也就是说，1 月每天有 10 万 t 以上的水排放到北京五环内的空中。如果这些水汽通过烟气冷凝换热的方式收集起来，不仅能够增加 10% 左右的供热量，同时节约大量的水。

在该示范工程项目中，清华大学组织对烟气余热回收系统的冷凝水量进行了测试，相关测试结果如表 9-6 所示。

烟气冷凝水测试结果 **表 9-6**

	锅炉出口烟气温度（℃）	热泵出口烟气温度（℃）	排烟温度（℃）	冷凝水量（t/h）	理论冷凝水量（t/h）
工况一	54.05	127.43	22.43	2.02	2.36
工况二	72.82	129.85	24.88	2.12	2.60

注：工况一锅炉燃气消耗量为 1528.12m^3/h（锅炉负荷率约为 50%），热泵燃气消耗量为 319.47m^3/h，进口平均烟气温度为 54.05℃，采暖平均进水温度为 42.79℃，余热回收量为 1856.89kW；
工况二锅炉燃气消耗量为 1518.21m^3/h（锅炉负荷率约为 50%），热泵燃气消耗量为 367.79m^3/h，热泵进口平均烟气温度为 72.82℃，采暖平均进水温度为 42.80℃，余热回收量为 2242.87kW。

图 9-15　系统中烟气余热回收前烟囱排烟效果

图 9-16　系统中烟气余热回收后烟囱排烟效果

经过测试，在烟气余热回收过程中，冷凝水产生量均为 2t/h 以上，但少于理论冷凝水量，这主要是由于测试时操作人员通过量筒接收冷凝水来实现的，结果存在一定的误差。

经过烟气余热回收后，烟气中的大部分水蒸气被冷凝在换热器中，避免了这部分水蒸气直接排入大气中，极大地缓解了传统供热锅炉房“冒白烟”的问题。而这部分水蒸气排放在冬季大气中，将会加剧雾霾天气的形成。图 9-15 与图 9-16 为烟气余热回收前后烟囱排烟效果，可以看到，本套系统的使用可以有效解决供热锅炉房“冒白烟”的问题，达到“消白”的效果。

9.6 小结

清华大学针对燃气锅炉系统提出了基于吸收式热泵的直接接触式烟气余热回收技术，并于 2012 ~ 2013 年采暖季在北京市建设了示范工程，并在 2013 ~ 2014 年采暖季对示范工程进行了测试。

经过测试与计算分析，同常规燃气锅炉供热系统相比，得到如下结论：

（1）本项目预计静态投资回收期约为 4 ~ 5 年，经济性较好。

（2）该烟气余热回收系统使得天然气在采暖季的平均热效率提高值约为 9.0%。

（3）烟气余热回收装置的 NO_x 处理率为 8.1%，根据节能率为 9.0%，则该烟气余热回收系统可以减少 NO_x 排放约为 16.4%。

（4）在烟气余热回收过程中，冷凝水产生量均为 2t/h 以上，本套系统的使用可以有效解决供热锅炉房"冒白烟"的问题，达到"消白"的效果。

由此可见，该烟气余热回收系统证实了直接接触式换热配合吸收式热泵深度回收烟气余热技术大规模应用的可行性，有效解决了由于供热回水温度高而难以直接回收烟气冷凝热的难题。同时相对于间壁式换热，直接接触式换热极大地增加了气－液两相接触面积，瞬间完成传热和传质，达到强化换热，提高换热效率的目的。

10 降低二次网循环泵电耗示范项目

服务于热力站以下二次管网的循环泵耗电也是集中供热系统能耗的重要组成部分，对集中供热系统节能和降低运行成本都有重要意义。下面介绍赤峰地区的几个换热站进行的降低二次网循环泵电耗的工程实践。

10.1 热力站能耗现状

（1）热力站能耗统计

图 10-1 为赤峰市换热站的循环泵单位面积电耗，可以看出，各站之间的耗电量差异较大，说明各热力站的水力工况有区别，存在节能潜力。

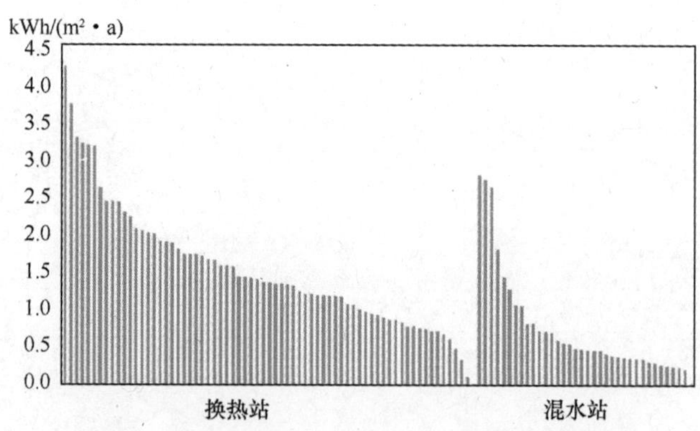

图 10-1 各换热站 2011 年单位面积电耗统计

（2）二次网压降分布

通过对 9 个换热站的各部件压降进行测试，得到各站的二次网压降分布情况如图 10-2 所示。

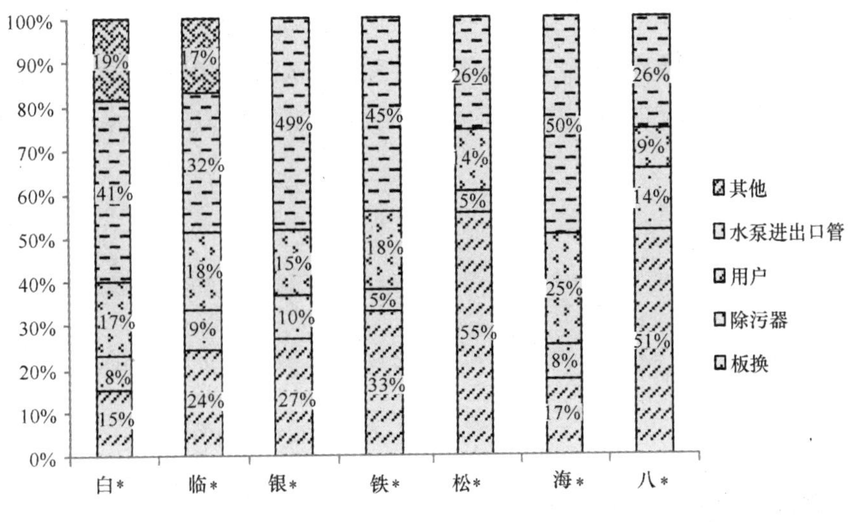

图 10-2 各站压降分布图

由图 10-2 压降分布图可以看到，用户消耗的压降平均只占水泵总压降的 9% ~ 25%，消耗在热力站内的压降占到了绝大多数。由此可见，换热站水泵电耗的节能潜力主要在站内。测试中的合理值和偏高范围如表 10-1 所示。

热力站压降分布合理值和偏高范围 **表 10-1**

	合理值（mH_2O）	偏高范围（mH_2O）
换热器	4 ~ 6	>10
除污器	0 ~ 1	>6
站内管道和阀门	1 ~ 2	>5
用户	3 ~ 6	>10
水泵扬程	8 ~ 15	>20

在合理的情况下，应该使热力站内的压降控制在 9m 以下，而分集水器之后的压降在 6m 以内，这样循环泵的总扬程不超过 15m。考虑一定的裕量之后，实际选型也不应该超过 20m。而目前的水泵扬程选型一般都大于 25m，有的甚至达到了 30 ~ 40m。

（3）影响电耗的因素

如图 10-3 所示，水泵本身的特性、频率与管网的特性曲线共同决定了水泵的工作点和水泵的效率。水泵的扬程被整个管网所消耗，可以分成三部分，一是为了使末端有足够资用压头的压降，二是站内一些存在选型或运行问题的部件所多消耗的压降，三是庭院管网由于管径不合理、阀门损坏等各种原因多消耗的压降。要降低水泵的电耗，一是尽可能使后两部分的多余压降减小，二是使水泵工作点的效率尽可能高。

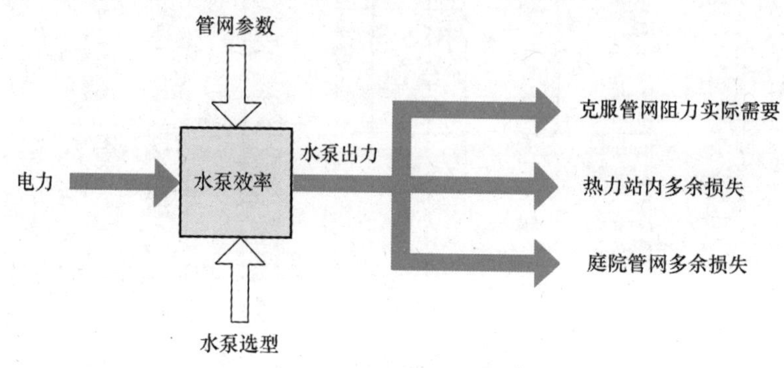

图 10-3　影响耗电量的因素

10.2　改造方案

（1）热力站内局部阻力改造

1）换热器阻力

目前，板式换热器是热力站内最常用的换热器。在换热器型号、台数、片数不变的情况下，板式换热器的压降只和流速的二次方有关。下面对各站换热器压降统计如图 10-4 所示，可见换热器的压降差异较大。

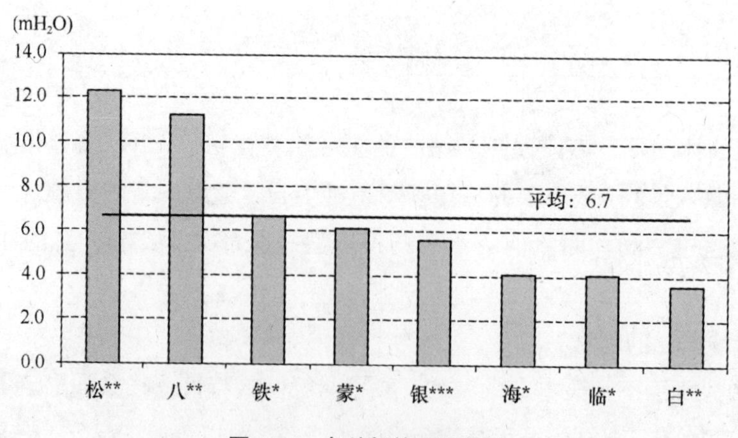

图 10-4　各站板换压降统计

部分板换压降偏大的主要原因是单台流量二次流量偏大。根据调查，单台流量较大的两个站，实际供热面积在换热站建成后不断增加，远大于设计供热面积。以图中松 ** 站为例，通过测试结果计算，每年由于板换压降过大而多消耗的电能达到 3.5 万度，约为 2.1 万人民币，可见如果能够增加板换台数，经济性将会更好。

除了单台流量过大外，结垢对于换热器压降也有一定影响。测试发现某换热站的单台换热器在末寒期的阻力比初寒期增加了 42.8%，因此应该每年对换热器进行冲洗。

表 10-2 为 4 个换热站换热器冲洗前后的换热效果和相同流量下的阻力变化情况。可见冲洗前后换热系数显著提高，压降普遍下降，部分站的压降变化幅度较大，表示原来存在一定的结垢状况。

换热器冲洗后效果 **表 10-2**

换热站编号	冲洗前		冲洗后	
	换热系数（W/（℃·m^2））	压降（mH_2O）	换热系数（W/（℃·m^2））	压降（mH_2O）
1	1866	4.5	2318	4.2
2	2351	5.1	2806	5.1
3	972	7.2	1471	5.8
4	2249	3.4	2562	3.0

2）除污器阻力

统计部分换热站除污器的压降情况如图 10-5 所示。可以看到，除污器的一般压降在 1 ~ 3m。中 * 站的除污器压降达到了 7.7m，经过检验，存在除污器堵塞的情况。通过清污工作，该站的压降已经降到了 3m。

在运行中，除污器的阻力显著增加主要发生在初寒期，尤其是刚开始供热的一段时间。因此，应该时刻关注除污器两端的压力，一旦发现除污器有堵塞的现象（即两端压降达到 3m 以上，在实际中往往表现为二次流量减少），就应该及时清污，避免不必要的压降。

3）不合理阻力

造成不合理阻力压降的主要原因是：站内部分管道设计管径偏小、部分阀门存在损坏的情况、弯头过多、部分管道上存在不必要的阀门等。以银 *** 站为例，2012 ~ 2013 年采暖季前期测得其水泵进出口存在 10.2m 的压降。2013 年 3 月 27

日，对该站的运行水泵进出口管进行了改造。具体改造措施如图 10-6 所示，左侧水泵为运行泵，右侧水泵为备用泵。将运行水泵的进出口管管径由 *DN*150 改成 *DN*200，拆除止回阀，蝶阀也改成 *DN*200。在两个泵的连接管上加装压力表，以测试实际压降。

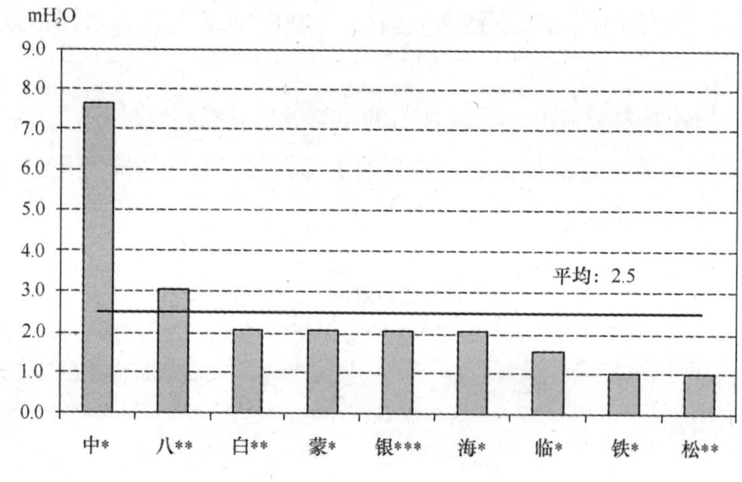

图 10-5　各站除污器压降阻力

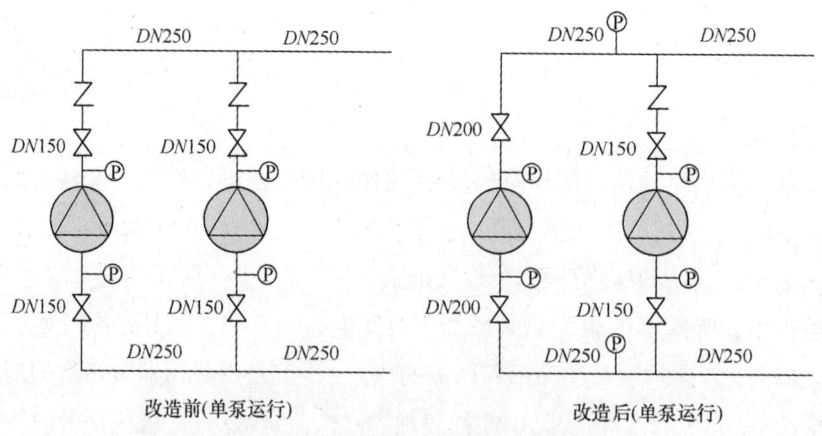

图 10-6　单泵运行改造前后变化图

对改造后的实际效果进行测试，对改造后支路上的水泵进行变频，保证与改造前基本一致的流量，对管路压降和水泵功率进行测试。测试结果如表 10-3 所示。

通过表 10-3，可以得到如下结论：

改造前后压降测试 表 10-3

	水泵扬程（mH_2O）	进口管压降（mH_2O）	出口管压降（mH_2O）	流量（m^3/h）	管径 *DN*	流速（m/s）	比摩阻（Pa/m）	水泵功率（kW）	水泵频率（Hz）	水泵效率
改造前	18.88	4.6	3.6	308.2	150	4.84	2067.84	25.74	45.3	61.54%
改造后（未变频）	15.31	1.0	1.0	327.2	200	2.70	429.65	25.05	45.3	54.42%
改造后（变频）	13.78	1.0	1.0	310.5	200	2.56	386.91	20.14	42.32	57.82%

①改造后进出口管流速大大降低，比摩阻减小接近 5 倍，动压头降低 0.8m，进出口管压降从 8.2m 降低到 2.0m，未变频时期流量增加了 $20m^3/h$，降阻效果明显。

②通过变频达到与原来相近的流量后，功率从改造前的 25.74kW 降低到 20.14kW，单位面积耗电量从 $1.21kWh/m^2$ 降到 $0.95kWh/m^2$，节能率为 21.8%。根据计算，其年节电量可达 2.6 万 kWh，折合电费 2.5 万元，而其改造费用不超过 1 万元，一年即可收回投资并且达到节能效果。由于改造手段简单，而且具有相同问题的热力站数目较大，将其推广将达到较好的节能效果（本站由于泵前后空间有限，未能改成 *DN*250。若有空间的站能够改成与热力站内主管管径相同，使流速降到 1m/s 左右，节能效果将更好，同时成本增加也有限）。

③由于水泵的额定扬程 24m，额定流量 $280m^3/h$，在改造前其工作点就已经右偏。改造后，管道阻力降低，其工作点进一步右偏，效率更低。如果能更换水泵，选择扬程低的水泵，使其效率达到 70%，那么单位面积电耗可以进一步降到 $0.78kWh/m^2$。因此，在水泵选型时，应该避免扬程偏大。

（2）热力站外阻力改造

二次网在分集水器之后往往有多条支路。这些支路中如果存在某一条的供热半径特别大，或者供热面积特别大的情况，其压降就会远高于其他支路。此时，其他支路只能采用关小阀门的方式来消耗多余压降。如表 10-4 所示的小区就存在这种情况。三条支路中，支路 1 的供热半径远高于其他两个支路，其压降（26.53m）也远高于其他支路，因此增大了循环泵的电耗。

对于这种情况，首先应该在庭院管网设计和热力站位置选择时，尽量使各支路的供热半径和供热面积相差不要过大。如果已经发生了支路很不平衡的情况，应该通过给该支路加设加压泵的方式解决。在 2013 ~ 2014 年采暖季对表 10-4 所示的热力站进行改造，在该支线上加装支线加压泵，即：改造前仅由热力站一台高扬程水泵克服最不利末端的阻力，改造后热力站内低扬程水泵克服近端用户的阻力，而由支线加压泵克服该不利支线的阻力。改造后三条支路的压降如表 10-5 所示。可见通过加压泵的安装，虽然增加了支线加压泵的电耗，但由于热力站循环泵换为低扬程泵而提高了水泵效率，最终使总电耗下降了 0.60kWh/（$m^2 \cdot a$）。

某站各支路不平衡情况　　**表 10-4**

	压差（mH_2O）	流量（m^3/h）	主线管径*DN*	流速（m/s）	供热面积（m^2）	供热半径（m）
支路 1	26.53	218	200	1.93	61000	>1500
支路 2	2.04	107	200	0.95	50895	<500
支路 3	4.08	80	200	0.71	35156	<500

支线泵加装前后工况测试　　**表 10-5**

		改造前	改造后
各支路压降（mH_2O）	支路 1	26.53	8.60
	支路 2	2.04	3.02
	支路 3	4.08	5.10
热力站水泵	扬程（mH_2O）	30.03	11.22
	流量（m^3/h）	405	406
	功率（kW）	60.20	30.56
	频率（Hz）	50	38
	效率	55.0%	40.6%
	单位面积电耗（kWh/（$m^2 \cdot a$））	1.80	0.91
支线加压泵	扬程（mH_2O）	无	12.24
	流量（m^3/h）		160
	功率（kW）		9.82
	频率（Hz）		45
	效率		54.3%
	单位面积电耗（kWh/（$m^2 \cdot a$））		0.29
总电耗（kWh/（$m^2 \cdot a$））		1.80	1.20

（3）水泵工况优化改造

1）减少水泵扬程选型

2012年采暖季开始之前，赤峰富龙热力对7个耗电量较高的热力站的水泵进行了更换，降低了循环泵的扬程。水泵选型的变化与电耗测试结果如表10-6所示。

水泵改造前后节能幅度　　表10-6

站名	改造前			改造后			节能幅度（%）
	额定扬程（mH_2O）	额定流量（m^3/h）	实际电耗（kWh/m^2）	额定扬程（mH_2O）	额定流量（m^3/h）	实际电耗（kWh/m^2）	
白**	44	374×2	3.17	27.4	564	1.24	60.9
中*	45	374×2	2.29	33.7	630	1.25	45.4
海*	32	160×3	2.42	24	521	1.03	57.4
松**	32	160×3	1.56	27.4	564	1.04	33.3
铁*	44	374×2	2.22	27.4	564	0.97	56.3
八**	32	160×2	3.71	24.5	249	1.03	72.2

说明：×n意为有n台相同水泵并联运转

可以看到，水泵扬程选小后，电耗明显下降幅度较大，节能效果明显。

首先，以中*站为例，分析改造前后单台泵的工况变化。可以看到，改造后流量整体稍有下降，实际扬程下降明显，水泵效率有所提高，总耗电量从2.29kWh/m²降到了1.25kWh/m²。改造前后的详细水力工况如表10-7所示。

水泵改造前后工况测试　　表10-7

	改造前	改造后
系统形式	两台水泵并联	单台泵
水泵选型	扬程45m 流量374m³/h×2 功率75kW×2	扬程33.5m 流量630m³/h 功率75kW
实际流量（m^3/h）	723	649
实际扬程（mH_2O）	46.00	31.69
实际功率（kW）	110.70	66.40
效率	76%	83%

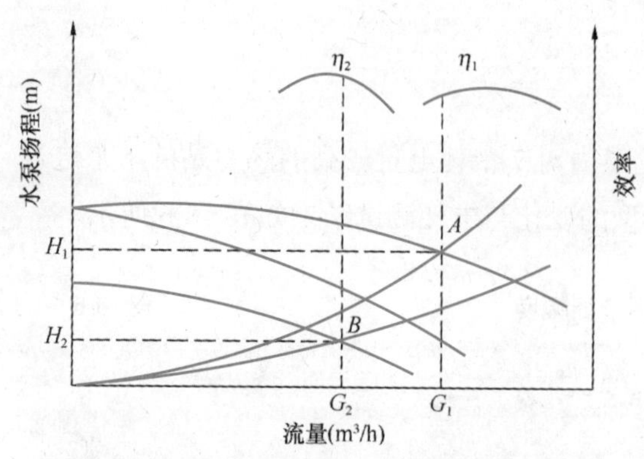

图 10-7　泵的工作特性曲线和工作点

泵的工作特性曲线和工作点如图 10-7 所示，改造前泵的工作点为 A，扬程为 H_1，流量为 G_1，效率为 η_1，改造后泵的工作点为 B，扬程为 H_2，流量为 G_2，效率为 η_2。由此可以看出改造后水泵扬程、流量变小，效率变高。

改造后的节能量主要来自于两方面。一是原来水泵扬程偏大，各支路阀门开度较小，消耗在阀门上的阻力较高。改造后水泵扬程降低，各支路阀门开度增大，使消耗在阀门上的压降减小。二是效率变高，这是由于并联时要求水泵扬程大，流量小，工作在高效工作点的左侧，改为单台后，工作点右移，效率提高。

通过这种方法，可以计算多个改造项目的水泵工况，如表 10-8 所示。两台并联改单台后，水泵效率都达到了 80% 左右，基本都处于高效区。实际扬程大部分在 20m 多一些，相比原来的情况降低了不少，但仍然有节能潜力。

水泵改造后效率测试　　表 10-8

站名	频率（Hz）	流量（m^3/h）	扬程（mH_2O）	功率（kW）	水泵效率
白 **	49.00	627	24.01	51.23	80%
中 *	49.00	649	31.69	67.45	83%
海 *	48.40	425	24.36	35.23	80%
松 **	48.04	629	22.16	47.43	80%
铁 *	45.00	564	20.25	38.86	80%
八 **	49.50	275	22.05	20.38	81%

2）优化并联水泵运行策略

多台水泵并联时，由于工频泵与定频泵并联，导致水泵效率偏低。对于这种情况进行系统改造，为工频泵加装变频器，并对两台泵同时变频，使流量达到原来的流量要求，如表 10-9 所示。可见，两台水泵同时变频后，效率比原来有所上升，而总功率下降了 8.04kW。

并联泵运行策略优化后工况

表 10-9

	水泵	频率（Hz）	流量（m^3/h）	扬程（mH_2O）	功率（kW）	效率
改造前	工频泵	50.00	480.00	27.00	51.83	68.07%
	变频泵	40.00	214.00	20.48	20.20	59.06%
改造后	工频泵	44	360	23.82	32.3	72.3%
	变频泵	44	355	22.90	31.7	69.8%

10.3 结论

（1）各热力站耗电量差异显著，耗电量节能潜力主要在降低阻力与优化水泵运行工况。

（2）系统降阻措施简单，效果显著。

通过控制流速和定期清洗，可以有效降低换热器和除污器的阻力；通过扩大管径，可以降低某些流速过高的管段的阻力。

站外阻力主要由于庭院管网各支路不平衡率大造成阀门消耗的压降偏大，解决方法是安装支线加压泵；此外，对于有热表的楼栋入口可能存在较大的阻力的情况，解决方法是清洗除污器。

（3）优化水泵工况效果显著。

使水泵工作在高效工作点，是降低水泵电耗的又一个关键点。在充分采用了各项降低阻力的措施后，原有的泵工作点就会严重偏右，在低扬程的低效率点运行，这时，降低转速只能降低流量而不能改善效率，所以必须根据实际需要的扬程更换低扬程水泵。此外，对于两台或多台并联水泵，只有对各台泵统一变频，使各台泵的转速相同，才能保证各台泵都在高效工作点运行。

11 沈阳阳光 100 污水源项目

11.1 项目简介

沈阳阳光 100 国际新城项目位于沈阳市于洪区吉力湖街，该项目的主要建筑功能为居民住宅。一期总建筑面积约为 28 万 m^2，为 12 栋 32 层住宅。该地块全部采用污水源热泵供暖，采用北京中科华誉热泵制造有限公司生产的污水源热泵机组。

每天沈阳市约 1/2 的城市原生污水流经主干渠后汇至沈阳市南部污水处理厂，流量为 60 万 t/ 日，污水温度 16℃。而沈阳市地下水的平均温度为 12℃。采用原生污水热源的提水温度高于地下水源的温度，可以有效提高热泵机组的效率，降低能耗，且没有取水和回灌的压力，没有破坏地下水资源的危险。

由于本次方案采用污水源热泵的形式为整个系统提供热量，污水源热泵拥有较高的能效比；同时污水源热泵对废弃污水的余热量进行回收利用，符合国家节能减排政策。

11.2 系统流程

本项目供热区域距沈阳市南部污水处理厂总干渠约 600m，在主干渠引 *DN*1500mm 管线至供热机房，通过污水换热器将热量释放给中介水后返回主干渠。污水源热泵以中介水为低温热源，提取污水的余热，供热系统流程如图 11-1 所示。

根据本项目情况，机房内系统分为高、中、低三个区，高区为 21 ~ 32 层，热负荷约为 2250kW，中区为 10 ~ 21 层，热负荷约为 4200kW，低区为 1 ~ 10 层，热负荷约为 6150kW。根据负荷估算，高区选用 1 台 HE2450LF 型热泵机组。单台机组制热量为 2506.4kW，输入功率为 526.7kW。中区选用 2 台 HE2450LF 型热泵机组。单台机组制热量为 2506.4kW，输入功率为 526.7kW。低区选用 3 台 HE2450LF 型热泵机组。污水源热泵机房循环泵如表 11-1 所示。

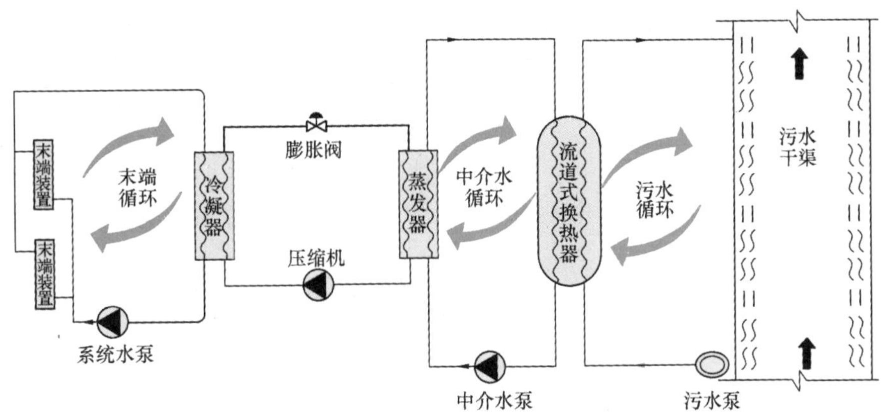

图 11-1　供热系统流程图

机房循环泵设计参数　表 11-1

序号	设备名称	单位	数量	设备参数（单台）	备注
1	低区循环泵	台	2	Q=1200m^3/h　H=32m，160kW	1 用 1 备
2	中区循环泵	台	2	Q=820m^3/h　H=38m，132kW	1 用 1 备
3	高区循环泵	台	2	Q=400m^3/h　H=32m，55kW	1 用 1 备
4	中介水循环泵	台	3	Q=1100m^3/h　H=28m，132kW	2 用 1 备

11.3　污水换热器介绍

污水换热器是污水源热泵系统的核心部件。本项目除污系统采用了哈尔滨工业大学金涛的流道式污水换热器，实物外形如图 11-2 所示。

图 11-2　流道式污水换热器外形图

该换热器独有的单宽流道设计与合理的流道宽度，可以使成分复杂的城市原生污水在换热器内产生紊流和扰动，保证污水在一定压力下，保持一定的流速顺利通过，解决了堵塞和挂垢问题，且易清洗维护，同时大幅提高了传热效率。两侧开启门设计，利于换热器周期性维护保养。除污器采用纯逆流换热，保证了高效换热，实现了同等换热量下，占地面积更小，污水侧和中介水侧无任何掺混。除污器换热流程如图 11-3 所示，污水在宽通道内多次往返形成多个回程，而中介水也多次往返与污水侧形成逆流换热，为了严格避免污水与中介水的掺混，中介水相邻两个回程通过该换热器两端的开启门侧面的管路连接（侧面凸起部分），进而避免占用污水侧通道。

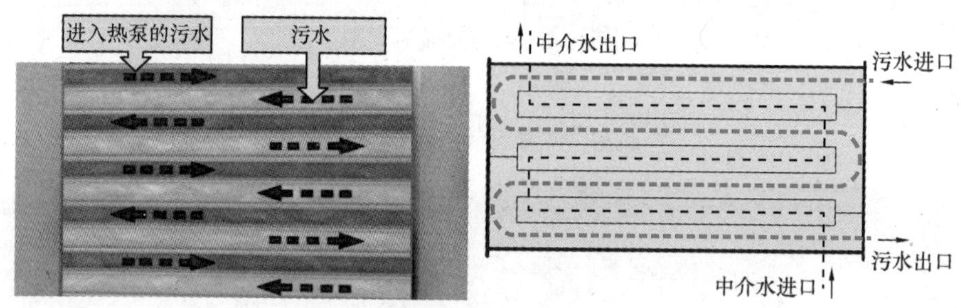

图 11-3　流道式污水换热器流程图

该污水换热器型号为 JTHR-L-150-0.3/0.2-BII，每台换热面积为 150m^2，共计 22 台，总换热面积 3300m^2，设计传热系数 1200W/（m^2·K），实际运行中一年清理一次。该换热器的优点为：

（1）污水侧采用单流程、大截面、无触点单宽流道设计，具有优异的抗堵防垢性能；

（2）清水侧（介质水）采用紧凑型、小截面、多支点，多层并联再串联结构；既保证了换热设备整体的承压能力与抗挠度，又减少了设备体积与占地面积；

（3）两侧换热介质整体实现了纯逆流换热，传热系数高，设备占地面积小；

（4）换热器两端分别设置专用密封门，开启任意一侧，所有污水通道全部可视，易于清洗维护；

（5）经测试，初始状态传热系数 1800W/（m^2·K）以上，连续运行 4 个月不低于 1200W/（m^2·K）；6 个月不低于 1000W/（m^2·K）。清洗维护周期不低于 6 个月。

11.4　测试运行参数

针对 2013 ~ 2014 年采暖季的运行数据进行分析，该系统的末端形式为地板辐

射，供回水温度较低可以进一步提升污水源热泵的 *COP*，用户侧的供回水温度随时间变化如图 11-4 所示，用户供水温度在 25 ~ 40℃之间波动，跟前面的技术介绍类似，生活污水的温度较为稳定，如图 11-5 所示。随室外温度变化波动不大，整个采暖季在 12 ~ 15℃之间波动。

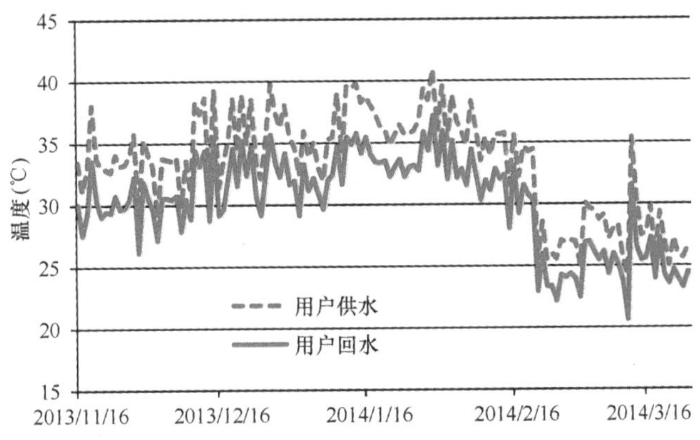

图 11-4　用户供回水温度随日期变化趋势

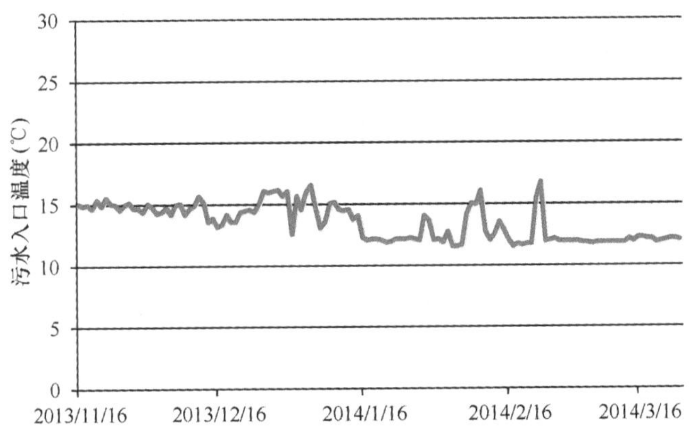

图 11-5　污水入口温度随日期变化趋势

政府鼓励项目实行大工业电价，电价为 0.65 元 /kWh，供暖期 151 天，实际运行费 16.3 元 /m^2。总供热量和总耗电量如图 11-6 所示，整个采暖季系统综合 *COP* 的变化如图 11-7 所示，整个采暖季 *COP* 平均值约为 3.2。

随着室外温度变化，系统综合 *COP* 有所波动，在初末寒期，综合 *COP* 可以达到 4 以上，在严寒期系统综合 *COP* 为 2。

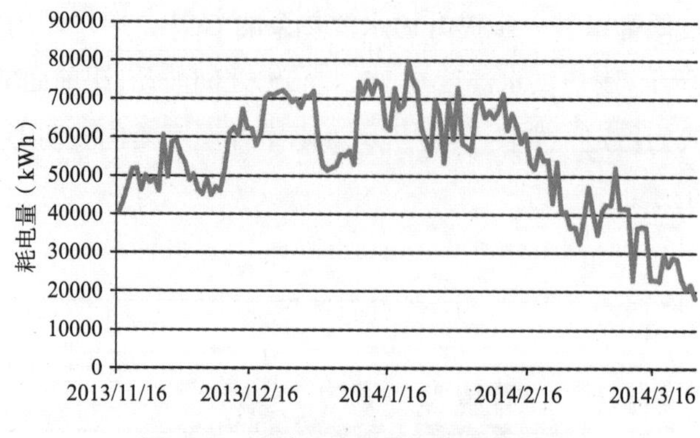

图 11-6　系统耗电量随日期变化趋势

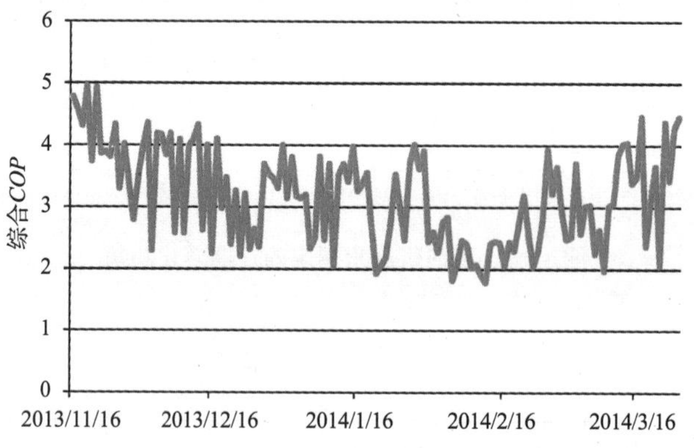

图 11-7　系统综合 *COP* 随日期变化趋势

安装污水源热泵的 1 号 ~ 4 号热力站对部分用户室温进行了实时监测，见图 11-8 ~图 11-11。

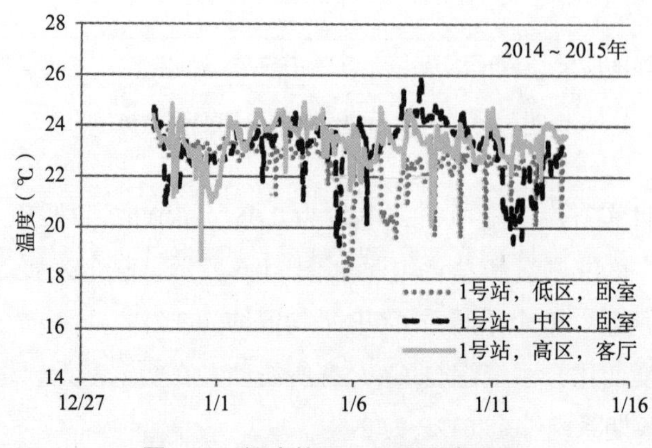

图 11-8　污水热泵 1 号站用户室温

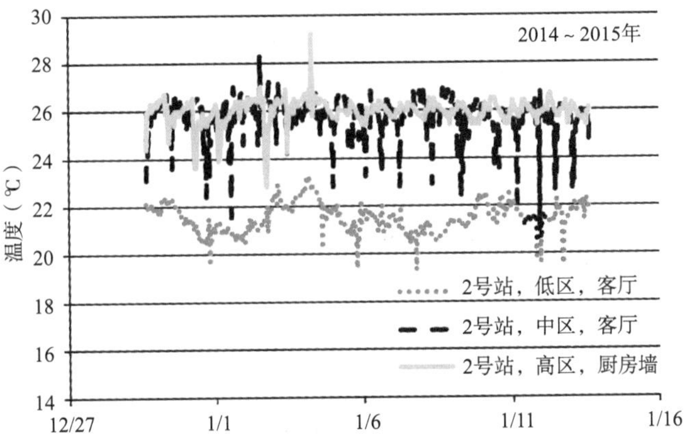

图 11-9　污水热泵 2 号站用户室温

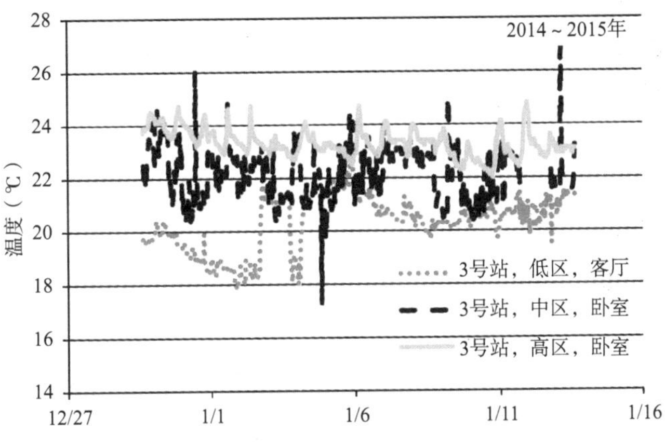

图 11-10　污水热泵 3 号站用户室温

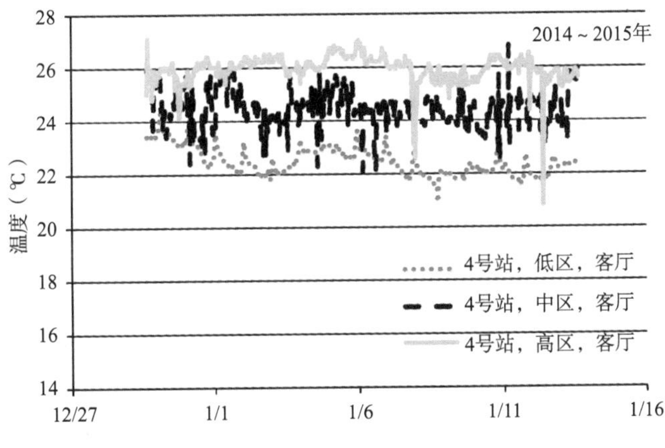

图 11-11　污水热泵 4 号站用户室温

从图 11-8 ~图 11-11 可以看出，用户室温均能保证在 18℃以上，能够保证舒适性要求。其中，2 号站中区和高区用户室温偏高，应在以后运行中适当调节，避免过量供热。

11.5 本项目评价

下面从节能效果和减排等角度评价该项目：

（1）在节能减排方面，与传统的燃煤锅炉供暖方式相比，每供暖期节煤 6039.7t，按每燃烧一吨标准煤排放二氧化碳约 2.6t，二氧化硫约 24kg，氮氧化物约 7kg 计算（能源基础数据汇编，国家计委能源所，1999.1），减少 CO_2 排放 15703.2t，SO_2 减排 144.9t，NO_x 减排 42.3t。

（2）提水温度与地下水源热泵相比较高，有效提高机组运行效率，降低能耗。且没有取水和回灌的压力，没有破坏地下水资源的危险。

（3）本次方案采用污水源热泵的形式为整个系统提供热量；污水源热泵拥有较高的能效比，且利用的是城市污水废热，响应国家节能减排政策。

（4）根据 2013 ~ 2014 年运行数据，实际运行费 16.3 元 /m^2，供热成本较低。

（5）所有机组用于冬季供暖，保证率为 100%，目前已安全稳定运行两个采暖期，供热质量较高，保证居民室内温度 18℃以上。

12 北京密云司马台新村冬季采暖项目

12.1 项目简介

密云司马台新村建设工程是北京市政府和密云县政府新农村建设的重点项目，位于北京市水源所在地密云县的古北口镇司马台村，总建筑面积为 77525m^2。该村属于暖温带季风性半干燥气候，夏季炎热多雨，冬季寒冷干燥，多风少雪冬季漫长，年平均气温 10 ~ 12℃。作为北京市的水源保护区、生态涵养区和传统文化展示区，该项目的供热既不宜采用传统化石能源，也没有其他适宜的可再生能源资源解决供热问题，北京市住建委和密云县住建委根据房山前期试点项目实验结果，经过专家组论证，委托同方人工环境有限公司在司马台新村建设工程上进行低温空气源热泵建筑供暖规模化应用示范。

密云司马台新村在我国热工分区图上属于寒冷地区，冬季供暖是人民生活必备的基础设施，供暖期自 11 月中旬到次年的 3 月中旬，长达 120 天，采暖能耗大。但由于集中供热设施无法覆盖到司马台新村，且若采用直接电采暖方式，一次能源利用率太低，结合现场实地考察以及可持续发展的要求，选用“低环温空气源热泵 + 地板辐射供暖”系统方案。

12.2 系统原理

每个房间地板辐射散热末端采用并联结构，统一由置于室外的空气源热泵机组提供热水供热，实物如图 12-1、图 12-2 所示，供热系统流程如图 12-3 所示。

本项目使用 HSWR-07（D）E，HSLR-D-12（S）以及 HSLR-D-23（S）三种型号的低温空气源热泵机组，共计 596 套，主要参数如表 12-1 所示。−16℃以上时为机组热泵运行，以下时为电加热运行。

图 12-1　别墅住宅南侧外观图

图 12-2　低温空气源热泵室外机

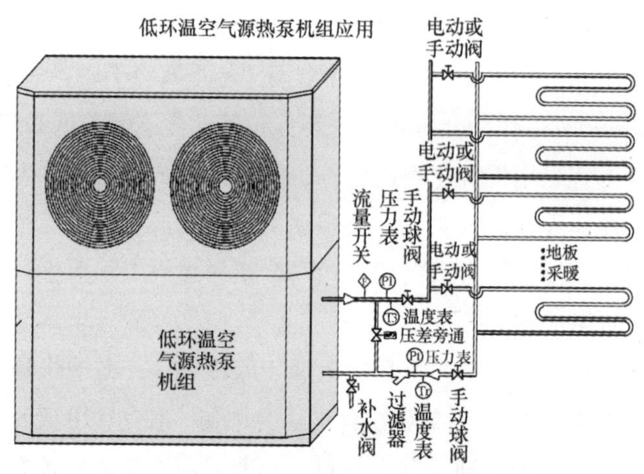

图 12-3　空气源热泵与地板采暖系统示意图

该项目建筑构成为住宅楼 121 栋，其中二层别墅 107 栋，有 3 种户型，共 316 户；多层住宅 14 栋，有 4 种户型，共 280 户。根据这 7 种户型的建筑面积从表 12-1 选择不同的机组。考虑一定设计裕量，供热指标为 70W/m^2。

空气源热泵机组主要参数　　表 12-1

型号			HSWR-D-07（D）E	HSLR-D-12（S）E	HSLR-D-23（S）E
制热	7℃制热	热量（kW）	9.32	14.85	23.8
		功率（kW）	2.67	4.6	7.26
		COP	3.49	3.22	3.38

续表

<table>
<tr><th colspan="3">型号</th><th>HSWR-D-07（D）E</th><th>HSLR-D-12（S）E</th><th colspan="2">HSLR-D-23（S）E</th></tr>
<tr><td rowspan="6">制热</td><td rowspan="3">-12℃制热</td><td>热量（kW）</td><td>5.51</td><td>9.89</td><td colspan="2">15.1</td></tr>
<tr><td>功率（kW）</td><td>2.47</td><td>4.4</td><td colspan="2">6.53</td></tr>
<tr><td>COP</td><td>2.27</td><td>2.24</td><td colspan="2">2.31</td></tr>
<tr><td rowspan="3">-16℃制热</td><td>热量（kW）</td><td>4.87</td><td>8.8</td><td colspan="2">13.5</td></tr>
<tr><td>功率（kW）</td><td>2.43</td><td>4.31</td><td colspan="2">6.47</td></tr>
<tr><td>COP</td><td>2</td><td>2.04</td><td colspan="2">2.09</td></tr>
<tr><td colspan="3">电源类型</td><td>220V/1PH/50HZ</td><td>380V/3PH/50HZ</td><td colspan="2">380V/3PH/50HZ</td></tr>
<tr><td colspan="3">辅电功率（kW）</td><td>3</td><td>5</td><td>7</td><td>10</td></tr>
<tr><td colspan="3">适用房间类型</td><td>D，E</td><td>A，F，G</td><td>B</td><td>C</td></tr>
</table>

12.3 实际运行测试

测试方为北京市建委下属房地产技术研究所，测试户型为 167m^2 的别墅，此户型配置的主机型号为 HSLR-D-23（S）E，该机组在标准工况下（7℃）时的供热量为 23.8kW，功率为 7.26kW。数据记录日期为 2013 年 11 月 26 日 ~ 2014 年 1 月 13 日。测试日期室内外温度变化情况如图 12-4 所示。

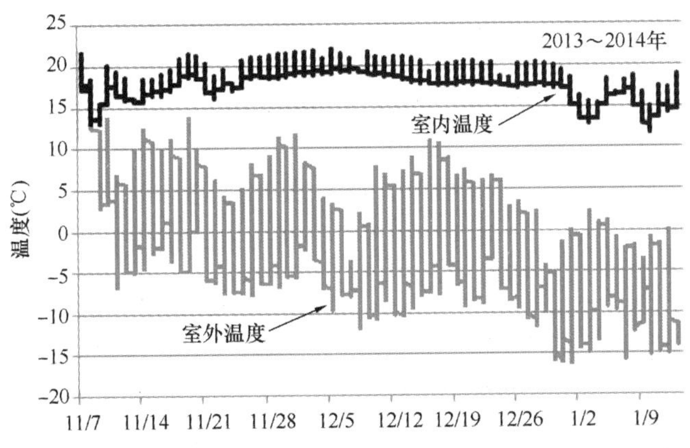

图 12-4　室内温度测点与室外温度随日期变化

采用的热量计通过热量累计功能自动记录每小时的供热量，测试期间每小时供热量如图 12-5 所示。

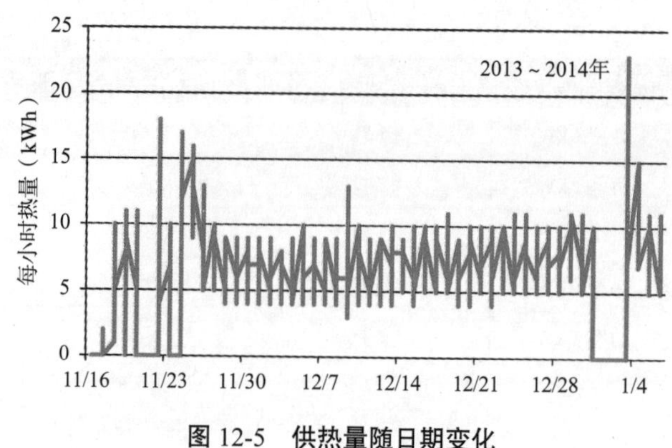

图 12-5　供热量随日期变化

由于该系统采用了控制回水温度范围的控制策略，回水的温度范围可根据个人的舒适度要求自行设定上下限，因此该系统通过间歇运行可以保持供回水温度随日期变化的波动性较小，如图 12-6 所示。

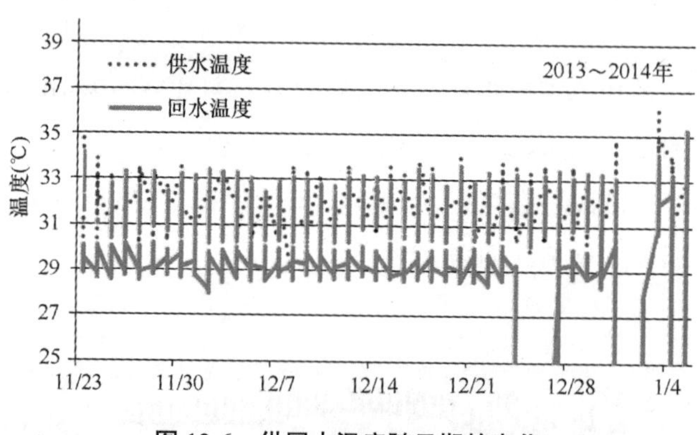

图 12-6　供回水温度随日期的变化

整个测试期间系统的综合 *COP* 平均达到 3.1，最冷天的 *COP* 为 2.6，其中综合 *COP* 是指总供热量除以总耗电量，总耗电量为电热泵耗电、水泵耗电及极端天气时少量电加热辅助耗电的总和。测试期间平均供热负荷 33.4W/m^2，最冷天供热负荷 41.1W/m^2，如图 12-7 所示。

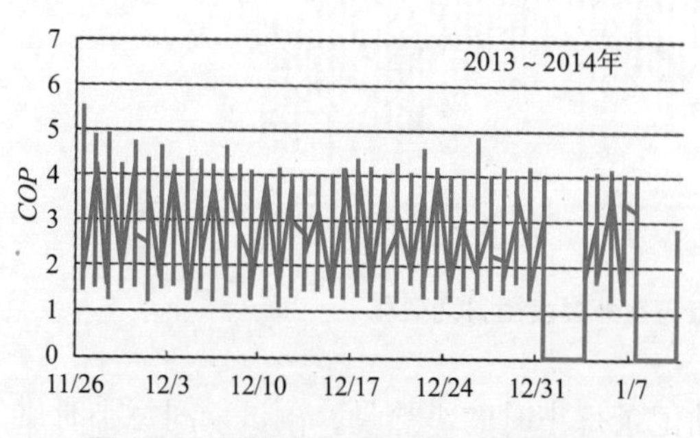

图 12-7　系统综合 *COP* 随日期的变化

针对最冷天的供热量和耗电量进行分析（1 月 2 日），最冷天耗电量为 70.5kWh，供热量为 183.3kWh，当日

综合 *COP* 为 2.6，供热能耗为 41.1W/m^2。该日逐时耗电量如图 12-8 所示，逐时供热量如图 12-9 所示，系统综合 *COP* 逐时变化如图 12-10 所示。

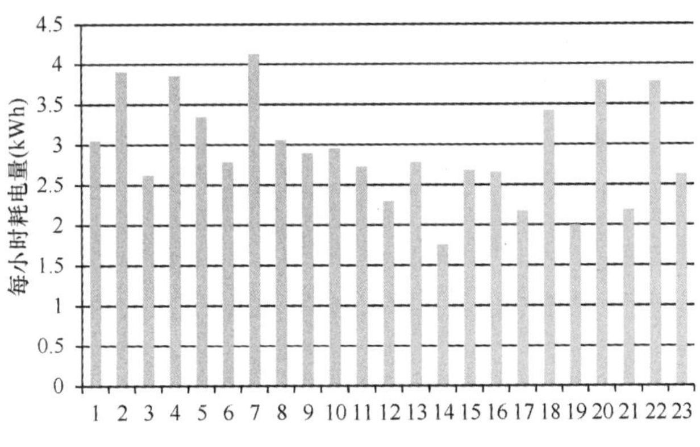

图 12-8　最冷天逐时耗电量

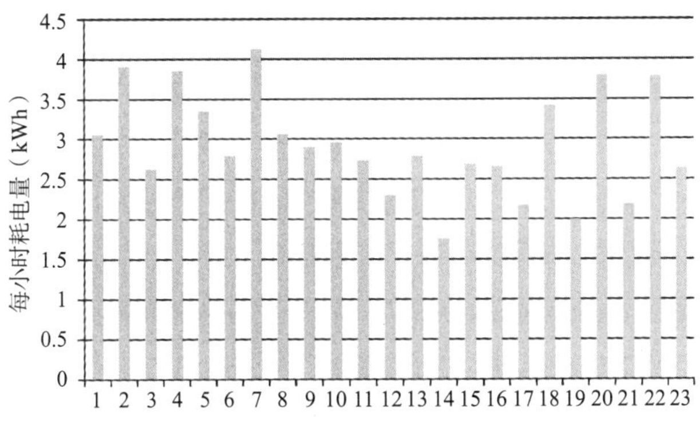

图 12-9　最冷天逐时的供热量

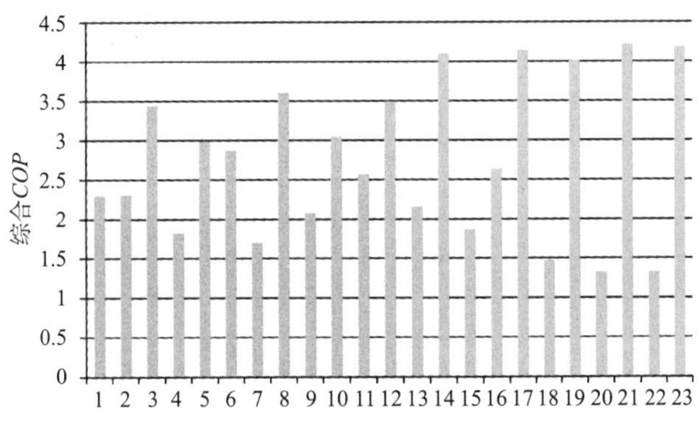

图 12-10　最冷天逐时的综合 *COP*

12.4　项目评价

（1）由于采用了空气源热泵 + 辐射地板的方式，用户供回水温度降低，提升了热泵 *COP*，该项目的综合 *COP* 为 3.0。

（2）由于每户独立机组运行，供热灵活性比集中供热更好。

（3）运行方式上采用控制用户回水温度启停热泵的控制策略，因此室外温度变化对用户供回水温度影响不大，保证热泵稳定高效运行。

（4）该项目得到政府的电价优惠政策支持，实行峰谷电价，平电 0.49 元 /kWh，谷电 0.3 元 /kWh。整个供暖季的实际运行费用 22.8 元 /m^2，大大提高了利用电能采暖的效率，经济效益显著。

（5）从节能和减排两方面评价该项目。

在节能方面，该测试对象全年供热量为 54.7GJ，全年耗电为 5161.4kWh，耗电量折合标煤 1656.8kg（按全国平均供电煤耗 321gce/kWh）。如果采用燃煤锅炉代替热泵，则需要消耗标煤 2188.0kg（按燃煤锅炉能耗 40kgce/GJ），因此该项目每年节约标煤 531.2kg。在减排方面，对当地污染的减排量，可认为是同样供热量下燃煤锅炉的污染物排放量，即消耗标煤 2188.0kg 的锅炉排放量。依据每吨标煤排放二氧化碳约 2.6t、二氧化硫约 24kg、氮氧化物约 7kg（能源基础数据汇编，国家计委能源所，1999.1），经计算，减少二氧化碳 5.7t、二氧化硫 52.5kg、氮氧化物 15.3kg。就绝对减排量而言，由于空气源热泵消耗电力，而火力发电存在污染物排放，因此绝对减排量为燃煤锅炉耗煤量与热泵耗电折合标煤量之差，此时节煤量为 531.2kg，对应减排二氧化碳为 1.4t、减排二氧化硫为 12.7kg、减排氮氧化物为 3.7kg。

（6）从系统初投资、运行费用、资源依赖程度、环境友好程度、系统简便性、舒适性上综合考虑，该技术尤其适用于市区内多层住宅、2 万 m^2 以下的商用及办公建筑和郊区的独栋及联排别墅等。一方面满足用户对舒适、经济环保、调节方便的供暖服务的需求；另一方面可以解决集中供热设施无法覆盖且有供热需求场所的采暖问题。

公共建筑节能最佳实践案例

13 深圳建科大楼

深圳建科大楼位于深圳市福田区，现为深圳市建筑科学研究院有限公司办公大楼。该楼于2009年竣工，总建筑面积18623m^2，地上12层，地下2层。2009年深圳建科大楼获得国家绿色建筑设计评价标识三星级，2011年获得绿色建筑运行标识三星级，并获得住房城乡建设部绿色建筑创新综合一等奖。该建筑由于采用了大量本地化低成本节能技术，建安费仅为4200元/m^2。

在2011 ~ 2013年期间，清华大学对深圳建科大楼的建筑能耗与室内环境状况进行了长期深入的调研，发现该建筑能耗低于深圳市同类办公建筑能耗，人员对室内环境品质感到满意，是低成本、低能耗、同时室内环境品质能达到健康舒适要求的现代办公建筑。

13.1 深圳建科大楼的能耗现状

深圳建科大楼消耗的能源主要是电力，用于空调、照明、电梯、办公室设备等。另外每年还消耗14000m^{3}左右的天然气用于食堂的炊事。该建筑的电耗数据来自深圳建科院的能耗监测平台的逐月分项能耗数据，以及物业人员在部分配电箱的逐月手工抄表记录等。通过对电耗数据交互核对分析，保证数据准确性，以2011年11月 ~ 2012年10月的12个月电耗数据作为下文的分析基础。

2011年11月 ~ 2012年10月间总耗电量为1155722kWh，折合单位建筑面积电耗62.1kWh/(m^2·a)。其中，太阳能光伏板产电66585kWh，实际市政购电量为1089137kWh。为了能够与深圳市同类办公建筑进行比较，在扣除了专家公寓、实验室展览区等功能区域及其电耗后，拆分得到办公区的单位建筑面积电耗为60.2kWh/(m^2·a)，表13-1所示，消耗电网供电56kWh/(m^2·a)。

深圳市2007年曾对57座办公楼的能耗调查统计结果显示，深圳市同类办公楼

按功能拆分能耗 表 13-1

区域	描述	面积（m^2）	耗电量（kWh）	单位面积电耗（kWh/m^2）
总数	包括光伏板板产电 66585kWh（5.8%）	18623	1155722	62.1
功能区域	包括专家公寓、实验室展览区等	2955	212586	71.9
办公楼部分	剩下部分	15668	943136	60.2
花园	—	1542	—	—

的单位建筑面积电耗平均值为 103.6kWh/（$m^2 \cdot a$）。图 13-1 给出深圳建科大楼 2011 年 11 月 ~ 2012 年 10 月期间的逐月单位面积电耗，同时给出深圳市 57 栋办公楼 2007 年的逐月单位面积电耗以便对比。可见深圳建科大楼的单位面积建筑能耗低于深圳市 57 座同类办公楼的能耗标准差下限。因此可以确认深圳建科大楼是一座低能耗的现代办公建筑。由图 13-2 可见，该建筑的全年空调电耗只有 19.6kWh/m^2，远低于当地其他办公建筑的空调能耗。

那么是什么因素导致深圳建科大楼的能耗远低于同类建筑呢？

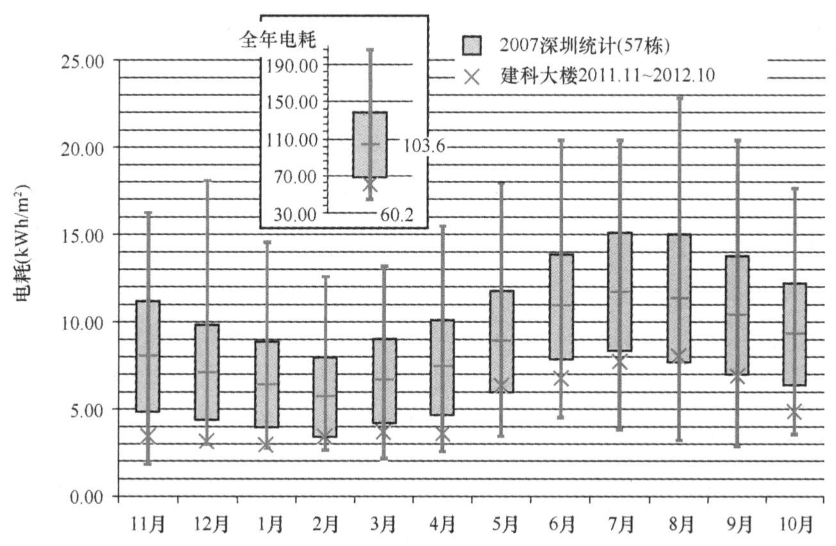

图 13-1 深圳建科大楼电耗数据与 2007 年深圳市 57 座办公楼的电耗数据对比

注：竖线上的点分别代表最大值、平均值和最小值，方框表示为标准差的范围。

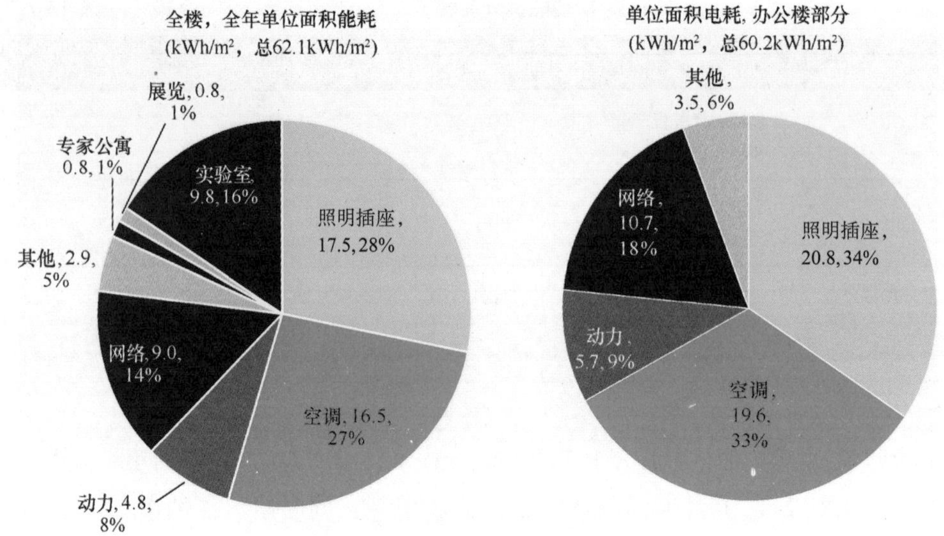

图 13-2　深圳建科大楼电耗分项数据统计

13.2　深圳建科大楼的节能设计特点

（1）建筑设计

深圳建科大楼地上 12 层，其中有 10 层是室内空间，见图 13-3。总高 45m，最大进深 30m。功能以办公为主。楼内使用者有 350 ~ 450 人。该建筑的窗墙比是 0.39，墙体的传热系数是 0.69W/（m^2·K），窗的传热系数是 3.5W/（m^2·K），遮阳系数是 0.34。

图 13-3　深圳建科大楼外观

该建筑低区五层楼有大中庭、展厅、实验室、报告厅、会议室；高区七 ~ 十层是办公室，其中第八和第十层的层高是 7.2m，内部均有一个夹层；十一和十二层是专家公寓、员工活动区、食堂等。高低区之间有一个六层的空中花园，顶楼上有屋顶花园，利用太阳能光伏板和太阳能热水器遮阳。

该楼的建筑特点是敞开式的设计，充分结合华南地区夏热冬暖的气候特点，把建筑室内外空间融为一体。首先低区的大中庭是一个通过大门与室

外相连的半敞开高大空间（图 13-4）。高区每层两个独立封闭区域之间由一个敞开式的平台相连（图 13-5），在这个敞开式平台上有供员工开小组讨论会的区域（图 13-6）、提供饮用水和休息的茶水区、打印机区、楼层前台等功能区，还有公共走廊、电梯前室和楼梯。平台旁边上还有部分封闭的室内空间，包括卫生间、电梯、机房等。各楼层的办公室的外窗，均采用了可开启设计，供室内人员自由开启；外窗上还设有遮阳装置（图 13-7）。外窗的内外侧均设有把太阳直射光反射到室内白色顶棚上以加强室内天然采光效果、同时避免窗际眩光的天然光反光板（图 13-8）。

低区的五层有一个大层高的 300 座报告厅。该报告厅的一个显著特点是其外墙完全可以打开，在室外气温适宜的时候可以采用自然通风，而不需要开空调（图 13-9）。报告厅的楼梯间也是完全敞开的（图 13-10）。

图 13-4　入口与中庭

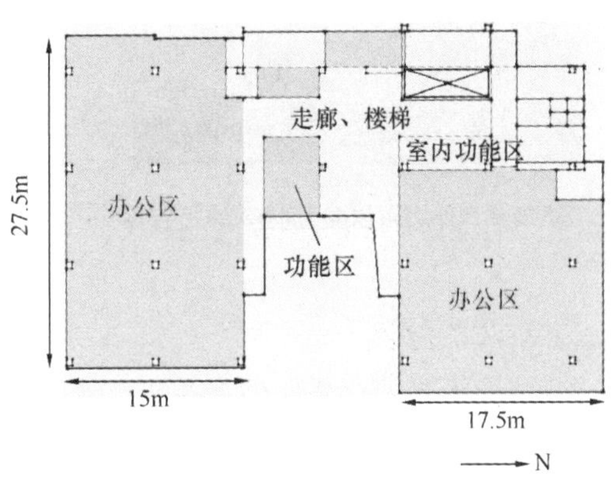

图 13-5　深圳建科大楼高区平面图

图 13-6　高区各层办公区间敞开式平台

图 13-7　可开启外窗和外遮阳装置

图 13-8　安装在窗内侧和外侧的用于天然采光的反光板

图 13-9　外墙可以全部打开的报告厅

图 13-10　报告厅外的楼梯

（2）空调系统

该建筑根据不同功能区的负荷特点，采用了多种类型的空调系统，包括风机盘管系统、溶液除湿新风系统、多联机系统和分体机。为了降低冷冻水的输配能耗，冷水机组均做到小型分散化，每一个区域都有独立服务的小型水冷式冷水机组，冷却水系统是集中处理和供应。

该建筑的大部分空间使用风机盘管加新风系统，风机盘管内用的是 16℃的高温冷水，只处理室内显热负荷，湿负荷由溶液除湿新风机组承担，室内人员可以独立设定室内温度控制值。大报告厅配备有独立的冷水机组及新风处理机组；位于地下的实验室及一些功能区域（IT 机房、控制室等）均配备有单独的空调系统。位于十一层的专家公寓等空间所配备的是分体式空调器，以适应这些区域使用时间不固定的特点。

13.3　深圳建科大楼的节能运行情况

由于该建筑有很大面积的功能区如小组会议区、茶水休息间、打印机室、走廊、楼梯间等设计为敞开或半敞开空间，这些区域均不需要设置空调，而且在大部分使

用期间均不需要人工照明，因此大大减少了用能的建筑面积。

从图 13-11 逐月耗电量分项数据中可以看出，该建筑的集中空调系统运行时间是 5 ~ 10 月中旬，共五个半月，其他月份只有非常少量的分体机或者多联机电耗。而深圳市同类办公楼的集中空调系统运行时间基本为 10 个月。因此，深圳建科大楼的集中空调系统的运行时间远远短于当地其他同类建筑。

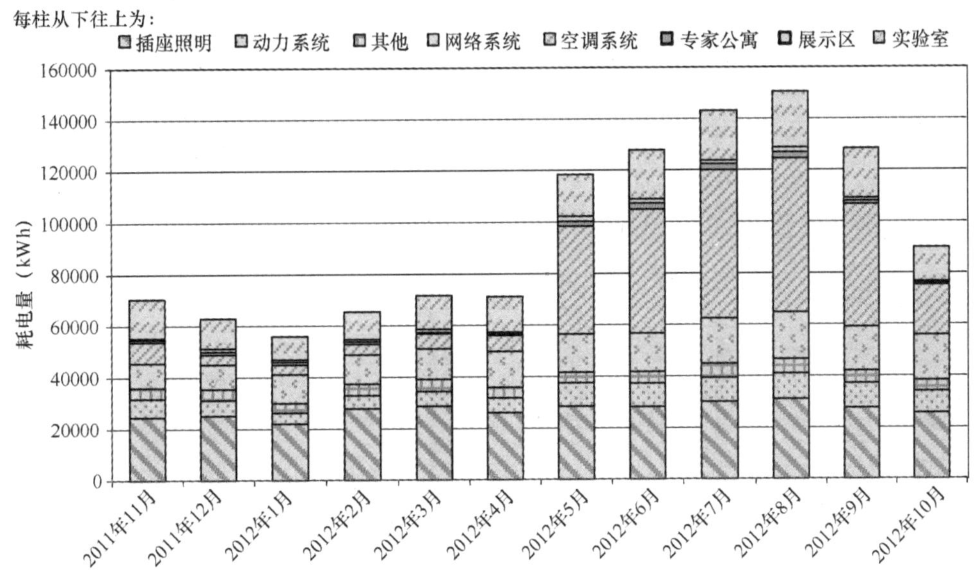

图 13-11　深圳建科大楼办公部分逐月耗电量分项

在空调季，规定的集中空调系统运行时间为工作日的早 8：30 ~ 晚 6：00，在非规定时间外需提交申请才能开启冷水机组。由物业提供的实际运行记录可知，在非规定时间段通过提交申请开启机组的情况非常少见。加班期间一般利用自然通风和电风扇来满足热舒适需求。

尽管该建筑的空调和冷热源系统考虑到降低输配能耗和适应负荷变化的独立功能，但实际上在测试期间发现，系统并没有得到很好的调试，很多机组的运行都不在最佳工况点，机组的 *COP* 偏低。因此，该建筑整体空调系统能耗低不能归因于空调与冷热源设备的高效运行。

在非空调季，办公区域人员主要依靠开窗和使用电风扇来保证室内环境的舒适性。图 13-12 给出空调季、非空调季室内人员开窗和使用电风扇的调查问卷回应的样本数。可以看到在空调季室外很热的时候依然有人开窗，在非空调季，也有很多人不开窗、不使用电风扇。由此可以看出个体热环境需求和个体环境调节需求的差异性。

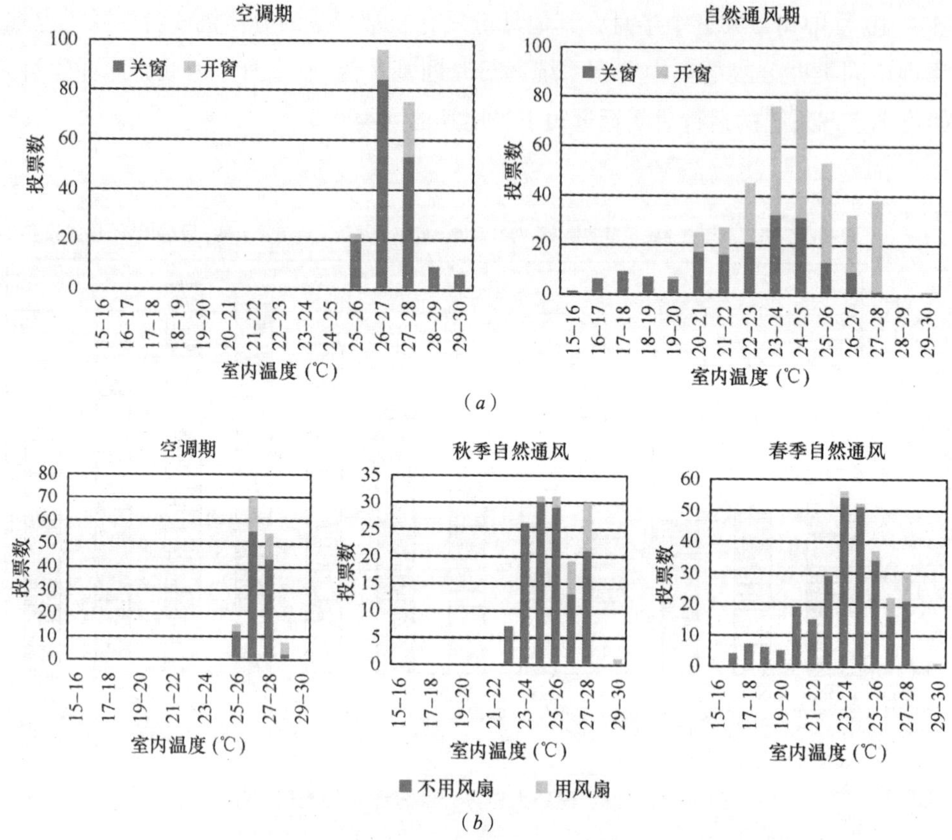

(a)

(b)

图 13-12　不同季节室内人员开窗和使用电风扇的行为调查

(a) 在空调季与自然通风季人员的开窗行为调查；(b) 在空调季与自然通风季人员使用电风扇的行为调查

在五层的报告厅，尽管是在满员使用情况下，室外温度为 25℃左右就不再开空调，而是全部打开外墙采用自然通风。高区办公室的户外平台利用率很高，即便是在空调季节，室内人员也更愿意使用户外平台开小组会、讨论工作，而不是选择有空调的会议室。

办公区域内电灯均由室内人员控制，可直接反映人员的采光需求。通过对十层办公室内人员在 2012 年 4 月份某一周的用灯记录就可以看出室内人员对人工照明的需求情况，同时反映该建筑办公区域的天然采光设计的实际节能效果。这一周 5 天工作日内有两天为不下雨的阴天、3 天为大雨天。图 13-13 是十层办公室一周工作日的开灯情况，尽管一周阴雨天，但天然光条件相对比较好的时候，室内天然采光仍可满足人员需求，室内人员开灯比率低或者不开灯；即便在大雨天，靠窗区域

人员仍无需开灯，但内部区域需开启适量电灯以满足人员需求。

图 13-14 是第七、八层办公区在 7 月份某一周内的插座与照明电耗。可以看到，

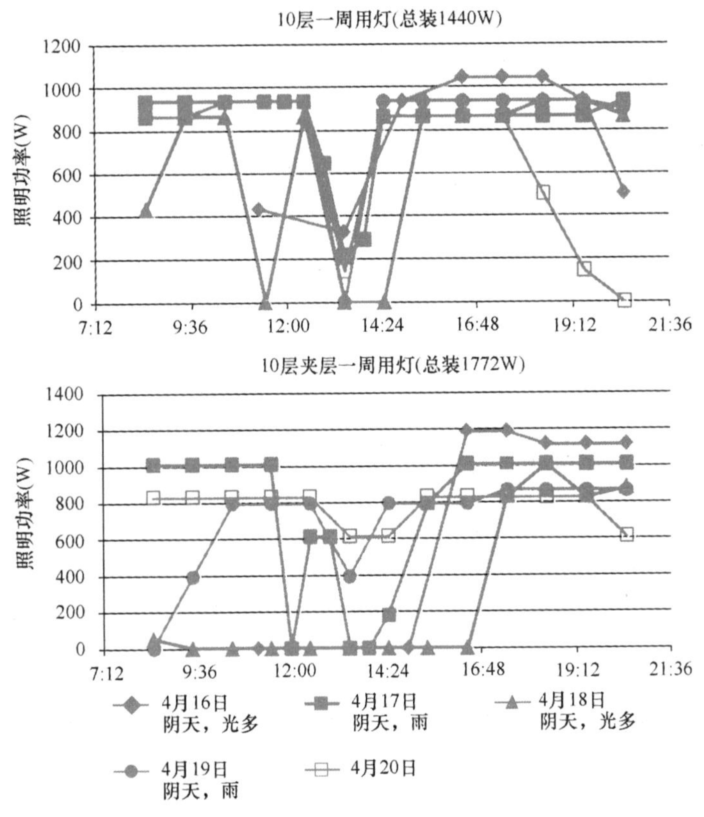

图 13-13　十层办公室一周工作日的开灯情况

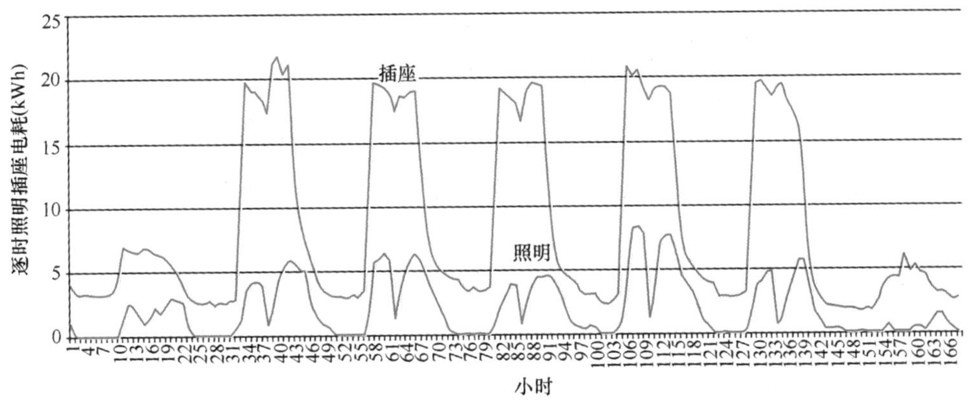

图 13-14　第七、八层办公区插座与照明电耗（2012.7.1 ~ 2012.7.7）

照明占办公区电耗的比例较小；插座电耗在工作日比较稳定，但照明电耗有较大的变化，说明照明电耗主要受员工主动调节的影响。

13.4　室内热环境与热舒适水平

由于深圳建科大楼集中空调开启时间短，利用自然通风的时间长，室内环境能否满足室内人员的热舒适要求？尤其是对于这种现代办公楼来说，是否有为了达到节能目的而牺牲室内人员舒适性的嫌疑？

为了回答这个问题，测试人员从 2012 年春 ~ 2013 年秋，对深圳建科院的办公区、报告厅、室外平台等空间进行了热舒适参数测量和人员问卷调查，以评估该建筑的实际热环境水平与热舒适水平。

（1）办公区

在十层南侧办公室、十层南侧夹层办公室进行了温湿度分布的长期监测，并对室外平台上的温度进行了连续监测。同时对这两个办公区的员工每周发放 1 ~ 2 次关于热感觉与舒适度的问卷调查，问题包括：座位附近的窗户的调节、是否使用电风扇、服装情况、对温湿度和风速的感觉与期望、有无其他加热、冷却策略、热舒适、对热环境接受度、感知的空气品质。图 13-15 是 2012 年 8 月 ~ 2013 年 4 月间十层办公区的室内温湿度和室外温度的实测记录。这些实测室内温度数据虽然均不在 ASHRAE-55 标准给出的空调环境的舒适区内，但除了部分冬季室内温度数据以外，大部分均落在 ASHRAE-55 标准给出的非空调建筑的舒适区内，见图 13-16。

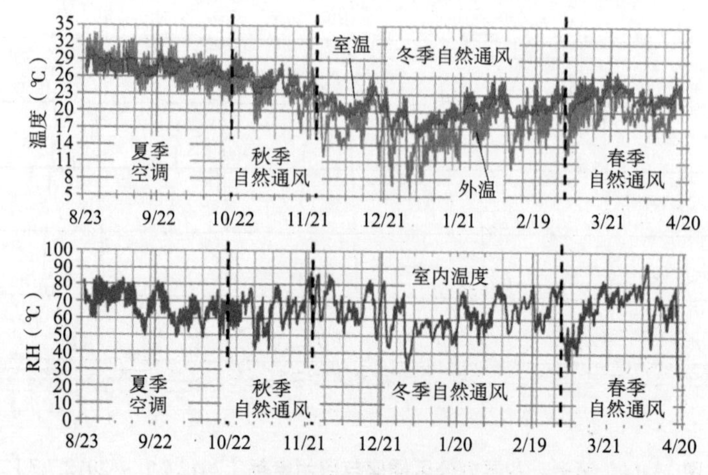

图 13-15　十层办公区室内温湿度与室外温度的长期测量数据

实测室内参数表明，在夏季空调期间，室内温度一般在26～29℃之间，过渡季采用自然通风期间，室温变化的范围比较大，一般在20～29℃之间，冬季有部分室温降到了17℃以下。

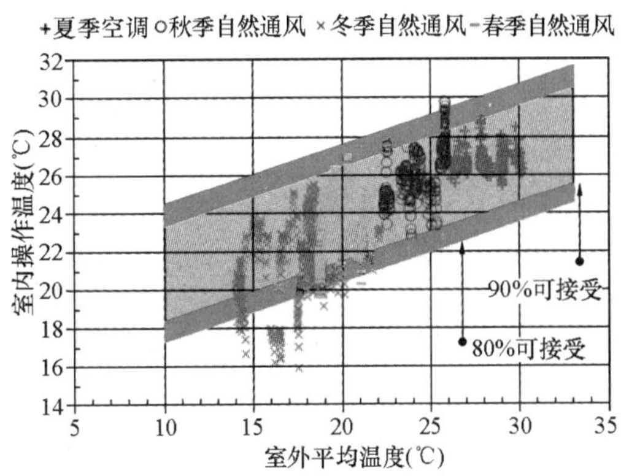

图 13-16 ASHRAE Std-55 的非空调建筑舒适区与实测办公区室内温度

对室内人员的问卷调查表明，在空调期间，室温在26～30℃人员的接受度可达80%以上，但室温低于26℃接受度则降到65%，人们感觉偏冷。这个温度范围明显高于ASHRAE舒适区，但人们反而感觉更舒适，这反映了偏热气候区人群的气候适应性。自然通风期间，当室温高于21℃时，人们的接受度和舒适感都比较高，而且80%接受度的温度范围比空调期间的宽，反映了人们个体调节的正面作用，见图13-17。图13-18给出的是室内人员对办公室热环境的热舒适评价。依据热环境评价标准，微暖和微冷范围均在舒适范围内，比例超过90%，不满意的部分更多是因冬季室温偏低造成的。因此，办公区夏季和过渡季的热环境是完全满足室内人员的热舒适要求的。

（2）报告厅

报告厅设计特点突出，对自然通风的利用是报告厅降低能耗的主要手段。在

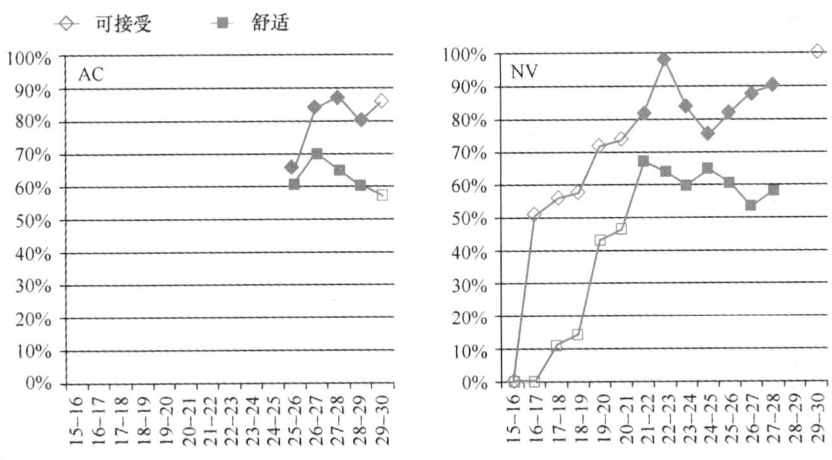

图 13-17 空调期（AC）与自然通风期（NV）室内人员的接受度/热舒适与室温之间的关系

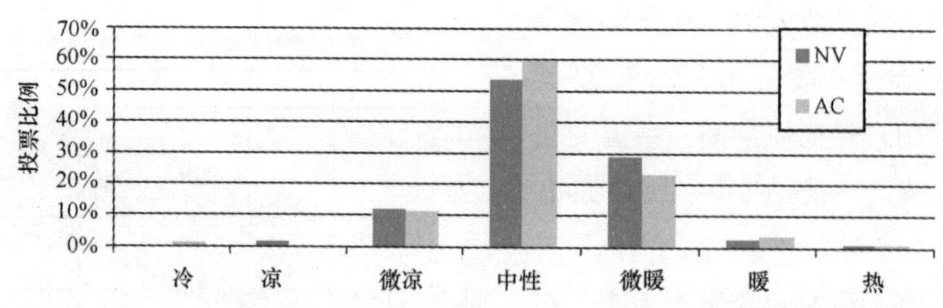

图 13-18　空调期（AC）与自然通风期（NV）室内人员的热舒适调查结果

《中国建筑节能年度发展研究报告 2010》中曾指出，2009 年 5 月 4 日，在室外温度为 25℃、室内满员、只采用自然通风的情况下，调查问卷结果表明使用者对报告厅的热环境满意，但当时并没有实测室内温湿度。2013 年 11 月 11 日我们再次对满员条件下的报告厅室内温湿度与风速进行了测量，同时进行了热舒适的问卷调查。测试期间报告厅门窗全开进行自然通风，不开空调。3 个室内测点和 1 个室外测点的位置与温度测量结果见图 13-19。室外温度约为 24.5℃，室内空气温度范围为 26 ~ 27.5℃。靠近室外的测点 1 温度略低，走廊附近的测点 3 的温度次之，位于中部的测点 2 的温度最高。

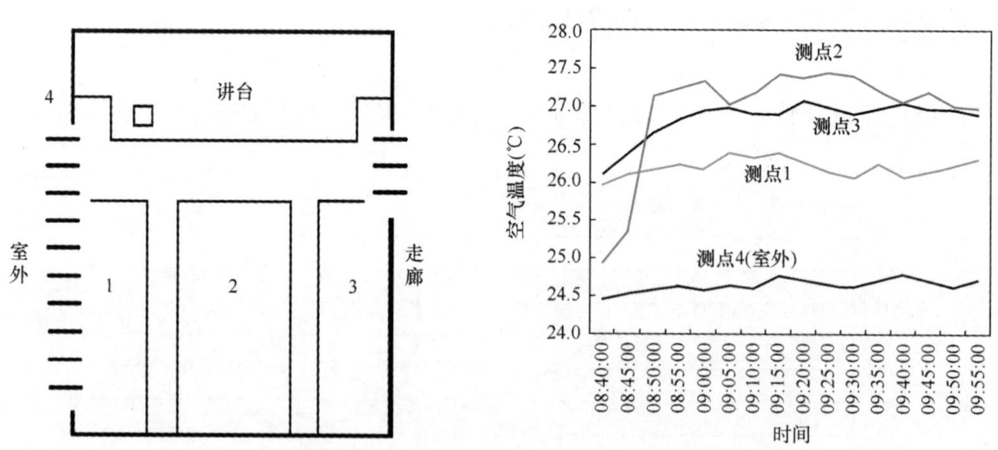

图 13-19　报告厅测点布置与温度测量结果

与会者调查问卷结果如图 13-20 所示，投票微凉、中性与微暖的比例超过 80%，还有约 10% 被调查者投票为凉和冷，5% 的投票为暖和热。靠近室外及过道的人员热感觉偏凉、位于中部的人员感觉偏暖，与温度中间高两边低的趋势相同。

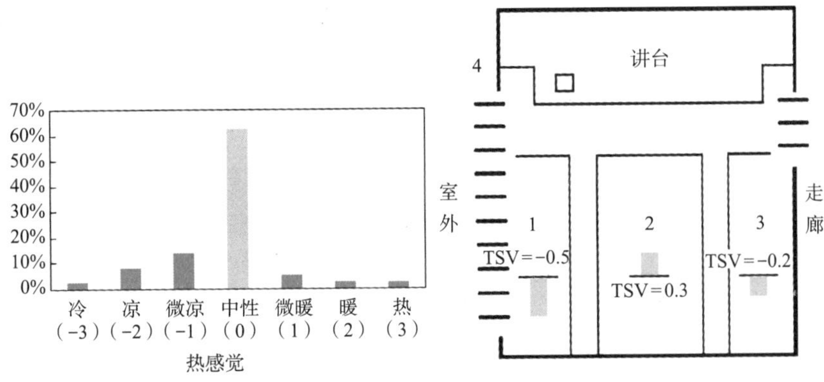

图 13-20 被调查者的热感觉投票结果

（3）办公区室外平台

通过对该建筑的使用者调研，以及测试者的观测，发现该建筑的使用者非常喜欢使用办公区的室外平台作为非正式会议、小组讨论的场所，甚至在室外炎热的空调季，他们依然愿意舍弃空调温度为热中性的会议室而选择室外平台。2013 年 9 月 9 日测试人员对十层办公区的室外平台以及空调办公室的热环境参数进行了测量，并同时对处于这两个区域的人员进行了热舒适问卷调查。

图 13-21 给出了室外平台与空调办公室的温度对比，可见当时室内温度比平台温度低 4℃左右。图 13-22 给出的是室外平台与空调办公室内人员对这两个环境的热感觉和热舒适的调查问卷结果。调查问卷的结果表明人们认为室外平台比空调办公室热一些，但是热舒适感却显著比空调办公室好，这是他们更愿意选择室外平台的原因。而热舒适感更好的主要原因是自然风，导致愉悦的因素还有空气品质较好、有天然光、有好的景观等非热环境因素。

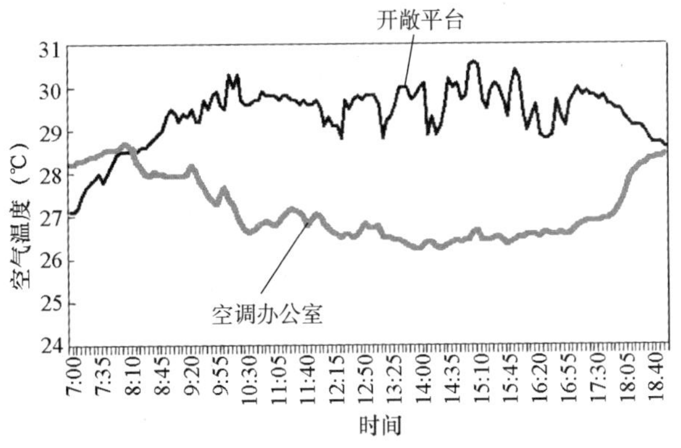

图 13-21 十层办公区室外平台与空调办公室内的空气温度测试结果

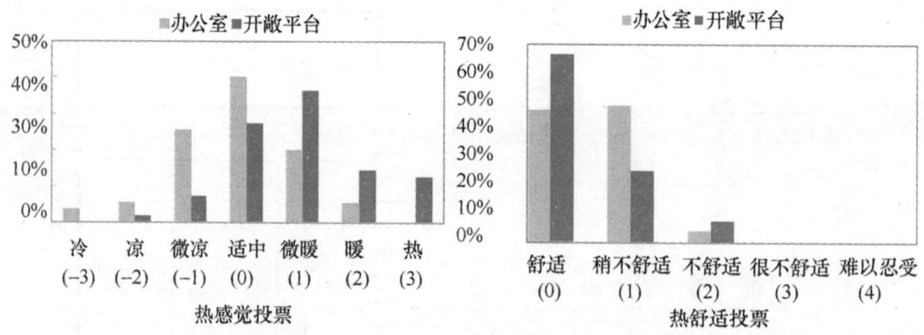

图 13-22　室外平台与室内人员的热感觉 / 热舒适调查问卷结果

13.5　分析与总结

根据现场调查的结果，关于深圳建科大楼可以得出以下结论：

（1）该建筑的单位面积建筑能耗是深圳市同类建筑能耗的 60%，低于统计数据标准差的下限；

（2）该建筑能耗低的主要原因在于有效的被动式节能设计：

1）很多功能空间为半室外空间，显著降低了需要空调和人工照明的建筑面积；

2）建筑可以充分利用自然通风，因此需要空调的时间与同地区类似建筑相比缩短 40% 以上；

3）合理的天然采光设计，有效地降低了照明能耗。

（3）空调和冷源系统并没有运行在最佳状态，如果空调与冷源系统能够进行进一步的优化调试，空调能耗还可能进一步降低。

（4）该建筑的室内热环境和光环境品质完全能够满足室内人员的舒适性要求与工作需求。室内外空间的有机联结不仅能够有效降低建筑能耗，而且还能够为室内人员提供更为舒适、愉悦、健康的工作环境。

（5）该建筑根据当地亚热带气候条件的特点，采用了完全不同于时下同类型建筑封闭式设计的室内外有机贯通的设计方法。实践证明这种与气候相适应的建筑设计理念完全可以在现代办公建筑中推广应用。

14　山东安泰节能示范楼

14.1　建筑概况

山东安泰节能示范楼是一座办公建筑（见图 14-1），位于山东济南，地上 5 层，地下 1 层。总建筑面积 5450m^2，地上面积 4583m^2，空调面积 3815m^2。

图 14-1　建筑外观

14.2　系统概况

供冷季（5 月 15 日 ~ 9 月 15 日）采用温湿度独立控制空调系统，如图 14-2 所示，

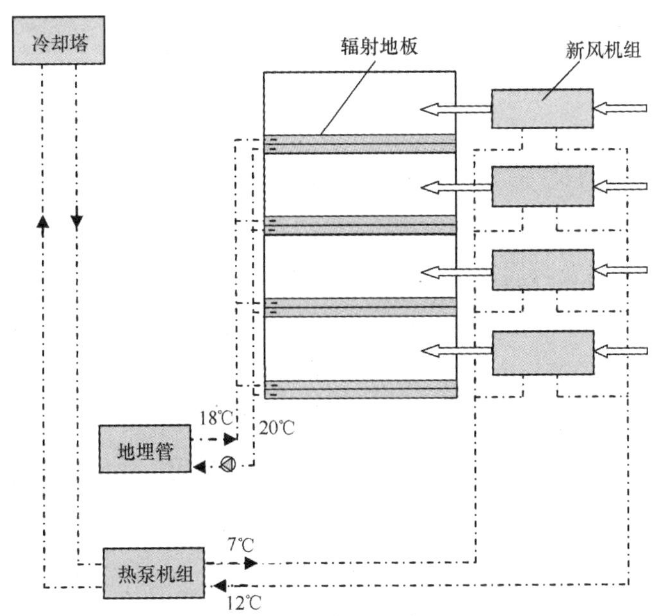

图 14-2　夏季空调系统设计原理图

由地板辐射末端去除房间显热，由新风机组承担除湿任务。地板辐射末端由地下埋管直供18℃高温冷水，新风机组由热泵机组提供7℃冷冻水，热泵机组夏季由冷却塔提供冷却水。

供暖季（11月15日~次年3月15日）供暖系统如图14-3所示，热泵机组自地下埋管提取低温热量，提升温度后向辐射地板和新风机组提供40℃热水。

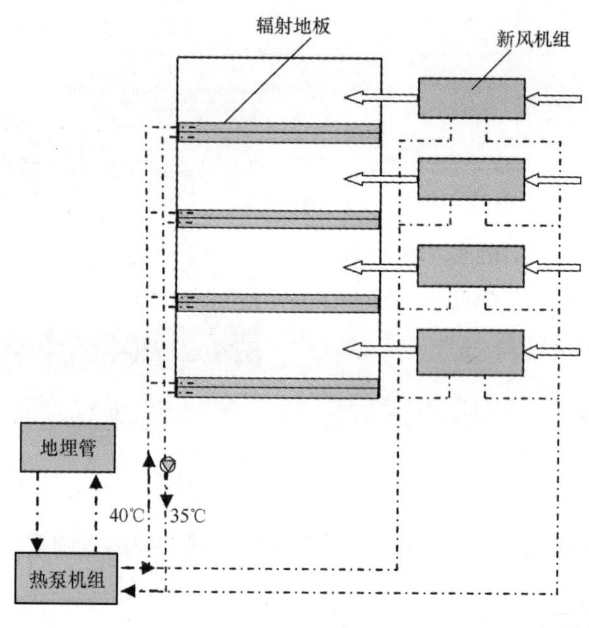

图14-3　冬季空调系统设计原理图

14.3　建筑能耗实测数据分析

（1）建筑耗电量及与周边同类型建筑的比较

该建筑2011年12月正式投入使用，虽然安装了分项计量电表，但直到2013年6月18日才开始自动记录电表读数，此前只能人工记录。下面的分析基于2013年6月~2013年12月的电量记录数据。由于照明和办公用电量全年不同时段比较稳定，因此2013年6月18日之前的照明和办公用电根据这之后的用电量折算获得。

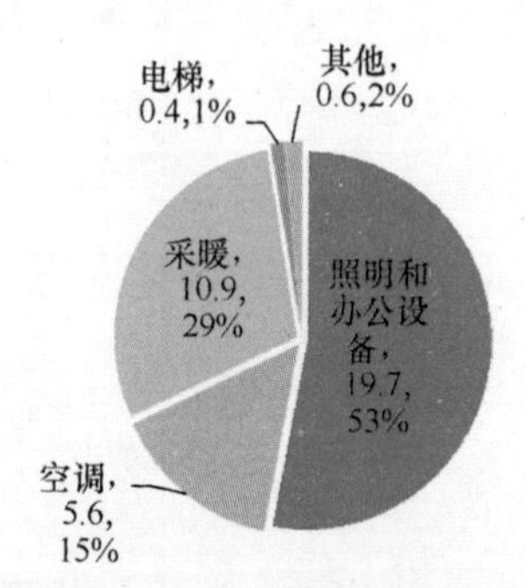

图14-4　建筑各分项耗电量（单位：kWh/（m²·a））

2013年建筑全年用电量为16.4万kWh/a，单位面

积用电强度为 40.1kWh/（m^2·a）。其中各分项用电量如图 14-4 所示，照明和办公设备耗电量最高，其次是采暖耗电，再次是空调耗电。

与常规办公楼相比，该建筑中空调电耗非常低，采暖电耗也在较低水平。表 14-1 是安泰节能示范楼北侧某办公楼的 2012 年 4 ~ 9 月建筑耗电量。将 4、5 月份的用电量平均值作为无空调期间的基准用电，得到该同类建筑单位面积空调耗电量为 13.9kWh/（m^2·a），为安泰节能示范楼单位面积空调耗电量的两倍以上。该同类建筑冬季从市政购买蒸汽供暖，根据 2011 ~ 2012 年冬季数据，其单位面积供暖费用为 19.809 元 /（m^2·a），同样高于安泰节能示范楼的冬季采暖费用。

周边某同类建筑耗电量　　表 14-1

月份	用电量（kWh/m^2）	空调用电量（kWh/m^2）
4	5.7	
5	3.8	
6	5.8	1.0
7	10.0	5.2
8	10.8	6.0
9	6.5	1.7

（2）空调系统耗电量与供冷量

安泰节能示范楼的空调系统分为地埋管直供系统和新风系统两部分，地埋管直供系统的耗电设备是循环水泵，新风系统的耗电设备包括热泵机组、冷却水循环泵、冷冻水循环泵、空调箱风机、冷却塔。

地埋管直供系统和新风系统的供冷量及耗电量如表 14-2 所示，新风系统各分项的耗电量如图 14-5 所示。

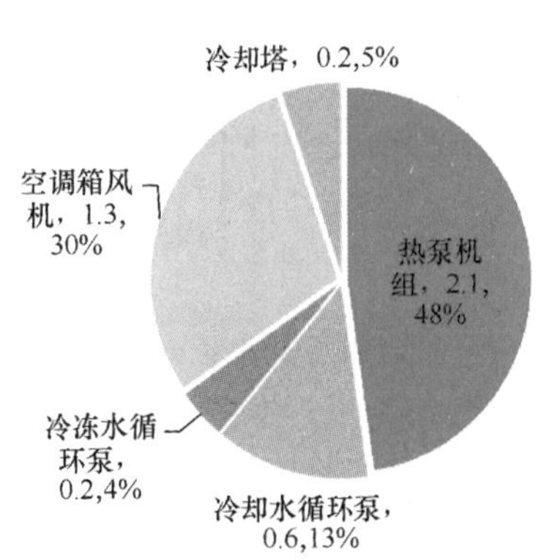

图 14-5　新风系统各分项耗电量

空调系统单位面积供冷量与单位面积耗电量　　表 14-2

	地埋管直供系统	新风系统	空调系统总计
单位面积供冷量（kWh冷 /（m^2·a））	25.4	8.9	34.3
单位面积耗电量（kWh/（m^2·a））	1.3	4.3	5.6

1）地埋管直供系统供冷量实测数据

地埋管系统共有56个钻孔，长度5600m；分两个大回路：南边36个钻孔（南井），北边20个钻孔（北井）。

地埋管循环泵的主要运行策略是连续运行，即夜间无人时也保持运行状态，达到蓄冷效果。北井和南井2013年供冷季的流量、出水温度、回水温度如图14-6～图14-8所示，从图中可以看出，整个夏季埋管供水温度基本在18℃左右，夏初供水温度较低，夏末略有上升；图中温度过高点是循环泵停止运行的工况。

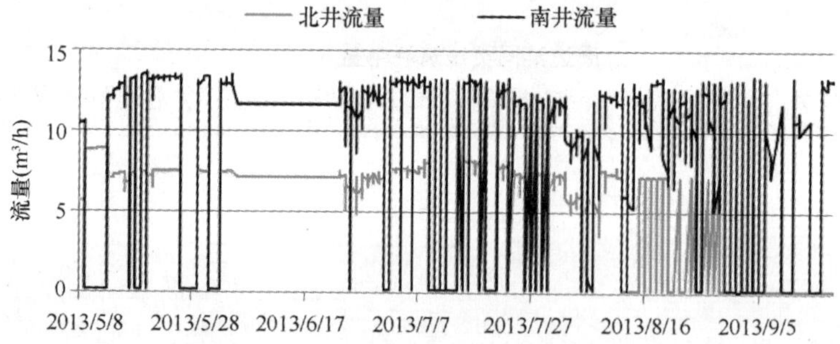

图14-6　2013年供冷季南井和北井流量

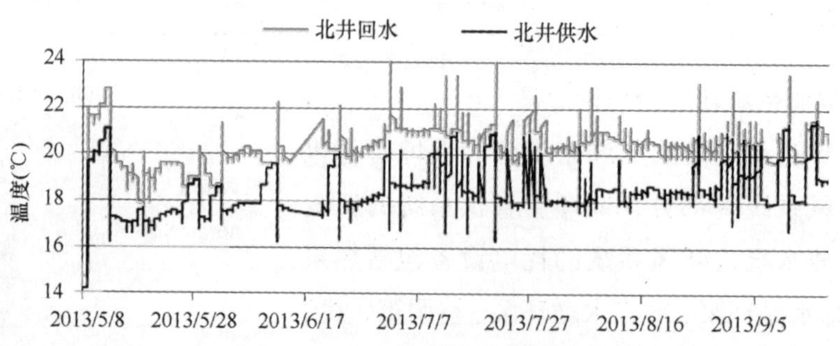

图14-7　2013年供冷季北井供回水温度

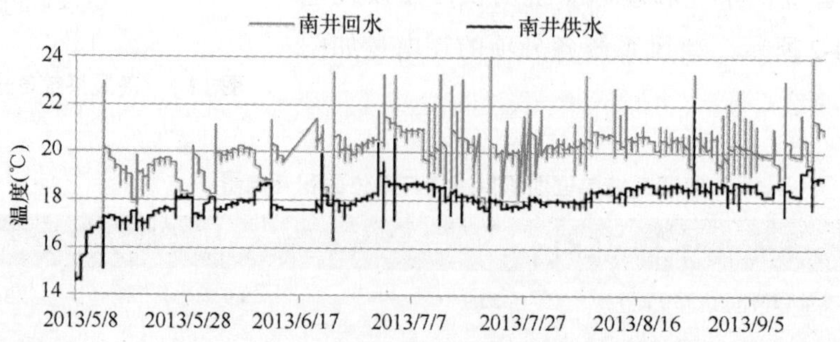

图14-8　2013年供冷季南井供回水温度

整个2013年供冷季地埋管供冷量如图14-9所示，地埋管总供冷量96.8MWh，折合到单位空调面积为25.4kWh/m^2。

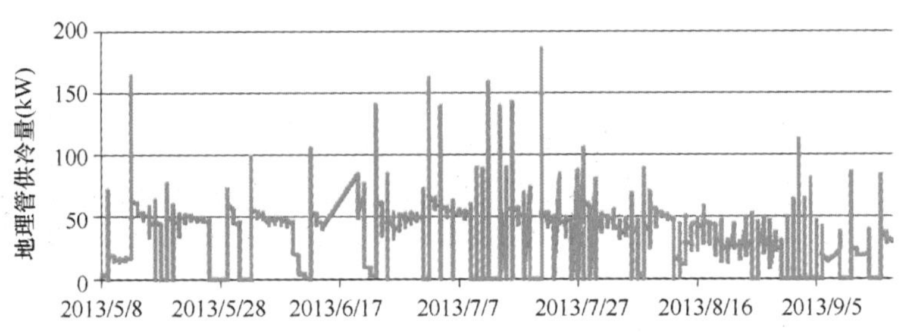

图14-9　2013年地埋管供冷量

2）新风系统供冷量实测数据

测量系统只保留了2013年8月8～31日的数据（图14-10），这段时间新风系统供冷量为13.2MWh。5月、6月、9月室外含湿量较低，新风系统不开启，供冷量为0；7月、8月初新风系统供冷量采用估算方法得到：8月初供冷量根据已测得的8月份数据按照天数折算，7月在济南属于雨季，下雨后比较凉快，因此7月新风系统开启时间较短，这里按照7月新风系统供冷量与8月相同计算。夏季总供冷量为34.1MWh，折合到单位空调面积为8.9kWh/m^2。

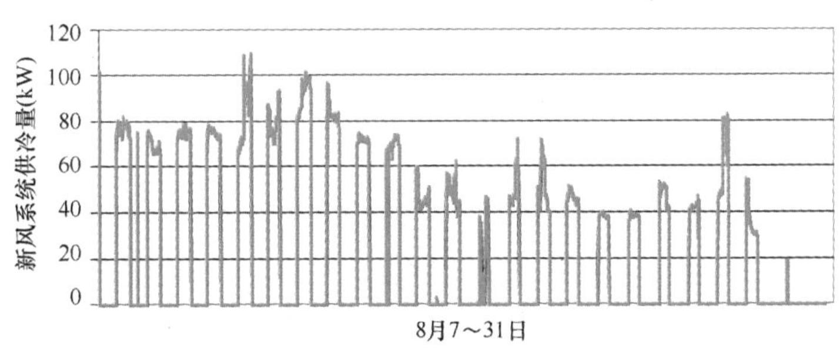

图14-10　2013年8月7～31日新风系统供冷量

（3）采暖系统耗电量与供热量

2012年12月22日～2013年3月15日的热泵供热功率及地埋管供热功率如图14-11所示，11月15日～12月21日的耗热量指标无实测数据，根据已有的实测数据进行估算：11月数据取为与3月数据相同；12月1～21日数据根据12月22～31日的数据按天数折算。

整个供暖季供热量为35.8kWh/m²，耗电量为10.9kWh/m²，平均制热*COP*为3.28。

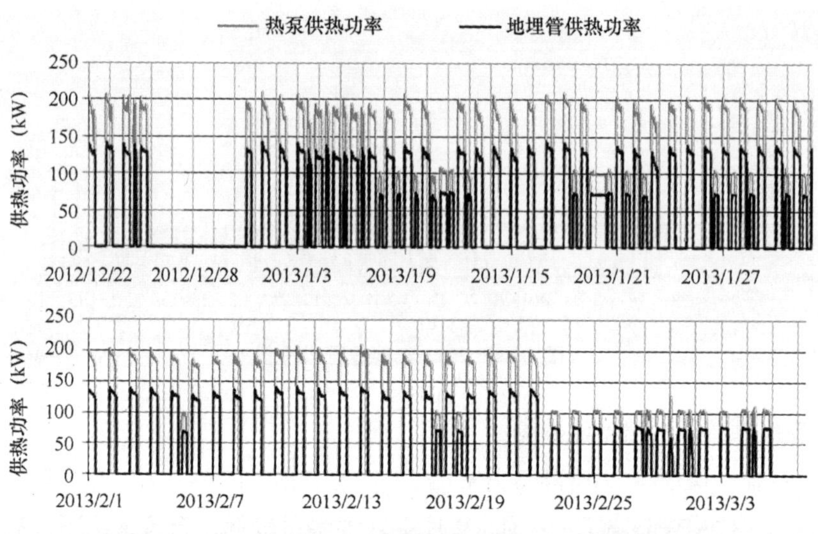

图14-11　2012年12月～2013年3月热泵及地埋管供热功率

14.4　建筑能耗及空调系统模拟分析

该建筑空调采暖电耗很低，主要原因有两方面：一是地埋管供冷能力较强，整个夏季都可直供18℃左右高温冷水；二是建筑物耗冷量和耗热量指标偏低。本部分针对这两个问题进行模拟分析，更深入地揭示这些现象出现的原因。

（1）地埋管供冷能力分析

地埋管夏季总蓄热量为96.8MWh，冬季总取热量为94.7MWh，基本平衡（如图14-12所示）。地埋管平均供冷功率为35.7kW，折合单位孔长只有6.4W/m，且地埋管循环泵连续运行，向地下的蓄热量比较均匀，有足够的时间向外扩散。钻孔间距为5m，计算得到埋管区域整个夏季温升只有1.12℃。综上分析，该建筑中地埋管能够整个夏季供应18℃左右高温冷水。

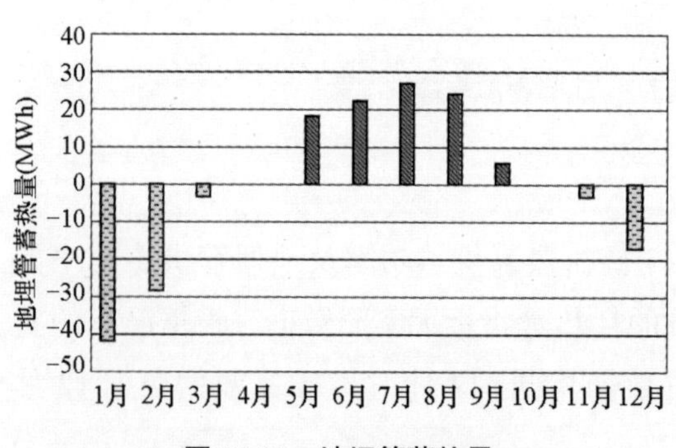

图14-12　地埋管蓄热量

（2）建筑耗冷量/耗热量模拟

用建筑环境模拟分析软件DeST

对该建筑进行耗冷量/耗热量模拟，图14-13是建筑模型。

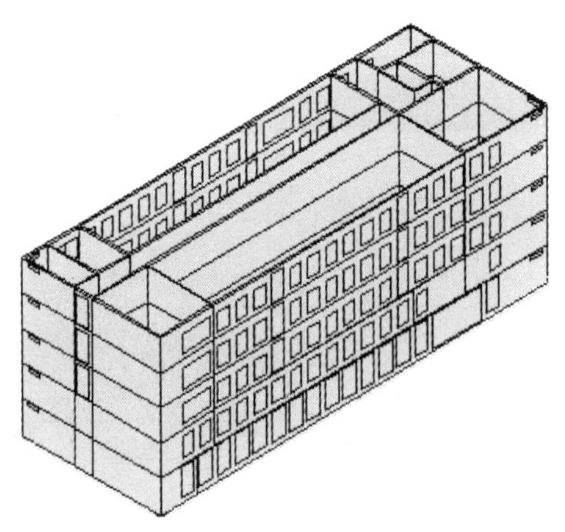

图 14-13 DeST 中的建筑模型

建筑围护结构热工性能如表14-3所示，从中可以看出，围护结构保温性能较好，窗墙比较小，且有遮阳性能较好的百叶内遮阳。

建筑使用时间及控制温湿度如表14-4所示，周末、节假日大多数时间空调系统仍开启，因此模拟时周末和节假日也设置为空调系统开启模式。该建筑夏季相对湿度偏高，因此模拟时相对湿度设置为70%。

建筑的人员、照明、设备密度如表14-5所示，人员按照建筑物实际人数设定，照明和设备密度根据实际用电量确定；夏季新风由新风系统提供，新风量为30m³/(h·人)，冬季新风通过自然渗透方式进入房间，通风次数设置为0.5次/h，如表14-6所示。

围护结构热工性能　　表14-3

围护结构	单位	性能数据	构造描述
外墙传热系数 *U*	W/(m²·K)	0.60	25mm 聚氨酯装饰保温板
屋顶传热系数 *U*	W/(m²·K)	0.55	80mm 挤塑型聚苯板保温
侧窗整体遮阳系数 *Sc*	—	0.7	采用5+12+5辐射率≤0.25 Low-e无色中空玻璃断桥隔热铝合金窗
侧窗整体传热系数 *U*	W/(m²·K)	2.4	
南向窗墙比		35%	
北向窗墙比		33%	
东向窗墙比		16%	
西向窗墙比		3%	
百叶内遮阳率		50%	

建筑使用时间及控制温湿度　　表14-4

	建筑使用时间	温度(℃)	相对湿度
工作日	8:30～17:30	冬18～22，夏：24～26	40%～70%
周末、节假日	8:30～17:30	冬18～22，夏：24～26	40%～70%

建筑人员、照明、设备密度　　表 14-5

房间类型	空调面积（m^2）	人数	照明和设备密度（使用值，W/m^2）
一层	763	15	3.62
二层	763	15	3.11
三层	763	60	10.90
四层	763	40	3.79
五层	763	10	4.28

新风、通风设置　　表 14-6

	新风量	通风量
夏季	$30m^3$/（h·人）	0
冬季	0	0.5 次 /h

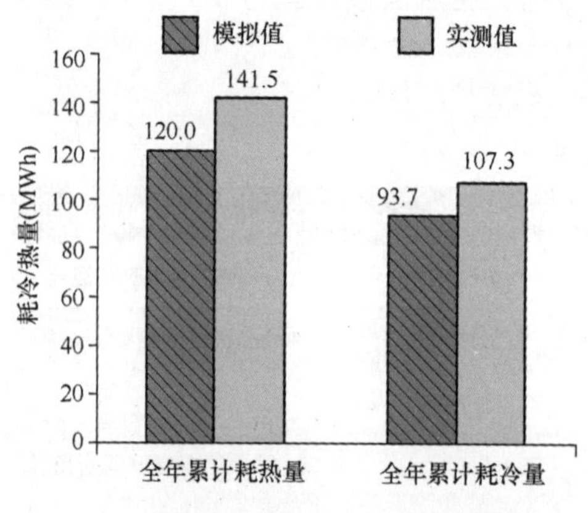

图 14-14　耗冷量与耗热量的模拟值和实测值对比

耗冷量 / 耗热量模拟值与实测值的对比如图 14-14 所示，在以上输入条件下，模拟结果与实测结果有较好的吻合度，说明该建筑需要的冷热量的确偏小。从能耗模拟的输入条件可总结出本建筑所需冷热量偏小的原因：

1）本建筑采用了遮阳性能较好的百叶内遮阳（表 14-3），有效减少了夏季太阳辐射得热；

2）实际运行中房间空气相对湿度没有得到较好控制（表 14-4），反映在模拟中即降低了耗冷量需求；

3）建筑一、二、四、五层的人员、设备、灯光密度较小（表 14-5），新风需求少，因此降低了耗冷量需求；

4）建筑保温性能符合《公共建筑节能设计标准》要求。

14.5　房间舒适性分析

该建筑中每层装有一个温湿度测点，其中一、二、三、五层测点保留了 7 月下旬及 8 月数据，四层数据缺失。将温湿度数据整理到焓湿图上，如图 14-15 所示。可见，

一、二、五层温度均控制在 24 ~ 26℃之间，三层人员和计算机设备较多，温度有较多时间在 26℃以上。

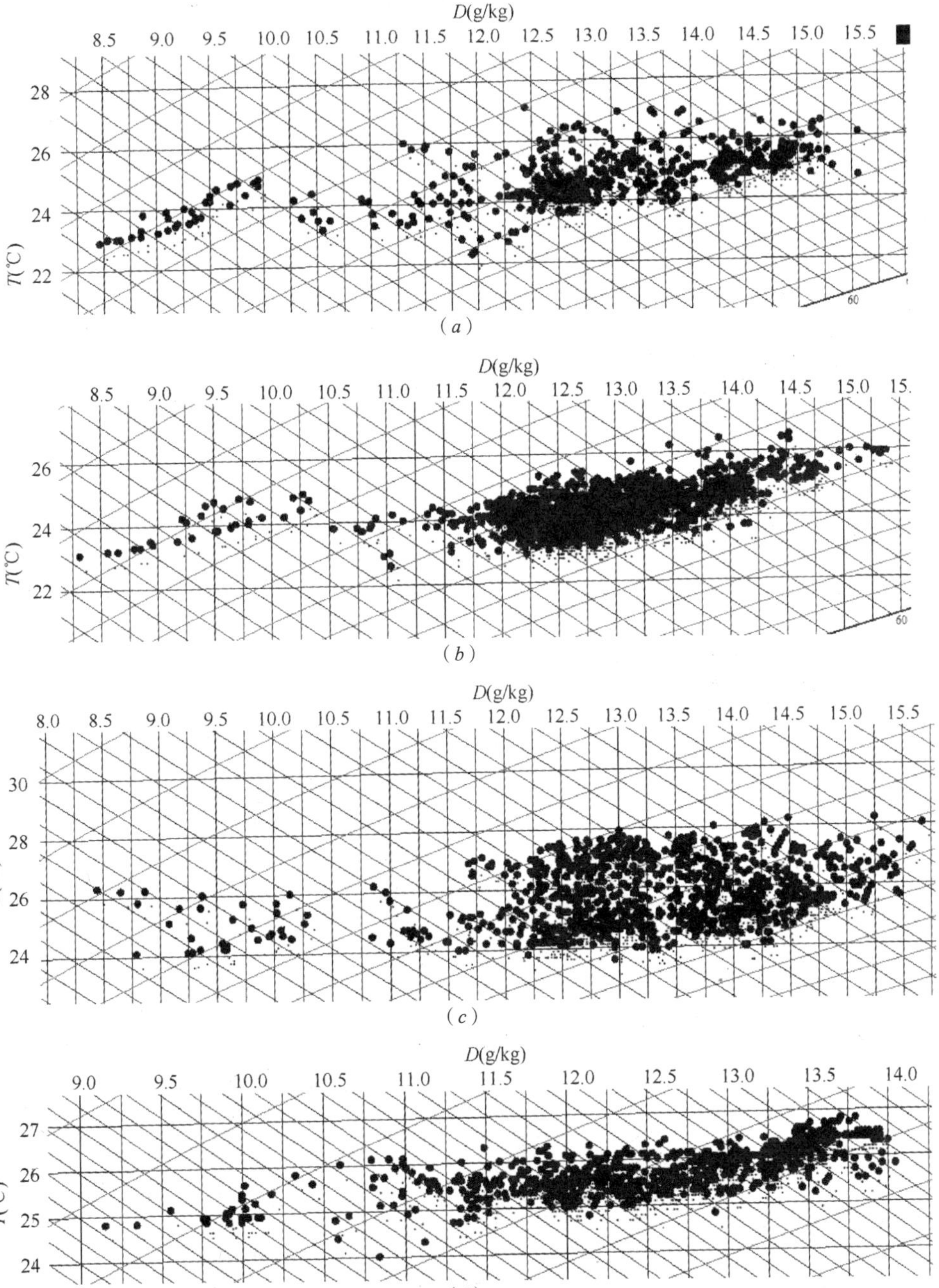

（*a*）

（*b*）

（*c*）

（*d*）

图 14-15　测点温湿度

（*a*）一层测点（8.10 ~ 8.31）；（*b*）二层测点（6.25 ~ 8.31）；（*c*）三层测点（7.20 ~ 8.31）；（*d*）五层测点（7.21 ~ 8.31）

15 西安咸阳国际机场 T3A 航站楼

15.1 建筑及空调系统基本信息

（1）建筑基本信息

图 15-1 给出了西安咸阳国际机场 T3A 航站楼的设计外观，由中国建筑西北设计研究院设计。建筑面积约 28 万 m^2，于 2008 年 2 月开工建设，已于 2012 年 5 月投入运行。该建筑地上 2 层、地下 1 层，地面建筑最大高度 37m，地下深度 8.6m，其中航站楼内最大层高（办票大厅）27m。航站楼是机场航空交通的枢纽中心，主要为旅客进出港提供各种服务，其主要功能为：办票大厅、候机大厅、行李提取厅、迎宾厅、行李分拣厅、商业和办公用房以及配套设备功能用房。

（a）

（b）

图 15-1 西安咸阳国际机场 T3A 航站楼

（a）建筑外观；（b）办票大厅实景

西安地区典型年室外气象参数如图 15-2 所示，主要包括逐日室外气温、室外相对湿度及含湿量水平。从图中可以看出西安夏季气温超过 30℃、室外相对湿度多在 60% 左右，含湿量集中在 15 ～ 20g/kg，需要采用空调系统才能满足制冷除湿需求；冬季室外日平均气温低于 0℃，有供暖需求。考虑到机场航班等的实际运行状况，该航站楼夏季供冷季为 5 月 15 日 ~ 9 月 15 日，冬季供暖季为 11 月 15 日 ~ 2 月 15 日，空调系统运行时间为早 6：00 ～晚 12：00。

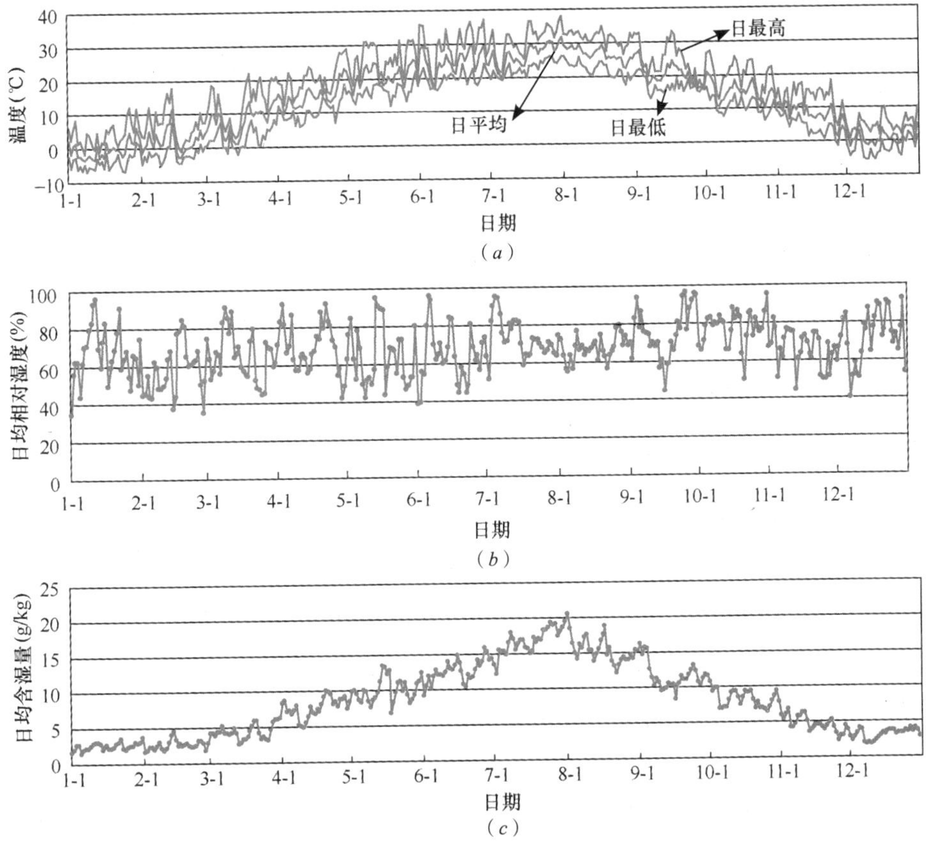

（a）

（b）

（c）

图 15-2　西安典型年逐日室外气象参数

（a）逐日气温；（b）逐日相对湿度；（c）逐日含湿量

（2）温湿度独立控制空调系统方案

该建筑采用了内遮阳大型玻璃幕墙作为其外围护结构。办票大厅和候机大厅布置在建筑顶部二层，内部为通透、开敞的高大空间，层高 11 ～ 27m；行李提取厅和迎宾厅布置在一层，内部为层高 10m 的畅通大空间；商业和办公用房一般是设置在大空间中的"房中房"。考虑到航站楼中典型高大空间建筑特点，办票大厅和南指廊候机大厅采用了辐射地板与置换送风结合的温湿度独立控制（THIC）空调系统形式，具体位置和区域见图 15-3，应用温湿度独立控制空调系统区域的面积约为 4.7 万 m^2。

图 15-4 给出了该航站楼温湿度独立控制空调系统的主要处理装置及末端温湿度调节原理。夏季运行时，利用带有预冷的热泵驱动式溶液除湿新风机组对新风进行处理，并通过置换式送风末端送入室内，调节室内湿度；利用高温冷水送入干式风机盘管（FCU）和空调机组以及辐射地板满足室内温度调节需求，其中辐射地板敷设位置远离门窗等开口空间，带有凝水盘的干式 FCU 设置在靠近门窗的位置来减小结露带来的风险。冬季运行时，低温热水可用来对新风进行预热，同时低温热水进入辐射地板、干式 FCU 等末端装置来满足室内温度调节需求。

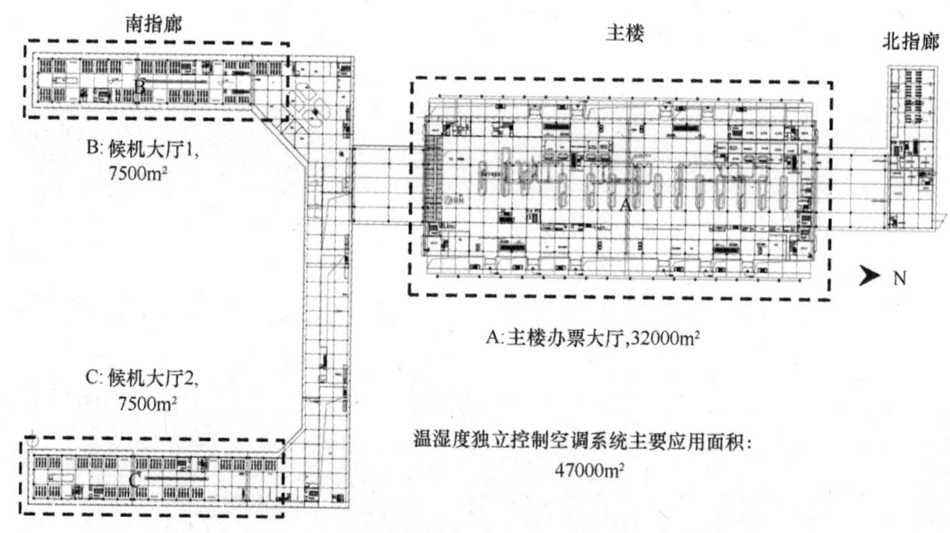

图 15-3　航站楼温湿度独立控制空调系统应用区域图

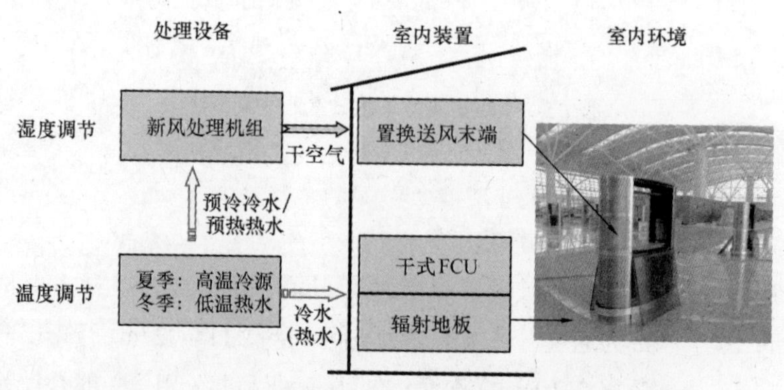

图 15-4　温湿度独立控制空调系统处理设备及末端装置

图 15-5 和图 15-6 为航站楼主楼和南指廊空调风系统原理，对航站楼内高大空间部分（主楼办票大厅和南指廊候机大厅）采用“置换式下送风 + 地板冷热辐射 + 干式地板风机盘管”的空调及送风方式，即室内温度主要由干式风机盘管和空调机组以及地板冷热辐射系统共同调节和控制，湿度则主要由置换式下送风系统送入的空气进行调节和控制。该建筑室内 THIC 空调系统采用了多种组合形式，具体内容详见表 15-1。辐射地板夏季设计供回水温度 14/19℃，设计供冷量为 40 ~ 50W/m^2；辐射地板冬季供回水温度 40/30℃。需要说明的是置换送风空调夏季采用中部回风，顶部局部天窗排除污浊高温空气；冬季采用部分上顶回风，降低室内不必要的温度梯度；过渡季天窗全开，以便进行机械与自然通风。

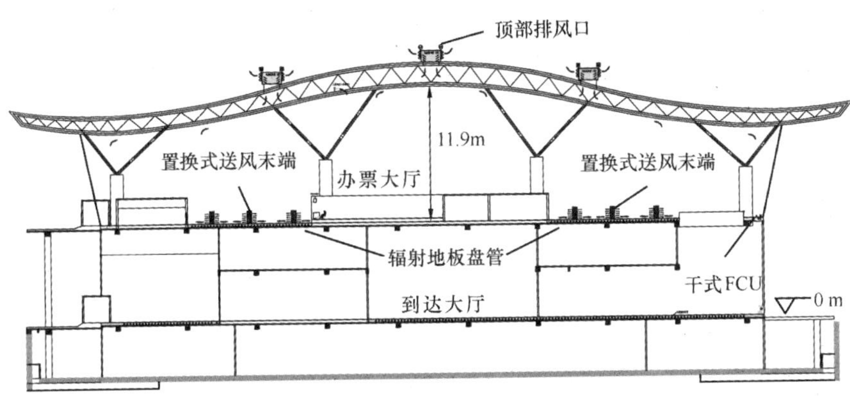

图 15-5　主楼空调系统末端布置图

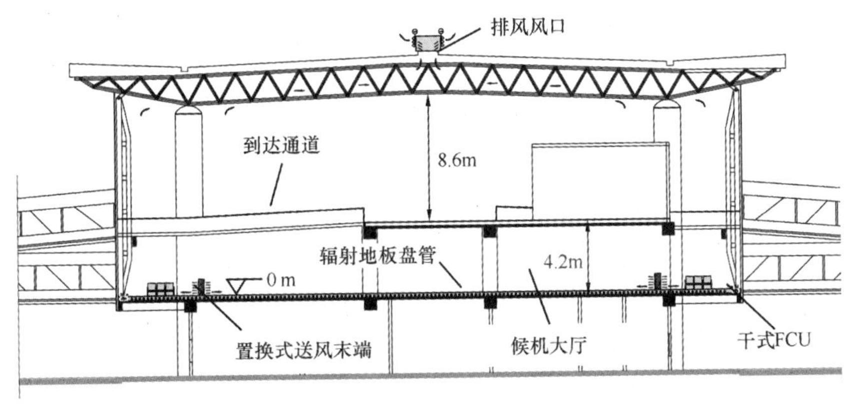

图 15-6　南指廊空调风系统原理图

在 T3A 航站楼空调系统中，冷站距离航站楼约 1km，为降低输送能耗，迫切期望增加冷水输送温差、降低循环水流量。除上述应用 THIC 空调系统的区域外，

航站楼 THIC 空调系统组成及功能　　表 15-1

温度控制				湿度控制
处理形式	辐射地板	干式风机盘管	干式回风空气处理机组	热泵式溶液新风机组
送风方式		幕墙内侧下送	置换式下送	置换式下送
功能及作用	1）承担空调基本负荷； 2）提高冷热辐射量，降低室内负荷且提高热舒适性； 3）降低空调投资； 4）提高回水温度，降低输送能耗和制冷能耗	1）承担空调负荷，辅助调节室内温度； 2）消除外区负荷，提高舒适性； 3）提高回水温度降低输送能耗和制冷能耗	1）承担空调内区负荷，控制调节室内温度； 2）充分利用置换送风，提供过渡季自然冷却新风，降低制冷能耗； 3）配合置换送风温度，提高回水温度，降低输送能耗和制冷能耗	1）配合置换送风温度且承担空调湿负荷，调节室内湿度； 2）提供空调季新风，承担新风负荷； 3）充分利用置换送风，提供过渡季自然冷却新风，降低制冷能耗； 4）就近利用冷热源，降低输送能耗

T3A 航站楼同时存在应用常规空调系统的区域。以夏季为例，常规系统与 THIC 系统中的处理装置对冷水温度的需求不同，这就为梯级利用冷水、实现冷水大温差循环提供了可能。根据末端处理装置对冷水温度的不同需求，图 15-7 给出了冷水分级利用的系统原理。夏季由制冷站送入的低温冷水（3℃左右）首先流经常规系统中的末端设备，之后经过分集水器后再分别流入 THIC 系统中的处理装置，经过两级末端装置后，冷水回水温度可达 16 ~ 18℃，可实现冷水供回水温差 13 ~ 15℃，有效降低冷水循环量和输送泵耗以及提高回水温度（为采用高温冷机创造条件）。

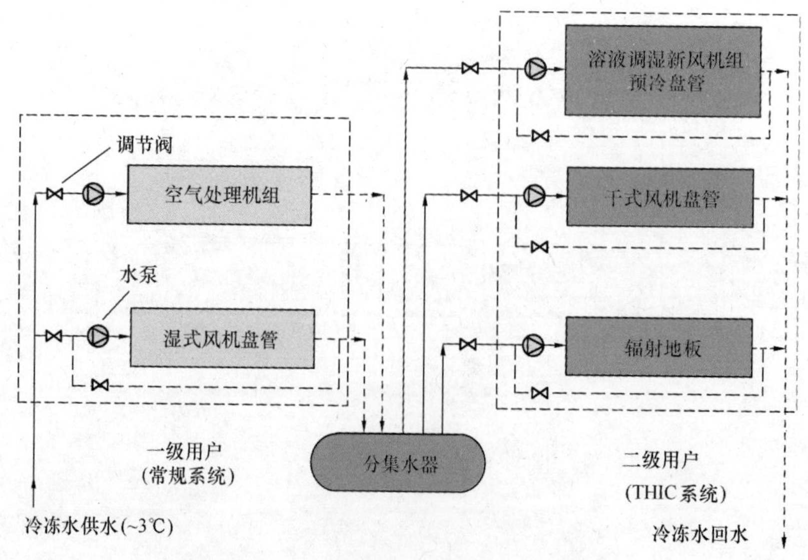

图 15-7　T3A 航站楼冷水梯级利用原理

（3）制冷站原理

制冷站的基本任务是向航站楼及周围建筑提供冷水（冬季通过板换与热网换热提供热水），考虑到当地峰谷电价差异显著以及降低供水温度减少输送能耗，T3A 航站楼在制冷站设计采用了冰蓄冷系统。图 15-8 给出了制冷站夏季工作原理，主要制冷机组的基本参数如表 15-2 所示。制冷机组 A1 ~ A3 工作在制冰工况与常规空调工况，采用乙二醇作为载冷剂，并通过板换与冷水换热。冷机 B1 ~ B3 及冷机 C 均只运行在空调工况，由于运行工况的不同，冷机 B、C 的额定 *COP* 优于冷机 A。

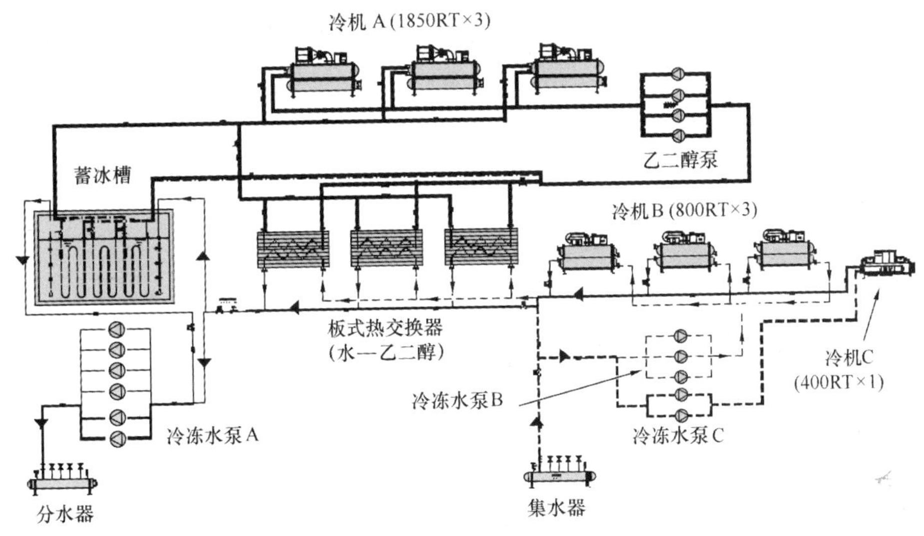

图 15-8　制冷站夏季运行原理

冷站制冷机组额定性能参数　　　　表 15-2

冷机	类型	额定冷量（kW）	数量	换热流体	额定性能
A	离心式机组，制冰与空调双工况运行	6506（空调） 4238（制冰）	3	乙二醇 （浓度 25%）	*COP* = 4.84（空调工况） *COP* = 4.06（制冰工况）
B	离心式机组，空调单工况	2813	3	水	*COP* = 5.52
C	离心式机组，空调单工况	1407	1	水	*COP* = 5.21

该航站楼空调系统可实现冷冻水大温差运行，与之相适应冷站设计了带有蓄冰装置的串级制冷系统，夏季主要包括蓄冰和融冰两种运行模式。蓄冰模式下双工况冷机 A 制取低温乙二醇通入蓄冰槽中在盘管外蓄冰；负荷较大时，融冰模式下冷冻水回水先经过单工况冷机 C、B 制冷，再经过冰槽融冰，满足低温（3℃左右）供水需求。

以上主要介绍了 T3A 航站楼空调系统的基本原理，下面分别给出该空调系统在夏季和冬季的实测性能及全年运行能耗情况。

15.2　空调系统性能——夏季

（1）室内环境状况

图 15-9 给出了夏季典型工况下主楼办票大厅和南指廊候机大厅室内温湿度实测情况，可以看出测试区域的室内温度集中在 22 ~ 24℃（由于空调自控系统尚未正常运行和试运行期间减少顾客抱怨，运行温度低于设计温度 26℃），室内含湿量水平集中在 10 ~ 11g/kg，表明室内温湿度水平较优，能够较好地满足室内温湿度调节需求。

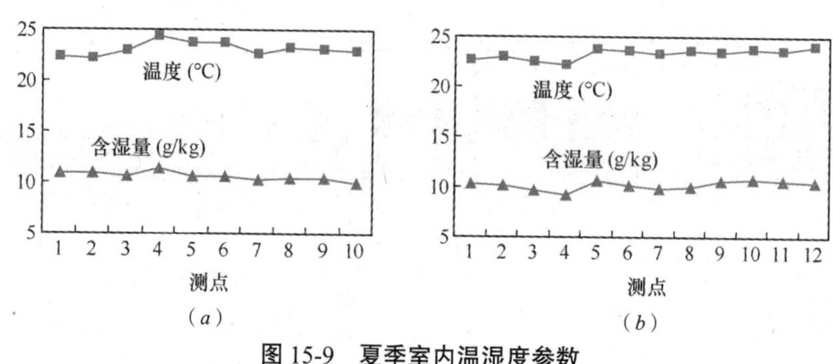

图 15-9　夏季室内温湿度参数

（*a*）主楼办票大厅；（*b*）南指廊候机大厅

（2）新风机组性能

T3A 航站楼温湿度独立控制空调系统中选用了带有预冷的热泵驱动式溶液调湿新风处理机组来满足室内湿度调节需求，该机组包含利用高温冷水（14 ~ 18℃）预冷新风的模块和热泵驱动型溶液调湿模块，机组工作原理和空气处理过程如图 15-10 所示。室外新风首先流经预冷盘管并被冷却后，空气进入溶液调湿模块被进一步处理到需求的送风状态点。在溶液调湿处理模块中，浓溶液在流入除湿器前被蒸发器冷却以增强除湿能力，稀溶液在流入再生器前被冷凝器加热以实现更优的再生效果。室外新风用作再生空气，流经再生器后的潮湿空气作为排风被排走。

图 15-11 给出了带有预冷的热泵驱动型溶液调湿新风机组的测试结果，测试当天室外新风温度约为 30 ~ 32℃，送风温度约为 19℃，用来预冷新风的高温冷水进口温度约为 14.5℃，高温冷水的供回水温差约为 4℃。机组运行过程中的逐时含湿

量情况如图 15-11（b）所示，其中室外新风的含湿量约为 18.0g/kg，经过处理后的送风含湿量约为 9.6g/kg，利用溶液调湿方法处理后的送风参数能够很好地满足室内湿度调节需求。

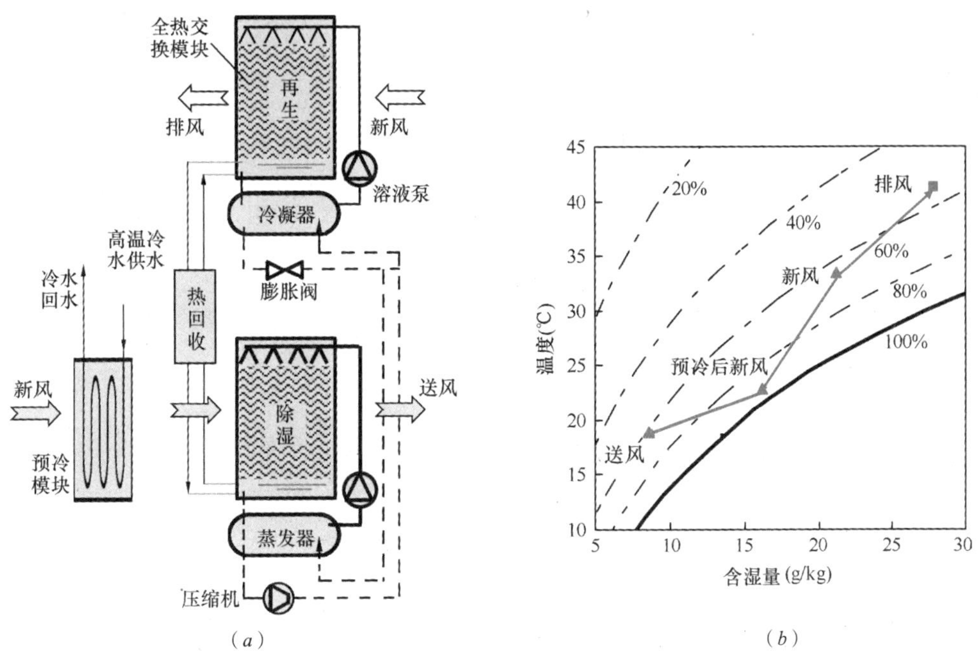

图 15-10　利用高温冷水预冷的热泵驱动型溶液调湿新风机组

（*a*）机组工作原理；（*b*）空气处理过程

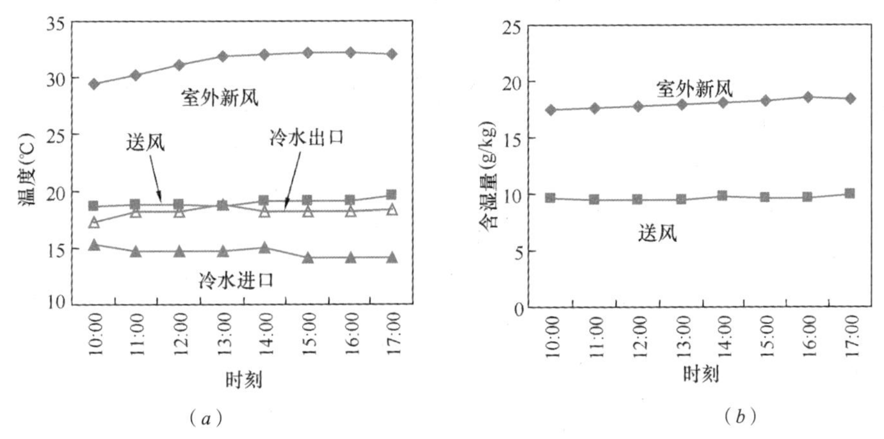

图 15-11　带有预冷的热泵驱动型溶液调湿新风机组工作性能

（*a*）逐时温度；（*b*）逐时含湿量

（3）辐射地板性能实测结果

T3A 航站楼采用了两种类型的辐射地板，图 15-12 给出了两种类型辐射地板的主要结构，可以看出两者的主要区别为塑胶型表面为一层 5mm 厚的橡胶地板，而大理石型地板表面则为 25mm 厚的大理石。两者表面材质的不同导致其热阻存在显著差异，大理石型地板的热阻仅约为 0.10W/（$m^2 \cdot K$），而塑胶型辐射地板的热阻明显大于大理石型。

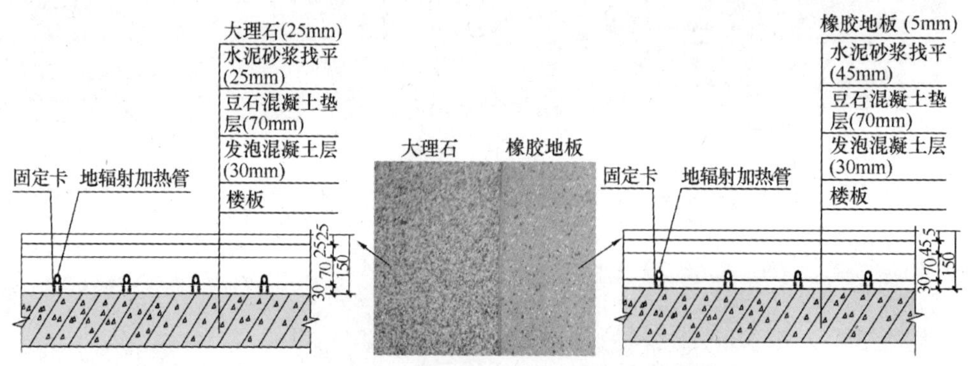

图 15-12　T3A 航站楼采用的辐射地板

对辐射地板的实际供冷性能进行测试，图 15-13（*a*）、（*b*）分别给出了主楼办票大厅（大理石型）辐射地板表面温度及单位面积供冷量情况（地板表面无太阳直射）。从实测结果可以看出地板表面温度多集中在 22 ~ 23℃，单位面积辐射地板供冷量在 25 ~ 40W/m^2；对于存在座椅遮挡的辐射地板，其表面温度要低于无座椅遮挡的区域（约低 1℃）；辐射地板表面温度明显高于周围空气露点温度，表明此工况下辐射地板不存在结露风险。

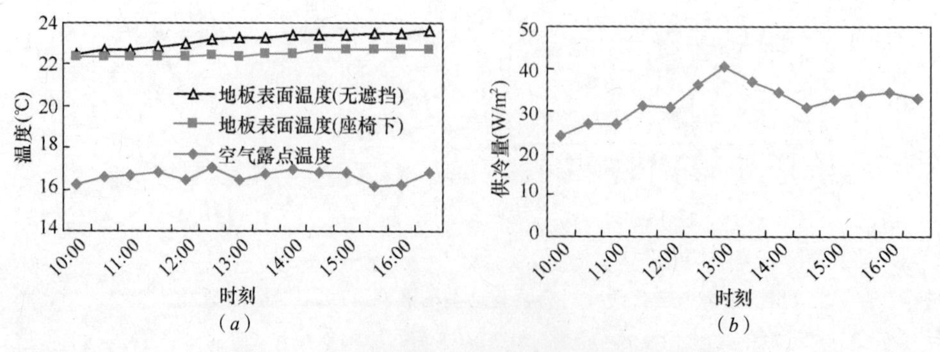

图 15-13　主楼办票大厅辐射地板供冷实测性能

（*a*）地板表面温度；（*b*）供冷能力

类似地，图 15-14 给出了南指廊候机大厅（塑胶型）辐射地板表面温度及单位面积供冷量情况（地板表面无太阳直射），可以看出地板表面温度多集中在 18 ~ 22℃，单位面积辐射地板供冷量在 30 ~ 50W/m^2。与大理石型辐射地板实测供冷效果对比，该塑胶型辐射地板表面温度偏低的原因为其冷水供水温度偏低。

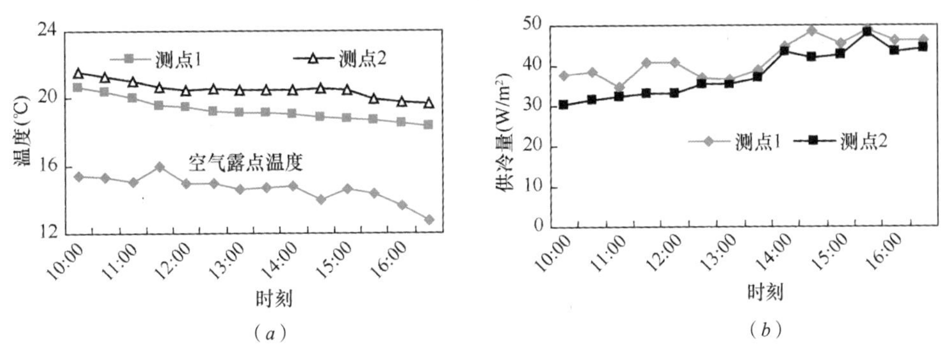

图 15-14　南指廊候机大厅辐射地板供冷实测性能

（*a*）地板表面温度；（*b*）供冷能力

当有太阳辐射直接照射到辐射地板表面时，地板供冷量会显著增大。图 15-15 给出了南指廊候机大厅中辐射地板供冷性能受太阳辐射的影响情况，可以看出当测点 A ~ C 受到太阳辐射直接照射时，地板供冷量显著增大，单位面积供冷量可高达 120W/m^2 以上；当无太阳辐射直接照射时，辐射地板单位面积供冷量仅为 40 ~ 50W/m^2，这就表明辐射地板供冷具有良好的负荷调节和适应能力，是一种适

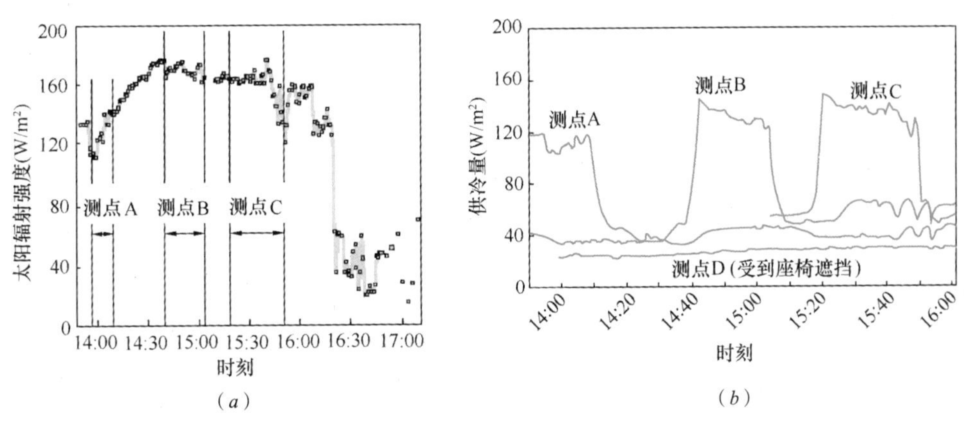

图 15-15　太阳辐射对辐射地板供冷性能影响

（*a*）太阳辐射强度；（*b*）供冷能力

用于高大空间这类有显著太阳辐射场合的供冷末端方式。图 15-15（*b*）还给出了受到座椅遮挡的辐射地板实测供冷能力，可以看出由于遮挡的影响，该测点的供冷能力明显较低，仅为 20 ~ 30W/m^2。

（4）制冷站工作性能

夏季供冷工况时，制冷站主要工作在蓄冰和融冰两种模式，系统冷冻水设计运行在较大的供回水温差下；当冷水供水温度为 2 ~ 3℃时，冷冻水供回水实际运行温差 Δt 超过 10℃。表 15-3 给出了典型工况下制冷机组的实际运行性能，其中冷机工作在空调工况时的室外测试工况为 32.2℃、46.3%。实际运行中，空调工况下除利用融冰制冷外，仍需通过冷机 A1、A2 来满足供冷量需求。

典型工况下制冷机组实测性能　　表 15-3

	冷机A-1（空调工况）	冷机A-2（空调工况）	冷机A-1（蓄冰工况）
室外温度、相对湿度	32.2℃，46.3%	32.2℃，46.3%	31.1℃，49.4%
乙二醇进 / 出口温度（℃）	7.3/3.1	7.3/3.2	-1.8/-5.5
蒸发温度（℃）	2.3	2.5	-6.2
冷却水进 / 出口温度（℃）	28.3/32.5	28.3/32.8	28.1/31.9
冷凝温度（℃）	33.5	34.5	32.8
制冷量（kW）	4675	4563	4124
冷机电耗（kW）	1009	1076	1045
冷机 *COP*ch	4.54	4.15	3.95

除了制冷机组外，冷站主要的耗能设备还包括冷冻（却）水泵、乙二醇泵和冷却塔等，表 15-4 给出了融冰模式下冷站主要设备的运行性能。其中冷冻水进出冰槽的温度分别为 5.5℃和 1.9℃，冰槽供给的冷量 Q_i 为 6521kW；两台制冷机组的供冷量 Q_{ch} 为 9238kW，这就表明此工况下蓄冷冰槽可满足 41% 的供冷量需求。除冷机外其他主要设备的性能利用输送系数 *TC*（GB/T 17981，等于传输冷量与功耗之比）给出：由于乙二醇黏度等因素影响，乙二醇泵输送系数 TC_{gl} 仅为 20.5；由于输送距离较远，尽管冷水供回水温差较大，冷冻水输送系数 TC_{chw} 仍仅为 26.6。

基于冷站主要设备的实测性能，可以得到整个制冷站的运行性能。在蓄冰工况下，考虑主要运行设备包括制冷机组、乙二醇泵及冷却侧设备等，典型蓄冰工

况下的冷站 *EER*（制冷量与冷站主要设备功耗之比）约为 2.74；在实测融冰供冷工况下，利用冰槽和双工况冷机共同满足供冷需求，与蓄冰工况相比，冷站的主要耗能设备还包括冷冻水泵，将融冰时冰槽供冷的能耗按照蓄冰工况下折算，得到实测典型融冰供冷工况下制冷站的能效比 *EER* 为 2.62。由于系统尚处于调试期间，从冷站实际运行效果看，冷水实际运行温差、冷站能效比等均与设计状态存在一定差距，通过优化制冷机组运行组合、改善冷却侧设备性能等措施，可以使得冷站性能进一步提升。

冷站主要设备实际运行性能（融冰模式）　表 15-4

设备	数量	功耗（kW）	实测性能	备注
冷机	2	$P_{ch}=2085$	$COP_{ch}=\frac{Q_{ch}}{P_{ch}}=4.43$	室外工况：32.2℃，46.3%；$Q_{ch}=9238$kW
乙二醇泵	2	$P_{gl}=451$	$TC_{gl}=\frac{Q_{ch}}{P_{gl}}=20.5$	乙二醇流量 = 2067m³/h；乙二醇温度：7.3/3.1℃
冷冻水泵	2	$P_{chw}=593$	$TC_{chw}=\frac{Q_{ch}+Q_i}{P_{chw}}=26.6$	冷冻水流量 = 1560m³/h；温度：11.6/1.9℃
冷却水泵	2	$P_{cwp}=378$	$TC_{cwp}=\frac{Q_{ch}+P_{ch}}{P_{cwp}}=30.0$	冷却水流量 = 2257m³/h；温度：28.3/32.7℃
冷却塔	3	$P_{ct}=135$	$TC_{ct}=\frac{Q_{ch}+P_{ch}}{P_{ct}}=83.9$	

15.3 空调系统性能——冬季

（1）室内环境状况

冬季，制冷站通过板换与热网热水换热，为航站楼空调系统末端处理装置提供热水（设计供回水参数 60/45℃），航站楼末端处理装置仍延续梯级利用热水的运行模式。THIC 系统中的辐射地板等末端设备采用低温热水（供水温度约为 35 ~ 40℃），可实现冬季“低温供热”。2012 年 12 月对航站楼空调系统冬季性能进行测试，图 15-16 给出了测试阶段的室外气温，12 月 19 日、20 日平均气温分别约为 2℃、0℃。

以采用辐射地板供热的 T3A 航站楼主楼办票大厅为例，图 15-17（*a*）给出了水平方向上高度为 1.8m 处的空气温度分布情况，可以看出室内空气温度通常在 22℃

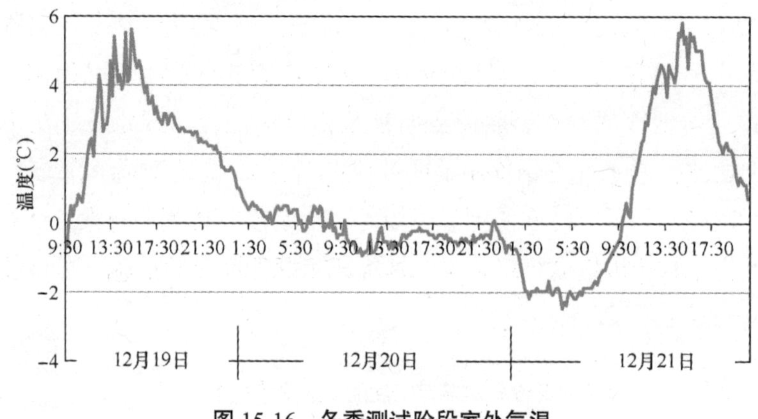

图 15-16 冬季测试阶段室外气温

左右，能够较好地满足冬季室内温度调节需求。应用辐射地板作为末端供热装置后，办票大厅垂直方向上的温度分布如图 15-17（*b*）所示，可以看出不同高度位置处的空气温度分布均匀，随室外气温及地板供水温度的变化，空气温度在 21 ~ 24℃范围内变化，但不同高度处空气温度梯度很小。从水平、垂直方向上的空气温度分布可以看出，冬季应用辐射地板作为末端设备可以营造适宜的室内环境，很好地满足室内舒适性需求。

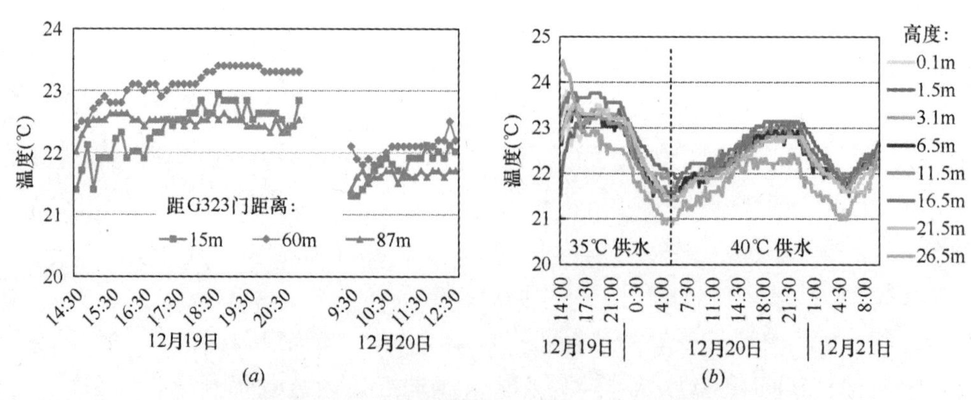

图 15-17 T3A 航站楼主楼办票大厅冬季温度分布

（*a*）水平方向温度分布；（*b*）垂直方向温度分布

（2）辐射地板运行性能

图 15-18 给出了辐射地板典型支路供回水温度的实测结果，可以看出北侧支路供水温度包含 35℃和 40℃两种情况，对应的供回水温差分别约为 3K 和 5K；南侧支路供水温度仅包含 35℃一种工况，热水供回水温差约为 3K。

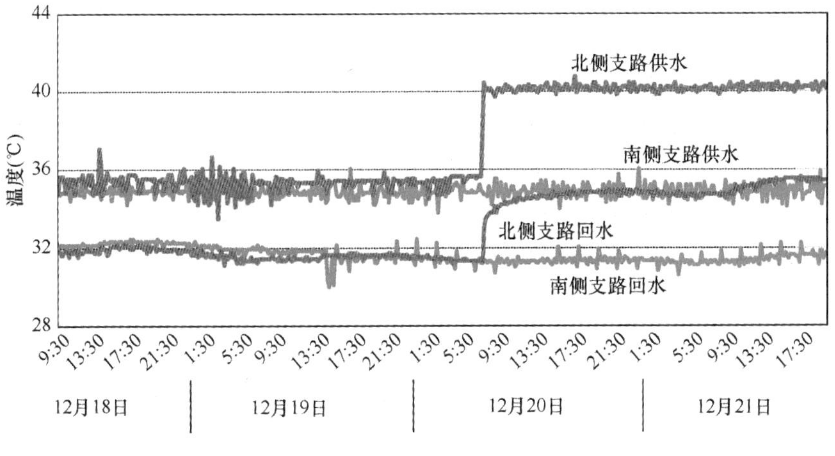

图 15-18　辐射地板冬季供回水温度

图 15-19（*a*）、（*b*）分别给出了冬季供热时主楼办票大厅辐射地板表面温度和供热能力的实测结果。从测试情况可以看出，辐射地板表面温度通常在 26 ～ 30℃，与周围空气温度之间的温差通常在 5 ～ 8K，室外气温、供水温度及距离门等开口距离等均会对辐射地板表面温度产生影响。当室外气温较高、供水温度为 35℃时，辐射地板单位面积的供冷能力集中在 30 ～ 50W/m^2；当室外气温较低、供水温度提高到 40℃时，地板单位面积的供热能力提高到 40 ～ 70W/m^2。

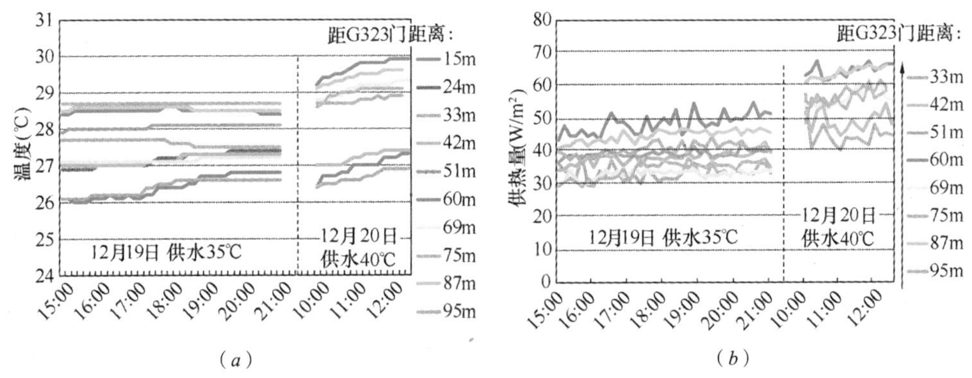

图 15-19　冬季辐射地板表面温度及供热能力实测结果

（*a*）表面温度；（*b*）供热能力

（3）冬季不同供热末端方式对比

从 T3A 航站楼冬季实测结果来看，辐射末端供热可实现优异的室内温度调节效果，图 15-20（*a*）、（*b*）分别给出了应用辐射地板的 T3A 航站楼主楼到达大厅（一层）

和办票大厅（二层）垂直方向上的温度分布情况，可以看出应用辐射末端供热后垂直方向上温度梯度较小，到达大厅的空气温度约为 17℃，办票大厅的空气温度可达到 22℃以上。与 T3A 航站楼相比，西安咸阳国际机场 T2 航站楼在高大空间采用了常规的喷口侧送风空调方式，冬季利用喷口送风进行温度调节，图 15-20（*c*）、（*d*）分别给出了冬季供热时 T2 航站楼主楼到达大厅（一层）和办票大厅（二层）垂直方向上的温度分布情况。从喷口送风方式的垂直方向温度分布可以看出，冬季室内温度存在显著的分层现象，由于热空气密度小，难以送达空间下部区域，就使得在喷口周围区域空气温度较高，而远离喷口的人员活动区域（2m 以下）空气温度则明显偏低，到达大厅的人员活动区空气温度约为 10 ~ 15℃，办票大厅人员活动区空气温度也仅为 15 ~ 20℃，室内温度调节效果无法满足人员舒适性需求。

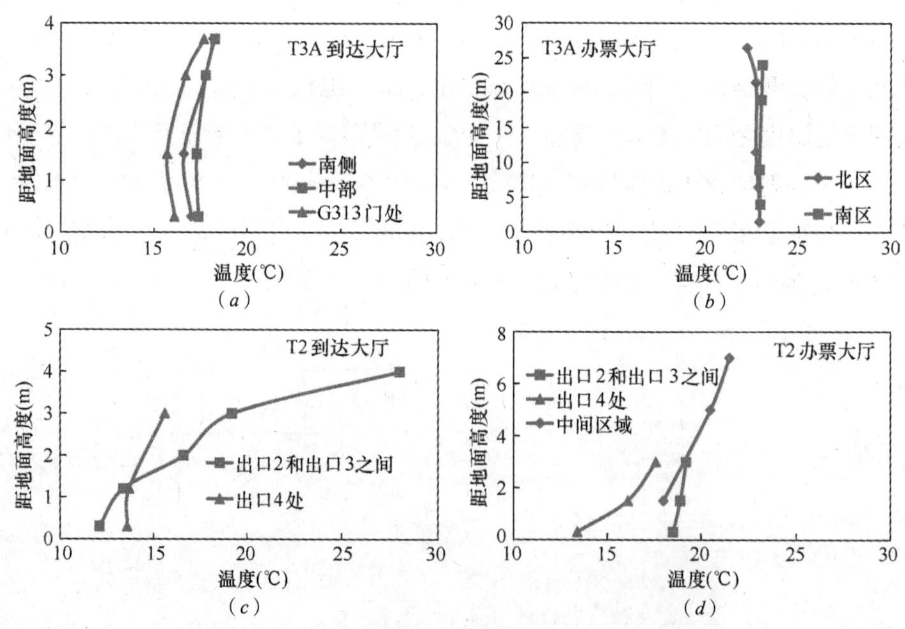

图 15-20　T2、T3A 航站楼冬季垂直方向温度分布对比

（*a*）T3A 到达大厅；（*b*）T3A 办票大厅；（*c*）T2 到达大厅；（*d*）T2 办票大厅

与 T2 航站楼应用的喷口送风方式相比，T3A 航站楼应用的辐射末端供热方式可以营造更为舒适的室内环境，此外，辐射末端供热方式主要通过辐射和自然对流供热，不需要喷口送风方式通过风机来强制对流换热，可大幅节省末端风机能耗，有助于降低整个空调系统的运行能耗。

15.4 全年运行能耗

自 2012 年 5 月投入运行以来，温湿度独立控制空调系统很好地满足了 T3A 航站楼办票大厅、候机大厅等典型高大空间区域的室内温湿度环境营造需求。与 T3A 航站楼相比，西安咸阳国际机场 T2 航站楼空调系统采用常规喷口送风方式，冷站也采用冰蓄冷方式。从实测室内温湿度情况来看，与采用常规喷口送风方式的 T2 航站楼相比，应用 THIC 空调系统的 T3A 航站楼能够实现更优的室内环境控制效果。本小节以 T2、T3A 航站楼的实际运行能耗数据为基础，给出航站楼空调系统单位面积年运行能耗结果，对比不同空调系统方式带来的运行能耗差异。

图 15-21 给出了 2012 年 5 ~ 12 月 T2、T3A 航站楼空调系统逐月单位面积能耗情况，包含夏季供冷季、过渡季和冬季供热季三种运行工况。其中冷站能耗包含冷站所有设备（冷机、循环泵及冷却塔等）的能耗，航站楼末端设备能耗是指末端风机、水泵等设备的能耗（T3A 航站楼末端设备还包含热泵驱动式溶液调湿新风机组），由于冬季热源来自集中热网，图中未给出冬季热源部分的耗热量统计结果。

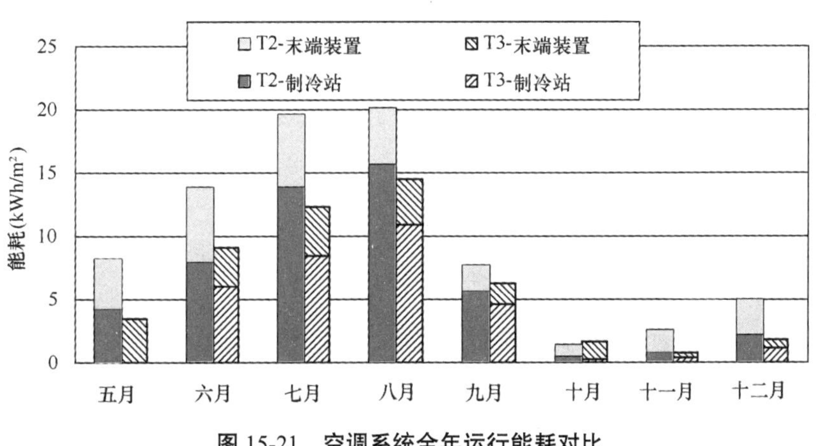

图 15-21 空调系统全年运行能耗对比

从实际单位面积能耗统计结果来看，T3A 航站楼空调系统能耗显著低于 T2 航站楼，表明 THIC 空调系统应用于机场等典型高大空间建筑具有十分明显的节能效果。从主要能耗组成来看，由于采用辐射末端供冷 / 供热方式并结合置换式送风方式实现室内湿度调节，基于温湿度独立控制的空调理念可有效实现高大空间室内环境的分层空调，T3A 航站楼空调末端设备中的风机能耗大幅降低，与 T2 航站楼相比，供冷、供热季末端能耗可降低 50% 以上；与末端梯级利用冷水相适应，T3A 航站楼制冷站可有效实现梯级制取低温冷水，为冷水大温差运行提供保障，与 T2 航站楼制冷站相比，5 ~ 12 月冷站能耗降低幅度超过 30%。从空调系统总运行能耗来看，2012 年 5 ~ 12 月 T3A 航站楼单位面积空调系统的运行能耗约为 50kWh/m^2，相应的 T2 航站楼空调系统的单位面积运行能耗超过 80kWh/m^2，因而，与 T2 航站楼相比，T3A 航站楼空调系统能耗大幅降低，运行能耗降低幅度约为 40%。

与 T2 航站楼相比，T3 航站楼室内环境控制效果明显较优，夏季室内温湿度水平显著较低，温度在 24 ~ 25℃左右，而相应的 T2 航站楼通常在 26 ~ 27℃；T3 航站楼办票大厅冬季室内温度普遍在 22℃左右，而 T2 航站楼办票大厅冬季室内温度仅为 15 ~ 20℃。此外，T3 航站楼的制冷站仍未运行到较优工况，尚待进一步改进。尽管 T3 航站楼空调系统在末端设备、制冷站等环节仍存在较大优化和性能提升空间，但与 T2 航站楼相比，其空调系统运行能耗仍得到了显著降低。表 15-5 给出了 T2 和 T3A 航站楼空调系统全年运行能耗的对比情况，可以看出与 T2 航站楼相比，T3A 航站楼夏季耗冷量（冬季耗热量）显著降低；从空调系统实际运行电耗来看，T3A 航站楼冬季、夏季冷站电耗和末端电耗均显著降低；结合当地电力价格等能源经济性指标，表 15-5 中同时给出了 T2、T3A 航站楼全年能耗的估算结果，可以看出与 T2 航站楼相比，T3A 航站楼单位面积全年能耗降幅超过 35%，T3A 航站楼可节省运行费用约为 630 万元 / 年。由于 T3A 航站楼各系统尚处于调试之中，其节能效果还可以进一步提高。

航站楼空调系统运行能耗对比　　　　**表 15-5**

航站楼	夏季			冬季			全年估算电耗（kWh/m^2）
	耗冷量（kWh/m^2）	冷站电耗（kWh/m^2）	末端电耗（kWh/m^2）	耗热量（kWh/m^2）	冷站电耗（kWh/m^2）	末端电耗（kWh/m^2）	
T2	83.1	47.3	22.1	71.1	8.1	12.2	121.1
T3A	61.3	33.5	12.1	54.4	4.1	2.9	78.4

15.5　小结

西安咸阳国际机场 T3A 航站楼是我国首个采用温湿度独立控制空调系统的机场建筑，其系统形式为辐射地板加分布式置换送风，辐射地板承担围护结构基本显热

负荷，溶液新风机组处理的新风经分布式风柱送出承担潜热负荷和部分显热负荷。自 2012 年 5 月投入运行以来，室内温湿度环境状况优异，能够更好地满足室内舒适性环境营造需求，空调系统运行能耗显著降低。本节主要介绍了 T3A 航站楼空调系统的基本原理及夏季、冬季实测性能，该典型高大空间建筑空调系统的特点及实际效果主要包括：

（1）依据当地气候条件、冷热源特点等合理进行了 T3A 航站楼空调系统设计，在办票大厅、候机大厅等典型高大空间区域成功应用了 THIC 空调系统方案，选取溶液调湿新风机组与置换式送风装置结合来满足室内湿度调节需求，选取辐射地板和干式 FCU 作为温度调节末端，是一种适用于高大空间热湿环境营造的新型空调系统形式。

（2）夏季 THIC 空调系统能够营造适宜的室内热湿环境，利用溶液除湿新风机组对新风进行处理，并通过置换式送风末端送入室内来满足室内湿度调节需求；实测辐射地板表面温度在 20℃左右，单位面积供冷量在 30 ~ 50W/m^2。空调系统末端装置可实现冷水的梯级利用，能够有效提高冷水回水温度，实际冷水供回水运行温差超过 10K，有助于降低系统循环水量和输送泵耗。

（3）冬季采用辐射末端满足高大空间室内热环境营造需求，供水温度 35 ~ 40℃，辐射地板表面温度在 25 ~ 30℃，单位面积供热量集中在 30 ~ 70W/m^2，实现了“低温供热”。与传统的喷口送风方式相比，室内温度调节效果更优，垂直方向上空气温度分布均匀、梯度很小，并且不再需要风机驱动空气循环，可大幅节省风机电耗。

（4）与采用常规喷口送风方式的 T2 航站楼相比，应用 THIC 空调系统的 T3A 航站楼实现了更优的室内环境营造效果，成功实现了高温供冷（夏季）、低温供热（冬季），并且空调系统全年运行能耗显著降低，节能率约为 40%。T3A 航站楼的建成和投入使用是实现机场等典型高大空间公共建筑空调系统高效节能运行的有益探索，为进一步推广应用温湿度独立控制空调系统提供了技术参照，具有重要的实践意义和引领作用。

16 上海现代申都大厦

16.1 项目基本概况

上海现代申都大厦位于上海市西藏南路 1368 号，距离 2010 年上海世博会宁波馆不到 800m，见图 16-1。该建筑获得三星级绿色建筑设计标识（证书编号：NO.PD30917）。

图 16-1 申都大厦位置卫星图

图 16-2 申都大厦实景照片（东向）

项目占地面积 1106m^2，地上面积 6231.22m^2，地下面积 1069.92m^2，建筑高度为 23.75m，地上 6 层，地下 1 层，属于商务办公类建筑（图 16-2）。

地下室主要功能为停车库、机房和其他辅助用房，地上一层主要功能为厨房、餐厅、展厅、门厅以及安保机房。地上二～五层为办公，入住单位为设计咨询公司，主要从事设计、咨询、监理和项目总承包业务，其中五层为该公司领导办公楼层。地上六层为办公，入住单位为房产开发公司。各楼层平面划分见图 16-3。

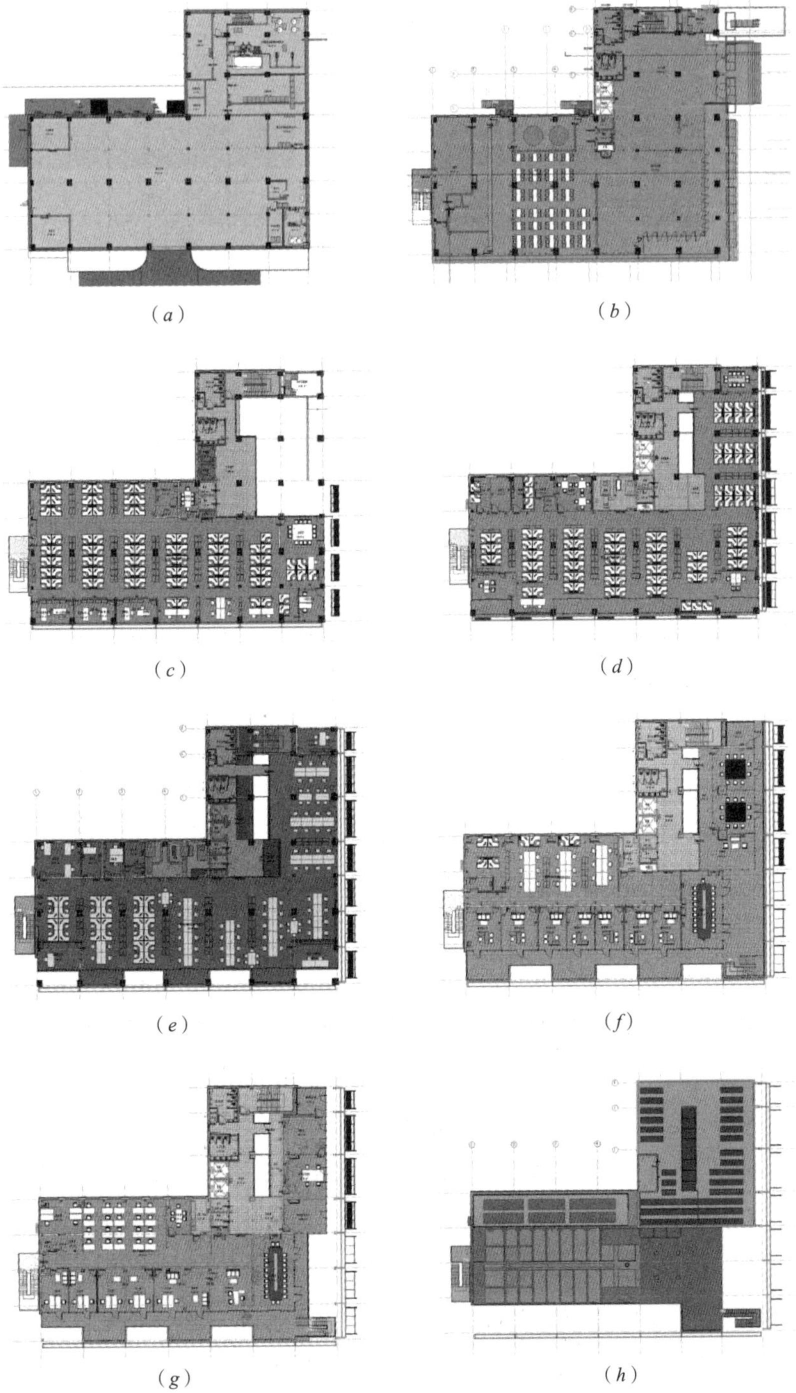

（a）

（b）

（c）

（d）

（e）

（f）

（g）

（h）

图 16-3　各层平面布置图

（a）B1F；（b）1F；（c）2F；（d）3F；（e）4F；（f）5F；（g）6F；（h）顶层

各楼层面积以及办公人数见表 16-1。

申都大厦各楼面面积及使用人数　　表 16-1

楼层	面积（m^2）	人数	楼层	面积（m^2）	人数
B1F	1070		5F	893	46
1F	1170		6F	836	34
2F	1051	105	顶层	166	
3F	1080	92	总计	7301	382
4F	1035	105			

16.2　建筑特征

（1）结构系统特征

该建筑原建于 1975 年，为围巾五厂漂染车间，结构为 3 层带半夹层钢筋混凝土框架结构，1995 年改造设计成带半地下室的 6 层办公楼，见图 16-4。目前主体结构形式为 B1 ~ 4F 为钢筋混凝土结构，五 ~ 六层为钢结构。

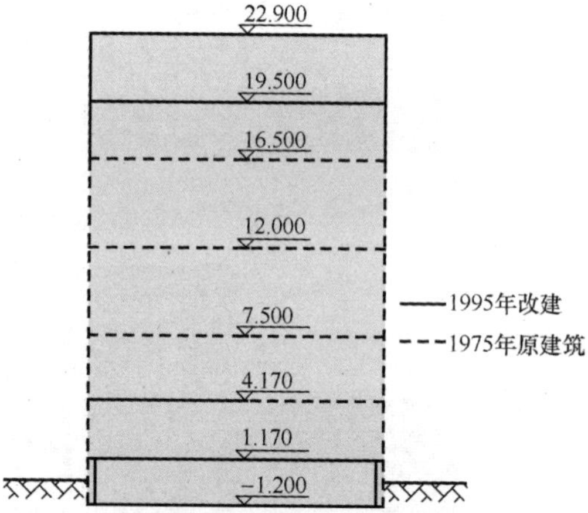

图 16-4　结构历史

（2）围护结构节能系统特征

建筑整体呈 L 形（见图 16-5），东北侧东西进深达 17m，西南侧南北进深达 19m，建筑朝向南偏东 10°，体形系数 0.23。窗墙比东向为 0.67，南向为 0.66，西向为 0.08，北向为 0.33。建筑 BIM 模型如图 16-6 所示。

围护结构按照公共建筑节能设计标准进行节能改造，外墙采用了内外保温形式，保温材料为无机保温砂浆（内外各 35mm 厚），平均传热系数达到 0.85W/（$m^2 \cdot K$）。

屋面采用了种植屋面、平屋面、金属屋面几种形式，保温材料包括离心玻璃棉（80/100mm 厚）、酚醛复合板（80mm 厚），平均传热系数达到 0.48W/（$m^2 \cdot K$）。

玻璃门窗综合考虑了保温隔热、遮阳和采光的因素，采用了高透性断热铝合金低辐射中空玻璃窗（6+12A+6 遮阳型），传热系数 2.00W/（$m^2 \cdot K$），综合遮阳系数 0.594，玻璃透过率达到 0.7。

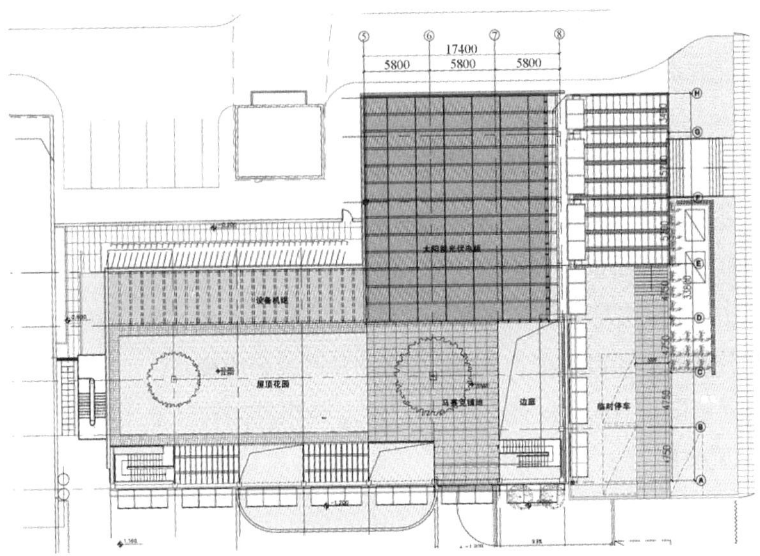

图 16-5　项目总平面图

图 16-6　建筑 BIM 模型

（3）被动式技术特征

项目充分考虑被动式节能技术，包括自然通风、自然采光、建筑遮阳等技术措施。

1）自然通风

申都大厦位于市区密集建筑群之中，与周围建筑间距较小。虽然申都大厦存在众多不利的自然条件，但建筑设计从方案伊始即提出了多种利于自然通风的设计措施，如中庭设计、开窗设计、天窗设计、室外垂直遮阳倾斜角度等。

中庭设计：设置中庭，直通六层屋顶天窗，中庭总高度29.4m，开洞面积为$23m^2$，通风竖井高出屋面1.8m，即高出屋面的高度与中庭开口面积当量直径比为0.33，如图16-7所示。

开窗设计：采取移动玻璃门等措施，增加东立面、南立面的可开启面积，因为上海地区的过渡季主导风向多为东南风向范围，增大两侧的开窗面积有利于风压通风效果。外窗可开启面积比例为39.35%。

天窗设计：天窗挑高设计，如图16-8所示，增加热压拔风，开窗位置朝北，处于负压区利于拔风，开窗面积为$12m^2$，开启方式为上旋窗。

室外垂直遮阳设计：东向遮阳板（为垂直绿化遮阳板）向外倾斜，倾斜角度为30°，起到导风作用。

图16-7　中庭实景图

图16-8　天窗实景图

图16-9　大空间办公空间（南侧）

2）自然采光

改造既有建筑门窗洞口形式（图16-9）：既有建筑窗口为传统外墙开窗形式，此次绿色改造一改传统开窗形式，在建筑主要功能空间外侧开启落地窗，而仅仅在建筑的机房、卫生间以及既有建筑北侧设置传统门窗。改造后的建筑结合改造功能定位，恰当地将室外光线引入室内，调节建筑室内主要空间的采光强度，减少室内人工照明灯具的设置需求。

增设建筑穿层大堂空间与界面可开启空间（见图16-10）：既有建筑改造过程中，建筑首层与二层层高相对较低，建筑主要出入口为建筑的东偏北侧，

图 16-10 东侧入口大厅实景图

建筑室内空间进深较大，直射光线无法影响至进深深处，同时在建筑主入口处无法形成宽敞的建筑入口厅堂空间。因此，在改造设计中，将建筑首层局部顶板取消，形成上下穿层空间，既解决了首层开敞厅堂空间的需求，同时，也通过同层的主入口空间的外部开启窗，很好地将自然光线引入局部室内，较好地改善了东北部区域的内部功能空间的室内自然采光现状。建筑东南角结合室内休闲展示功能空间，采用中轴旋转落地窗，拓展既有建筑的开窗面积与开启形式，很好地解决建筑东南局部室内自然光线的引入。

增设建筑边庭空间：既有建筑平面呈“L”形，建筑整体开间与进深较大，因此，建筑由二~六层空间开始，在建筑南侧设置边庭空间，边庭逐层扩大，上下贯通，形成良好的半室外空间，不但在建筑南侧形成必要的视线过渡空间，同时也缓解了建筑进深大而引起的直射光线照射深度的不利影响，布局如图 16-11 所示。

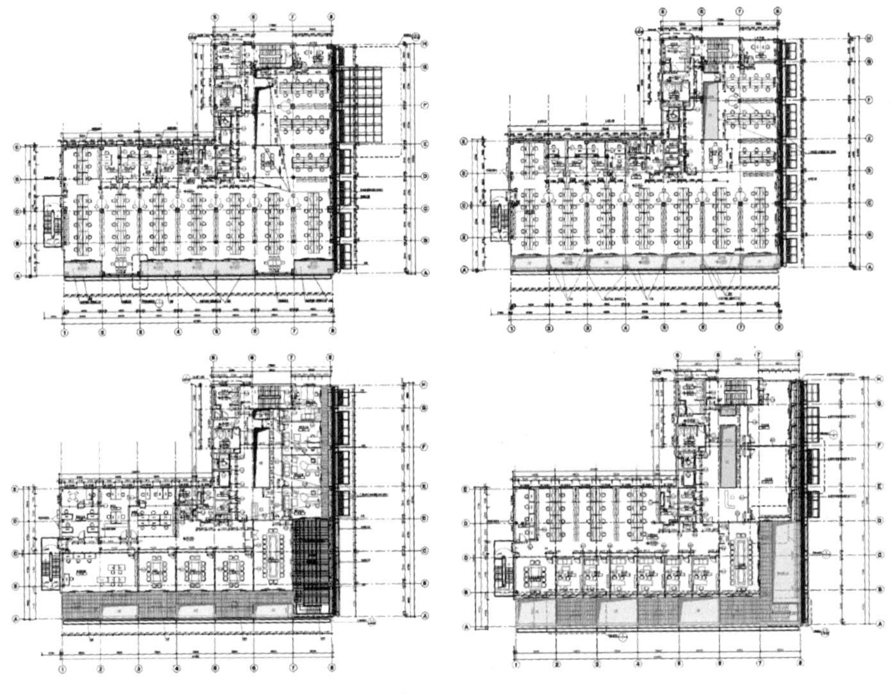
图 16-11 三、四、五、六层建筑边庭空间平面图

增设建筑中庭空间：既有建筑从三层空间开始，在电梯厅前部增设上下贯通的中庭空间，并结合室内功能的交通联系，恰当地将建筑增设中庭空间一分为二，在保证最大限度使用功能需求的同时，增设自然光线与通风引入性设计来改善建筑深度部位的室内物理环境，如图 16-12 所示。

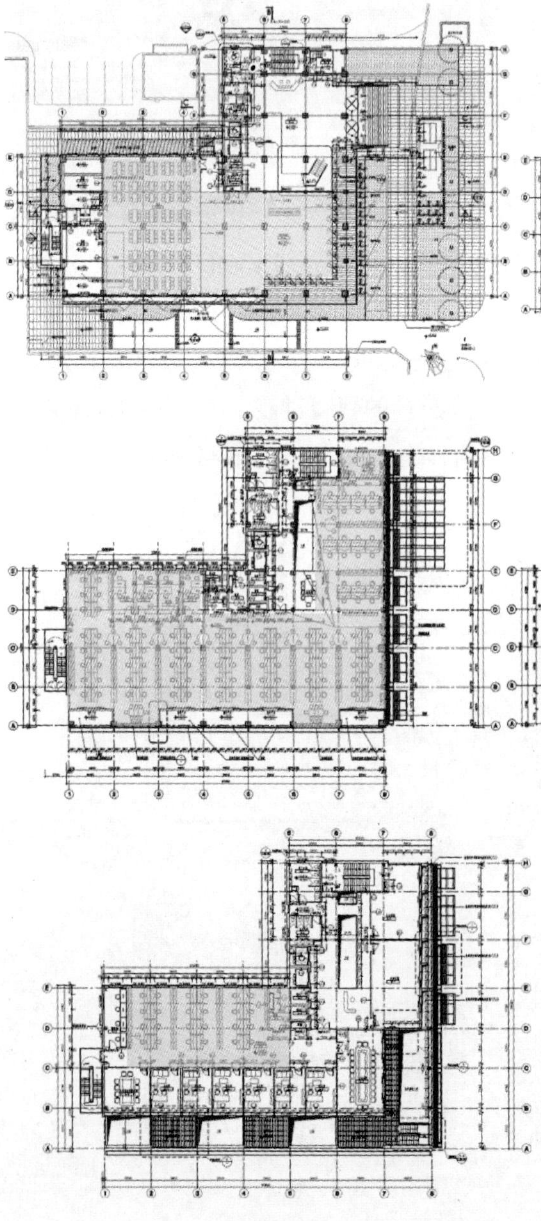

图 16-12　一、二、三、四、六层大空间平面图

增设建筑顶部下沉庭院空间：建筑五、六两层东南角内退形成下沉式空中庭院空间，庭院空间同样以缩减建筑进深与开间的方式，有效地将自然光线引入室内，增强室内有效空间的自然采光效果，同时也增加了既有建筑的空间情趣感。

调整建筑实体分隔为开敞式大空间布局：既有建筑六层空间，除五层为独立办公空间外，建筑室内空间均采用大空间无实体分隔的形式进行改造设置，建筑内部空间通透性加强，原有单项采光形式转变为双向通透开窗引光形式，大大地增加了建筑室内空间的采光标准。

3）建筑遮阳

建筑设计从方案伊始即提出了多种利于遮阳的设计措施，并综合考虑了夏季遮阳、冬季得热的问题，同时也考虑周围建筑对该建筑的影响。

主要设计措施有垂直外遮阳板、水平挑出的格栅（外挑走廊），并针对东、南立面措施有所不同。

①垂直外遮阳板：东向外倾斜一定角度（30°），在满足夏季遮阳要求的同时，尽量减小对冬季日照的影响，并且利用该构件种植绿化，一可改善微环境，二可增加夏季遮阳的效果，冬季落叶后还可提高日照的入射，如图 16-13 所示。

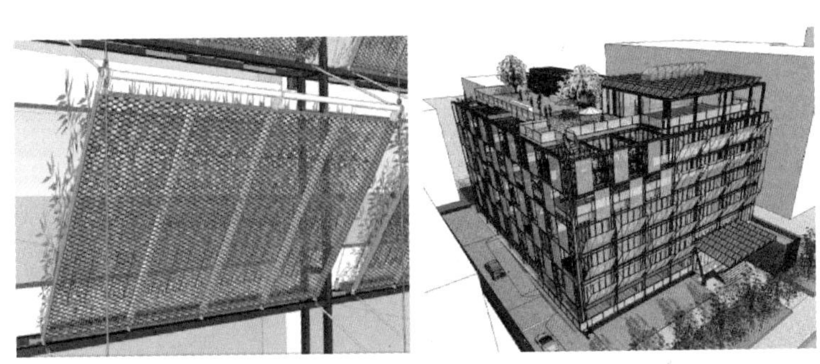

图 16-13　垂直外遮阳板的效果图

②水平挑出的格栅（外挑走廊）：在南上水平挑出结构（外挑宽度为 3.9m）可以起到非常好的遮阳效果，并且利用该结构作为室外交通空间，也改善了办公环境。

16.3　机电设备基本情况

（1）空调系统

项目依据设计院办公使用的特点采用了易于灵活区域调节的变制冷剂流量多联

分体式空调系统 + 直接蒸发分体式新风系统（带全热回收装置）。并按照楼层逐层布置，厨房及展厅大厅各设置一套系统，易于管理。能效比均高于国家标准：室内循环室外机 5.2 ~ 5.8（铭牌），带热回收型新风 VRF 系统室外机为 5.34（铭牌），普通新风 VRF 系统室外机为 2.79 ~ 3.06（铭牌）。

（2）照明系统

照明光源主要采用高光效 T5 荧光灯、LED 灯，其中 LED 灯主要用于公共区域。灯具形式见表 16-2，主要采用高反射率格栅灯具，既满足了眩光要求，又提高了出光效率。公共区域采用了智能照明控制系统，可实现光感、红外、场景、时间、远程等控制方式，如图 16-14 所示。

申都大厦 LED 照明灯具使用说明　　**表 16-2**

序号	名称	图片	描述	主要技术参数	安装区域	申都大厦使用数量	备注
1	2.5W/7.5W 0.8W/5W 吸顶灯		LED 声光控双亮度 6000K	1. 功率：2.5/7.5W 2. 光通量：770lm 3. 灯具效率：95% 4.LED 光效：110lm/W	楼梯间	14	双亮度，白天不亮，夜晚没声音微亮，有声音大亮
2	4 寸 8W 筒灯		LED 筒灯 8W4000K	1. 功率：8W 2. 光通量：8231m 3. 灯具效率：95% 4.LED 光效：110lm/W	各楼层走道等公共区域	255	本工程中实现智能及 BA 控制
3	5W 灯泡		LED 灯泡 5W4000K	1. 功率：5W 2. 光通量：5151m 3. 灯具效率：95% 4.LED 光效：110lm/W	餐厅	33	E27
4	6W 扩散罩灯管		LED 灯管 T8 标准尺寸常亮 4000K	1. 功率：6W 2. 光通量：6181m 3. 灯具效率：95% 4.LED 光效：110lm/W	6 层办公室	14	无需镇流器
5	12W 扩散罩灯管		LED 灯管 T8 标准尺寸常亮 4000K	1. 功率：12W 2. 光通量：12601m 3. 灯具效率：95% 4.LED 光效：110lm/W	6 层办公室	70	无需镇流器
6	10W 常亮灯管		LED 灯管 T8 标准尺寸常亮 6000K	1. 功率：10W 2. 光通量：1030lm 3. 灯具效率：95% 4.LED 光效：110lm/W	车库	34	无需镇流器
7	2.5W/10W 双亮度灯管		LED 灯管 T8 标准尺寸双亮度 6000K	1. 功率：10W 2. 光通量：1025lm 3. 灯具效率：95% 4.LED 光效：110lm/W	车库	62	无需镇流器，双亮度，没有声音微亮，有声音大亮

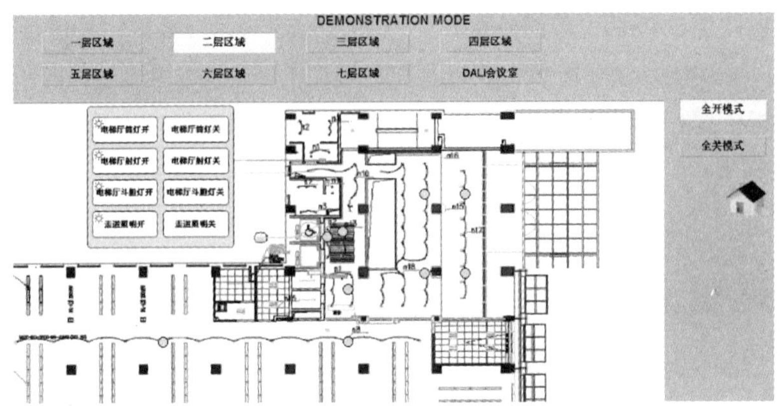

图 16-14　智能照明控制系统远程界面

（3）能效监管系统

申都大厦建筑能效监管系统平台，是以建筑内各耗能设施基本运行信息的状态为依据，对建筑物各类耗能相关的信息检测和实施控制策略的能效监管进行综合管理，实现能源最优化经济使用。系统构造可分为管理应用层、信息汇聚层、现场信息采集层。

建筑能效监管系统平台的基础为电表分项计量系统、水表分水质计量系统、太阳能光伏光热等在线监测系统。电表分项计量系统共安装电表约 200 个，计量的分项原则为一级分类包括空调、动力、插座、照明、特殊用电和饮用热水器六类，二级分类包括 VRF 室内机、VRF 室外机、新风空调箱、新风室外机、一般照明、应急照明、泛光照明、雨水回用、太阳能热水、电梯等，分区原则为每个楼层按照公共区域、工作区域进行分类，电表的类型主要包括 5 类，分别为多功能电力监控仪（带双向）用于计量太阳能光伏配电回路、多功能电力监控仪用于计量总进线柜回路、多功能数显表（带谐波）用于计量配电柜中的除应急照明的所有配电柜主回路、多功能数显表（不带谐波）用于应急照明配电柜、智能电表用于计量配电柜出来的分支回路；水表分水质计量系统共安装水表 20 个，主要分类包括生活给水、太阳能热水、中水补水、喷雾降温用水等。

能效监管系统平台主要包括 8 个模块，分别为主界面、绿色建筑、区域管理、能耗模型、节能分析、设备跟踪等，见图 16-15。主界面主要功能可以显示整个大楼的用电、用水信息，此外还可以显示包括室外气象、太阳能光伏光热、雨水回用的实时概要信息；区域管理主要功能用于不同区域的用电信息管理，可以实时显示不同楼层、不同功能区的用电量、分析饼图以利于不同楼层用电管理；能耗模型主要功能是在线监测包括太阳能热水、空调热回收等的运行参数，并进行能效管理；节能分析主要功能是制作能效报表以及能耗模型的节能分析报告，用于优化系统运行提供分析依据；设备跟踪主要用于不同监测设备的跟踪管理，用于分析记录仪表的实时状态。

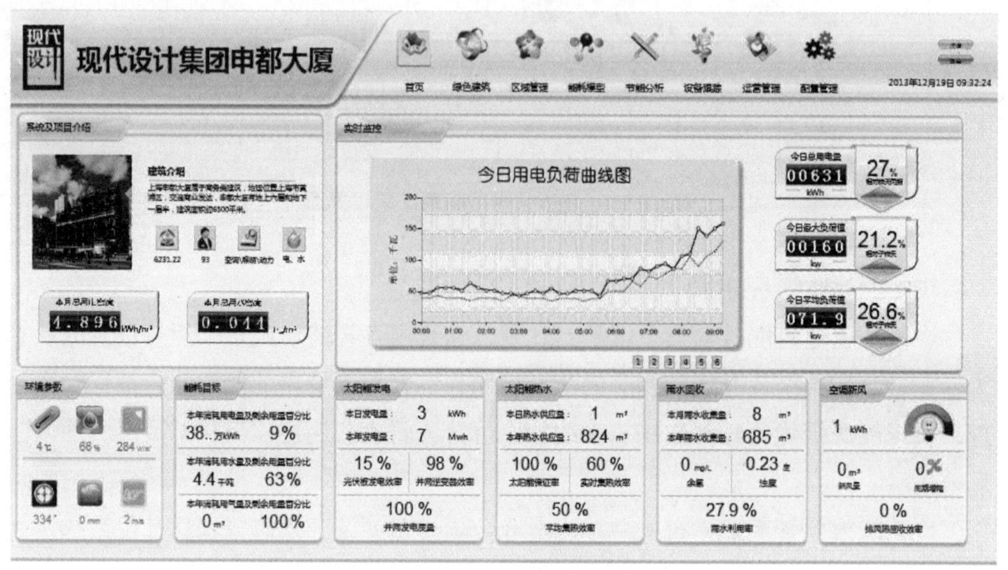

图 16-15　能效监管系统平台

16.4　可再生能源利用情况

（1）光伏发电系统

申都大厦太阳能光伏发电系统总装机功率约 12.87kWp，太阳电池组件安装面积约 200m^2。太阳电池组件安装在申都大厦屋面层顶部，太阳电池组件向南倾斜，与水平面成 22°倾角安装，见图 16-16。

图 16-16　太阳能光伏发电系统

光伏阵列每 2 串汇为 1 路，共 3 路，每路配置 1 个汇流箱，共配置 3 个汇流箱。每个汇流箱对应 1 台逆变器的直流输入。

3 台并网逆变器分别输出 220V、50Hz、ABC 不同相位的单相交流电，共同组合为一路 380/220V 的三相交流电，通过并网接入点柜并入低压电网。光伏系统所发电力全部为本地负载所消耗。

（2）太阳能热水系统

图 16-17　太阳能热水系统实景图

申都大厦设置了以太阳能为主、电力为辅的蓄热太阳能集中热水系统供应热水。太阳能热水系统为厨房、卫生间等提供热水，热水用水量标准 5L/（人·d）（60℃）。按太阳能保证率 45%，热水每天温升 45℃，安装太阳能集热面积约 66.9m^2，见图 16-17。

采用内插式 U 形真空管集热器作为系统集热元件，安装在屋面。配置 2 台 0.75t 的立式容积式换热器（D1、H1）作为集热水箱，2 台 0.75t 的立式承压水箱（D2、H2）配置内置电加热（36kW）作为供热水箱。集热器承压运行，采用介质间接加热从集热器内收集热量转移至容积式加热器内储存。其中 D1 容积式换热器对应低区供水系统，H1 容积式换热器对应高区供水系统。

D1、H1 容积式换热器与集热器之间采用温差循环方式收集热量，两个温差循环共用一套集热系统，之间采用三通切换阀切换，D1 容积式换热器优先级高于 H1 容积式换热器。立式承压水箱作为供热水箱，为达到太阳能高效合理的利用，水箱之间设置换热循环，当集热水箱（D1、H1）温度高于供热水箱（D2、H2）时，自动启动换热循环将热量转移至供热水箱。供热水箱内置 36kW 辅助电加热，电加热安装在供热水箱上部，启动方式为定时温控。

太阳能系统供水方面设置限温措施，1 号水箱限温 80℃，2 号水箱限温 60℃。为保证太阳能集热系统的长久高效性，在集热循环管路上安装散热系统，当集热器温度达到 90℃时自动开启风冷散热器散热，当集热器温度回落至 85℃时停止散热。

太阳能系统设置回水功能，配置管道循环泵，将用水管道内的低温水抽入集热水箱，保证热水供水管道内水温恒定，既保证了用水舒适度也减少了水资源的浪费。

16.5　项目运行情况

（1）项目运行基本特征

上海现代申都大厦于 2012 年底竣工，2013 年 2 月份陆续入住，截至目前人员入住率约 90%。上班时间（一般规定）：8 ： 30 ~ 17 ： 00，周末休息。

主要耗能设备包括空调系统（室内风 + 新风）；照明系统、插座用电；厨房用电（排烟、冰柜、洗碗机等设备）、电梯用电；太阳能热水系统（水泵）、雨水回用系统（水泵）、给水排水系统（水泵），弱电控制等其他设备。

物业运行采用能耗总量控制方式，依据能效监管平台对每个楼层（功能区域）的用电计量进行收费，公共区域按面积分摊。公共区域照明和空调由物业统一管理，每个楼层的功能部分由使用者按需使用，整个大楼鼓励行为节能，随手关灯、关空调。公共区域部分照明白天依据光感照度传感器进行控制，晚上依据红外感应进行控制。公共区域空调依据室内温度的冷热感受进行灵活开关。办公部分的照明和室内循环风空调系统按需灵活开关，新风系统由物业统一管理，由于使用者可以开窗通风，因此新风系统开启时间得到减少。

（2）项目运行能耗

1）用电特征

2013 年总用电量为 435889kWh/a（已扣除太阳能光伏系统发电量），单位面积（包括地下室面积）用电量为 59.7kWh/（m^2·a），人均用电量为 1141.1kWh/（人·a）。图 16-18

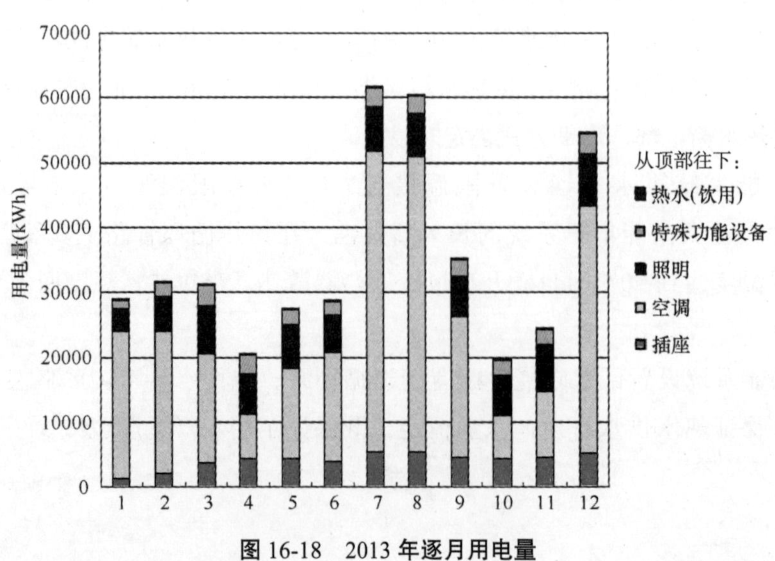

图 16-18　2013 年逐月用电量

为 2013 年逐月用电量。空调、照明、插座用电量最大，分别占到建筑总用电量的 60%、17% 和 11%（见图 16-19）。

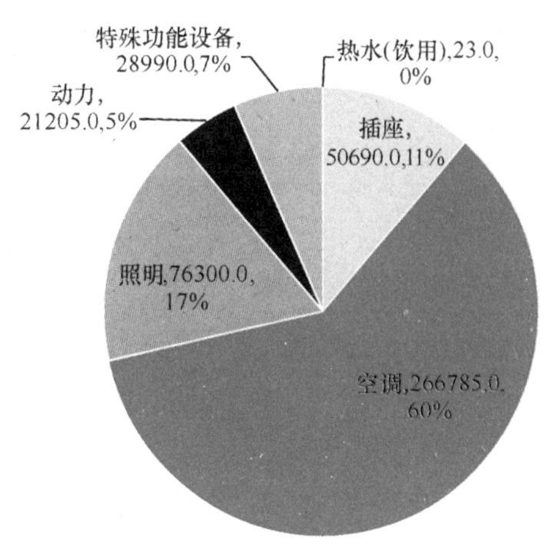

图 16-19　2013 年分项用电量特征（单位 kWh）

空调单位面积能耗为 36.5kWh/（$m^2 \cdot a$），图 16-20 为 2013 年空调系统的逐月用电量，可见空调用电量与室外平均温度呈现了较为密切的相关性，最高能耗出现在 7、8 两个月，最低能耗出现在 4 月和 10 月，最高值与最低值相差约 7 倍。其中，VRF 系统室内循环风的室外机所占能耗最高，约为 VRF 系统室内循环风的室内机的 10 倍（图 16-21）。照明单位面积能耗 10.5kWh/（$m^2 \cdot a$），主要为一般照明能耗，约占其用电的 97%。插座单位面积能耗 6.9kWh/（$m^2 \cdot a$）。其他能耗较高的部分主要为厨房用电、电梯和给水排水系统的水泵等动力能耗（图 16-22、图 16-23）。

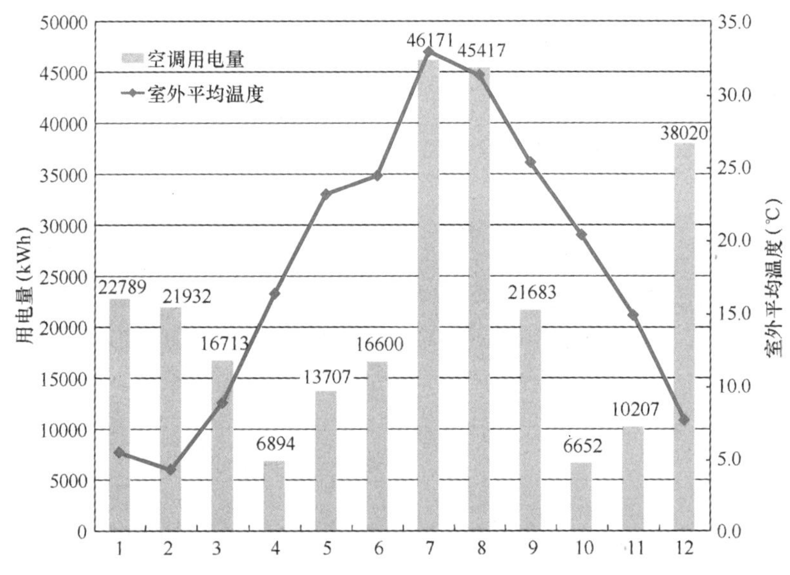

图 16-20　2013 年空调系统逐月用电量与室外平均温度

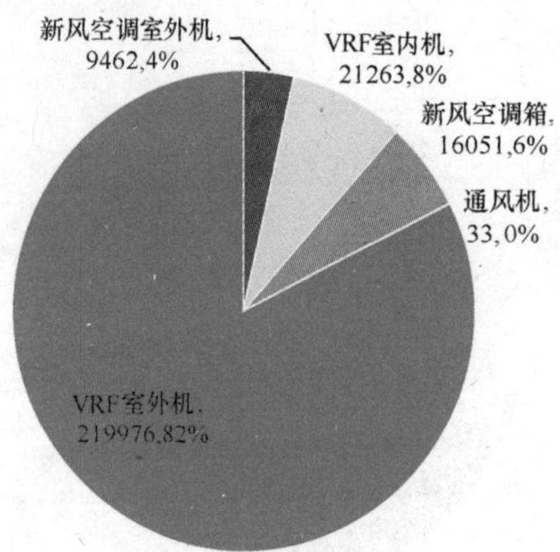

图 16-21　2013 年空调用能分项用电量特征（单位 kWh）

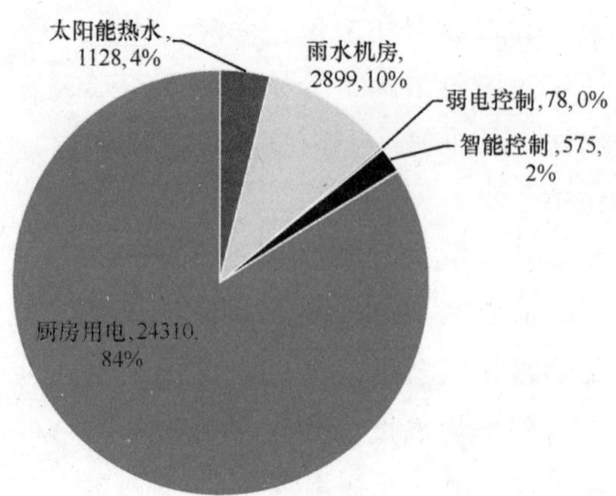

图 16-22　2013 年特殊功能用能分项用电量特征（单位 kWh）

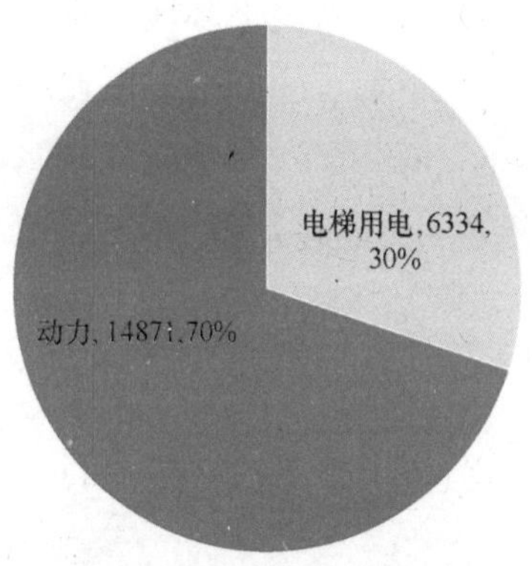

图 16-23　2013 年动力用能分项用电量特征（单位 kWh）

由表 16-3 可见，设计人员办公功能的楼层用电量平均在 70 ~ 78kWh/（m^2·a）之间，人均在 618 ~ 773kWh/（人·a），可见五层、六层呈现出不同的特征，六层由于人数少，加班少，节能意识强，总体呈现单位面积用电量较低达到 36kWh/（m^2·a），五层则表现出人均能耗高的特征，为 820kWh/（人·a），约为其他楼层的 1.1 ~ 1.3 倍，因此由数据可见，从使用来讲，五层空间存在较大的节能空间。

申都大厦楼层用电特征　　表 16-3

楼层	用电量（kWh/a）		面积（m^2）	人数	单位面积能耗（kWh/（m^2·a））	工作区人均能耗（kWh/（人·a））
	工作区	公共区域				
B1F		43377	1070		41	
1F		59516	1170		51	
2F	64897	8516	1051	105	70	618
3F	71100	6223	1080	92	72	773
4F	72941	7567	1035	105	78	695
5F	37726	2126	893	46	45	820
6F	24330	5380	836	34	36	716
顶层	12432		166		75	

2）太阳能光伏发电系统发电特征

全年发电量为 8104kWh，单位装机容量发电量为 0.63kWh/Wp，低于设计值 1kWh/Wp，主要原因是，其一是由于系统于 4 月才正式并网发电，其二由于 8 月夏季高温天气总电源跳闸，系统自动保护形成孤岛效应。全年发电量占总用电量的 1.8%。发电量与太阳能辐照总量的变化基本一致（图 16-24）。

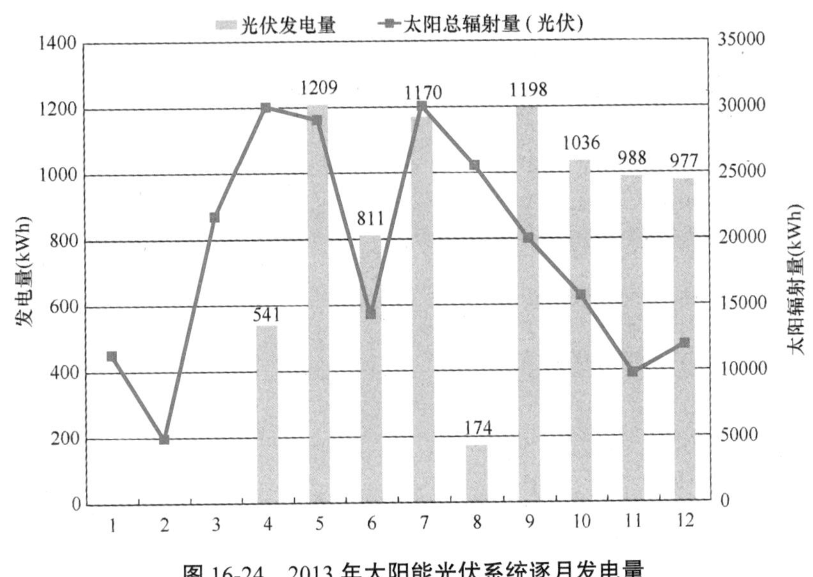

图 16-24　2013 年太阳能光伏系统逐月发电量

3）太阳能热水系统运行特征

2013 年全年月平均出水温度最低约 16.4℃，最高为 68℃，平均每年每平方米产生 194.7kWh 的热量，即每产生 1kWh 的热量需要消耗 0.09kWh 电。由于夏季高温，系统在 8 月底至 10 月运行期间，太阳辐照值高，并且实际热水用水量小于设计值，导致水箱中水温升高较快，高温水蒸气通过水箱上部的安全阀排出。由于水箱放置在地下室密闭空间，且缺少通风设备，过热的水蒸气导致地下室消防报警。这一问题导致系统在该期间无法正常开启而暂停运行。

此外，系统在实际运行中未开启辅助加热系统，因此在非夏季期间出水水温达不到设计出水温度要求（60℃）。由图 16-25 可知日均用水量（按照 230 个工作日计算）约为 3.8t，其中低区（B1 ~ 2F）为 2.3t，高区（3F ~ 6F）为 1.5t。

4）室内环境

项目于 12 月初在现场安装温湿度、二氧化碳浓度远程监控装置，可以实时监

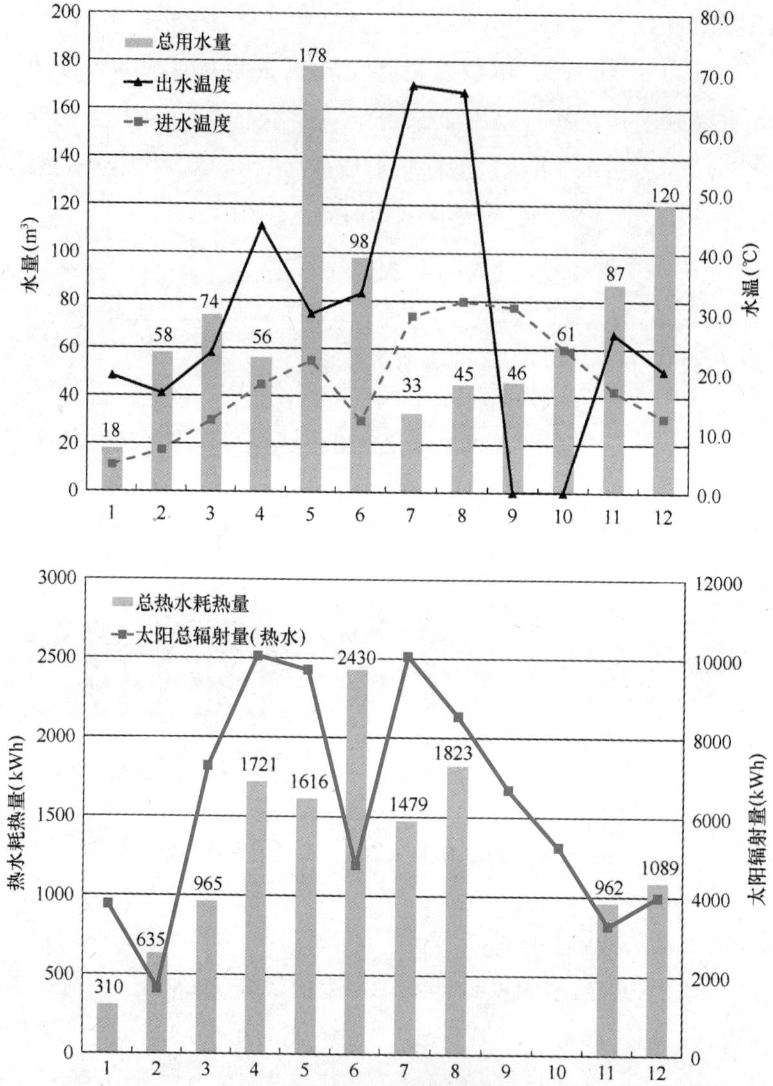

图 16-25　2013 年太阳能热水系统逐月运行特征

测室内环境舒适性，以用于空调系统的调控。图 16-26 为六层大空间办公的室内热湿的实时监测值（12 月 23 日），由图可见在工作时段，室内二氧化碳浓度维持在 500ppm 左右，室内温度约为 20℃，相对湿度约为 25%。一夜过去室内温度下降约 4K，从 8 点开始，随着室内办公人员的陆续到岗，室内二氧化碳浓度和室内温度逐渐上升，9 点左右温度达到舒适范围。

项目于 2013 年 11 月 4 日上午 9：40 ~ 11 月 6 日上午 9：45，重庆大学对过渡季节（非空调时期）室内（二层、六层）的热湿环境进行了测试，测试结果如表 6-14

所示，结果表明二、六层的 APMV 分别为 –0.33、–0.29，根据《民用建筑室内热湿环境评价标准》GB/T 50785–2012 的非人工冷热源热湿环境评价等级表可知该办公建筑的室内热湿环境等级为 I 级。根据大样本问卷调查的结果也可以看出二、六层的实际热感觉 AMV 分别为 0.06、0.15，也说明室内热湿环境属于 I 级。综合来看，该办公建筑的室内热湿环境属于 I 级。

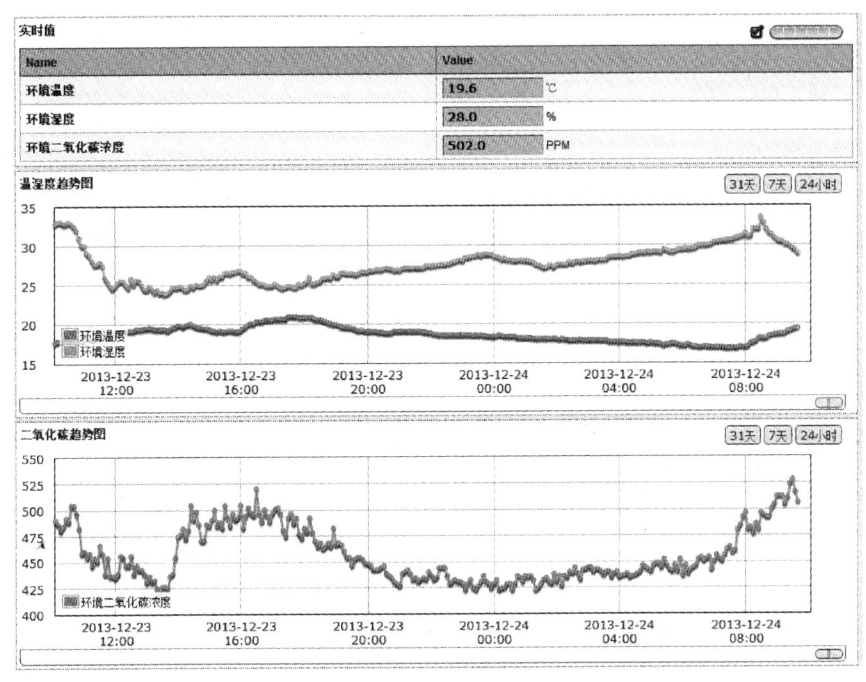

图 16-26　申都大厦六层大空间办公室实时环境参数

室内环境参数及 APMV　　表 16-4

测试楼层	空气温度（℃）	风速（m/s）	相对湿度（%）	平均辐射温度（℃）	PMV	APMV	AMV	等级
二层	22.6	0.04	46.6	21.8	−0.41	−0.33	0.06	I 级
六层	22.8	0.04	45.6	22.5	−0.35	−0.29	0.15	I 级

17 深圳华侨城体育文化中心

17.1 项目简介

华侨城体育文化中心位于深圳市南山区华侨城，东临杜鹃山，西面为欢乐谷内的高地，南面为华侨城生态广场，是深圳华侨城房地产有限公司建设的社区配套体育设施。该项目总建筑面积 5130.3m^2，为改扩建工程，包括新建体育馆 4341.5m^2 和原有体育用品商店及游泳更衣室（788.8m^2）的改造。新体育馆地上 2 层，地下 1 层，建筑总高度 15m，主体为钢筋混凝土框架结构，屋盖为网架结构。主要功能有综合运动球场、图书阅览室、办公室、咖啡厅、乒乓球室、健身室、瑜伽舞蹈室等。图 17-1 是深圳华侨城体育中心的鸟瞰图。

图 17-1　华侨城体育中心鸟瞰图（屋顶为采光天窗、拔风烟囱、屋顶绿化和太阳能集热器）

在建筑节能设计方面，项目充分考虑周边资源和气候特点，通过尝试多种节能、生态技术、设备系统的集成应用，能耗低于《公共建筑节能设计标准》规定值的 80%，实现比同类项目节能 60%，获得全国第一批三星级绿色建筑设计标识证书。

该项目采用被动技术优先、主动技术优化，适宜低成本技术集成和尝试创新技术的技术路线。在建筑层面上，针对本改扩建工程，充分利用可再利用建筑，强调

非简单拆除的同时凸显与新建建筑的融合，对既有建筑、材料、文脉和景观的保护与利用；在技术层面上，通过对绿色策略的优化整合达到节能减排高效环保的目标。

下面将对该项目的被动式及主动式设计分别进行介绍。

17.2 被动式设计

项目在设计初期，针对建筑具体情况在遮阳、采光、通风等方面进行了精细化的模拟辅助优化设计，以实现被动技术优先的设计原则。

根据体育中心所处环境地形条件等因素，建筑设计上加入了屋顶、垂直绿化，制定了各朝向不同的遮阳策略，其中西向实现了最大限度利用现有山势地形，构建了高效的自遮阳体系（见图 17-2）。

图 17-2 建筑西侧山坡自遮阳

通风采光方面，根据建筑功能，通过计算机模拟技术确定适宜的自然通风、自然采光措施（见图 17-3 和图 17-4）。在地下一层的大空间球场区域采取了自然采光与拔风烟囱相结合的建筑处理手法，并且利用 Ecotect 及 Contawm 等软件进行了模拟优化设计。

图 17-3 中庭天窗采光效果

图 17-4 屋顶热压被动式自然通风口

通过多次自然通风模拟得出天窗的总面积（不少于 $2.5m^2 \times 16 = 40m^2$），外窗的可开启率（不少于 10%）以及内窗开启率（15% 以上）；同时给出了阴雨天气时，在天窗无法开启或者阴天屋顶集热量不足的情况下应采用打开侧窗进行风压通风的措施。其次，在确定建筑天窗及侧窗条件下，对建筑的自然采光进行了模拟分析和优化设计。经过采光模拟分析得出各层的照度（见图 17-5 和图 17-6）以及优化措施：在地下一层里，羽毛球场照度达标，平均照度大约在 500lx 左右；东侧中庭底部的照度不够，设置了采光天窗；在接待门厅，则从大门处周边吊顶“引光入室”；二层的办公室内区采光效果模拟表明天然采光略有不足，通过吊顶从西南立面引光加以解决；图书室采用直接在其屋面开设天窗的方式强化了采光效果。

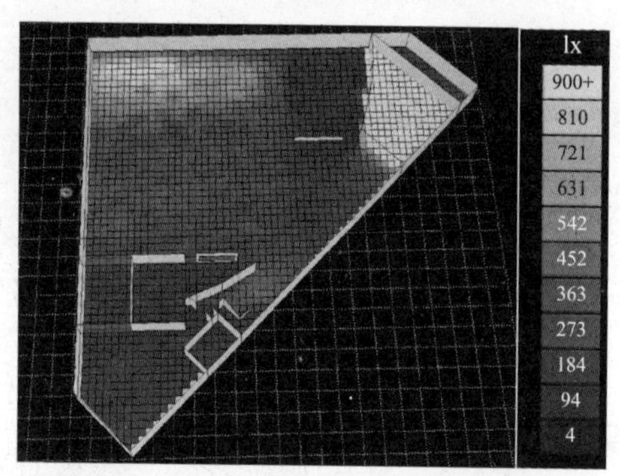

图 17-5　地下室平面照度分布模拟

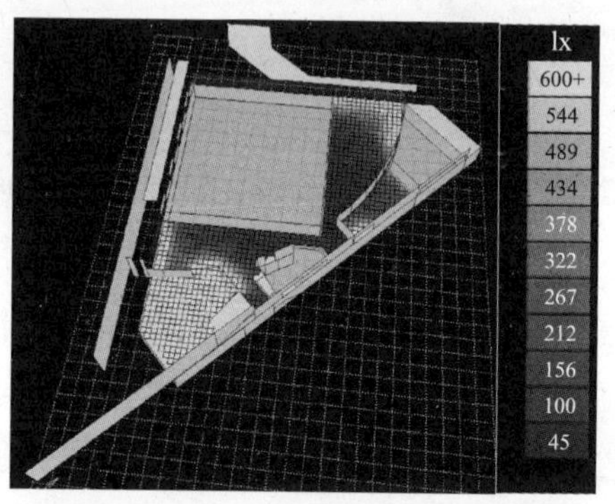

图 17-6　建筑一层平面照度分布模拟

建筑外部区域方面，规划设计时通过室外风环境模拟，保证建筑物周围人行区距地 1.5m 高处风速小于 5m/s，且有利于夏季和过渡季的自然通风。同时，在泳池周边合理设置透水砖铺地，结合大量的绿地，使透水地面面积占室外地面面积的 40% 以上。

17.3　主动式技术优化

要想建筑实际运行阶段实现低能耗，不仅仅需要被动式设计，还需要在建筑的主动式系统方面进行优化设计，提出合适的运行策略。

该项目在进行能源系统设计分析时，首先进行负荷分布分析，在此基础上将空调区域划分为常用空调区域及大空间空调区域。针对体育中心较大的生活热水需求，对生活热水供应方案也进行了设计分析。下面对此分别进行介绍。

（1）负荷分析及空调区域划分

华侨城体育中心所在地深圳市气象参数如图 17-7 所示。通过对地理位置气象参数及建筑功能的分析，为了满足体育中心基本冷热需求，夏季需要供冷，冬季不需要采暖，全年需要用于淋浴等的生活热水。

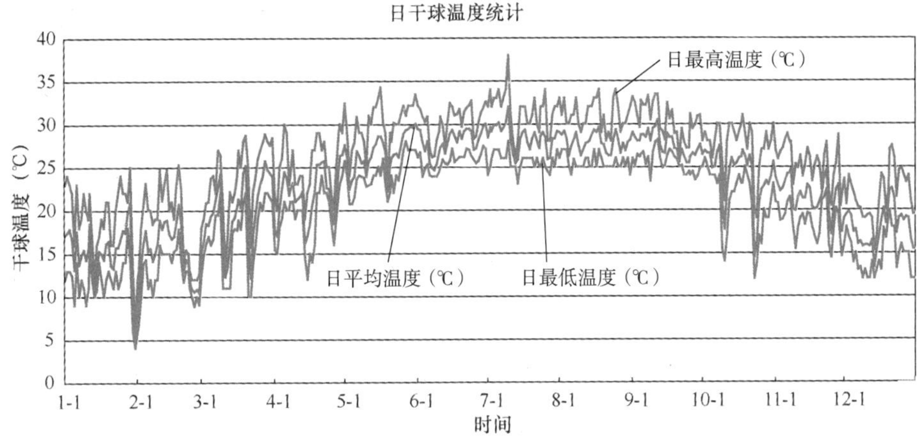

图 17-7　深圳市典型年气象参数

对体育中心各空间的使用功能进行分析：对于地下一层的瑜伽室、储藏室、乒乓球室、健身房，一层的网吧、VIP 室，二层的咖啡厅、阅览室、办公室等共计 1890m^2 的区域，需要保证夏季工作时段内的空调供冷，划分为“常用空调供冷区域”；而对于以综合体育馆为主的共计 1063m^2 的大空间区域，并没有规律的工作作息，而应根据用户的需求选择性进行空调供冷，划分为“大空间空调供冷区域”。空调供冷区域的划分如图 17-8 所示。

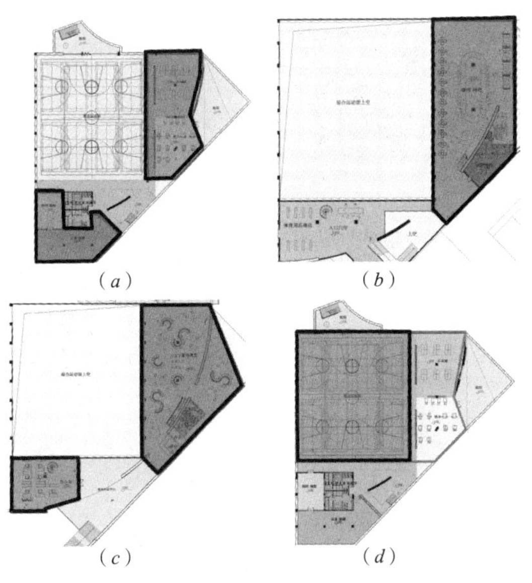

图 17-8　空调供冷区域划分

(*a*) 地下一层常用空调供冷区域；(*b*) 一层常用空调供冷区域；(*c*) 二层常用空调供冷区域；(*d*) 大空间空调供冷区域

（2）常用空调区域供冷方案

对于在日常工作时段均开启空调供冷的常用空调供冷区域，采用不同的空调系统形式将影响建筑实际能耗。以常规的螺杆式电制冷机（额定 *COP*=5.0）制冷的全空气系统为参考方案，将温湿度独立控制系统、多联机等方案与参考方案进行比较分析，最终选择在常用空调供冷区域中使用温湿度独立控制的供冷方式满足建筑物夏季供冷需求。

采用温度、湿度独立调节的空调系统，分别控制、调节室内的温度与湿度，从而避免了常规空调系统中热湿联合处理所带来的损失。由于温度、湿度采用独立的控制系统，可以满足不同房间热湿比不断变化的要求，克服了常规空调系统中难以同时满足温、湿度参数的要求，避免了室内湿度过高（或过低）的现象。

系统机房设于地下一层，采用高温冷水螺杆机组制备高温冷水处理显热负荷，冷冻水供回水温度为 17/20℃，冷却水供回水温度为 32/37℃，冷却塔放置于地面警卫室旁。新风机选用热泵式溶液调湿新风机组，承担全部新风负荷。显热负荷由房间内干式风机盘管承担（见图 17-9）。

（*a*）

（*b*）

图 17-9　楼内风机盘管及下送新风的地板风口

新风末端采用基于下送风的置换通风方式（见图 17-9），其工作原理是以极低的送风速度（0.25m/s 以下）将新鲜的冷空气由房间底部送入室内，由于送入的空气密度大而沉积在房间底部，形成一个空气湖。当遇到人员、设备等热源时，新鲜空气被加热上升，形成热羽流并作为室内空气流动的主导气流，从而将热量和污染物等带至房间上部，脱离人的停留区。回（排）风口设置在房间顶部，热的、污浊的空气就从顶部排出。于是置换通风就在室内形成了低速、温度和污染物浓度分层分布的流场。

（3）大空间空调区域供冷方案

根据负荷模拟结果，若按照大空间全部使用来计算，得出大空间空调供冷区域全年耗冷量231.4MWh，最大冷负荷245.7kW（同样模拟常用空调供冷区域冷负荷，可得其全年耗冷量205.8MWh；最大冷负荷218.5kW）。但由于实际运行中，大空间的空调系统使用率较低，实际运行的全年耗冷量远低于此数值；同时，此处计算最大冷负荷为全部空间的负荷，而实际运行时关注2m以下的区域，最大冷负荷也将小于此数值。

由上述计算分析可见，对大空间空调区域根据需求采用个性化的运行控制方案对建筑总体能耗有较大影响。因此，为保证重要运动会和文艺演出等的需要，对大空间空调区域采用预留的常规空调方案（螺杆机供冷送风）按照需求模式进行运行控制。

（4）生活热水供应方案

体育中心的生活热水主要用于运动员的淋浴。其中在新建建筑部分：用于打球、健身之后的沐浴，最高日使用人数150人；在既有建筑部分：用于游泳后的沐浴，最高日使用人数100人。热水定时供应，每天使用时间4h，卫生器具（淋浴器）的小时用水定额为300L，使用水温为35℃。根据《建筑给水排水设计规范》GB 50015-2003等标准可计算出每日供应热水的4个小时中生活热水最大加热负荷、设计小时热水量、全年加热量等指标。

在此基础上，以常规的燃气锅炉制备生活热水为参考方案，对空气源热泵结合冷凝热回收、太阳能热水结合空气源热泵等方案与参考方案进行比较分析，最终选择太阳能热水结合空气源热泵的方案作为建筑生活热水供应方案，实际系统见图17-10。

图17-10 建筑屋顶太阳能光热系统及空气源热泵辅助系统

深圳地区，在全国的太阳能条件方面属于资源一般区中的较高水平，根据《民用建筑太阳能热水系统应用技术规范》GB 50364–2005，深圳年日照时数属于 2200 ~ 3200h 范围，水平面上年太阳辐照量属于 5000 ~ 5400MJ/（m^2·a）范围。由于太阳能辐射的不稳定性，所以采用太阳能作为生活热水的能源时，需要采用辅助加热的设备来进行补充，在深圳地区，由于室外温度较高，采用空气源热泵来补充生活热水具有较高的能效比。

汇总最终选用的系统能源方案，对比其优劣势见表 17-1。

系统方案汇总　　表 17-1

供冷供热方案		优势/先进性	劣势	节能效果	回收期
常用空调供冷区域	温湿度独立控制	高效处理新风，提高制冷系统 *COP*	初投资较高	与常规空调相比，节能 31.2%	2.7 年
大空间空调供冷	预留的常规空调方案	—	—	—	—
生活热水	150m^2 太阳能热水 + 空气源热泵补热	应用免费的太阳能，具有显著的节能效果	初投资较高，占用面积较大	与燃气锅炉供热相比，节能 73.3%	5.8 年

将参考的常规冷水机组供冷方案、燃气锅炉供应生活热水方案，和实际选用的温湿度独立控制供冷、太阳能热水结合空气源热泵供应生活热水方案进行比较分析。实际选用方案的节能率为 45.2%，初投资回收年限为 5.3 年，具有显著的节能效果和较好的经济性。

（5）照明优化方案

优先选用 T5 高效荧光灯、节能灯。办公、商店、阅览室等场所的照度功率密度值参考照明目标值设计，控制在 9 ~ 11W/m^2，同时辅以分区控制策略，从而达到照明节能的目的。对大空间的中庭羽毛球场顶部照明采用分区控制，其顶部共有 5 排 ×16 盏 / 排 =80 盏照明灯，每盏灯功率 150W，下午 4 : 00 以后根据羽毛球场租用情况开启部分分区的照明，以此实现照明节能。

17.4　建筑能耗表现

华侨城体育文化中心建成于 2008 年，对其建成后建筑能耗进行监测，分析其实际运行能耗。此处以 2009 年 4 月 ~ 2010 年 3 月一年内建筑能耗数据为例进行分析。

统计表明，建筑全年总耗电为 21.86 万 kWh，折合单位新建建筑面积耗电 50.0kWh/（m^2·a）。分析全楼能耗中各部分比例，照明插座设备能耗所占比例最大，为 21.2kWh/（m^2·a），占全年总能耗 42%，空调能耗全年值为 12.4kWh/（m^2·a），占全年总能耗 25%。单位建筑面积全年电耗拆分见图 17-11。

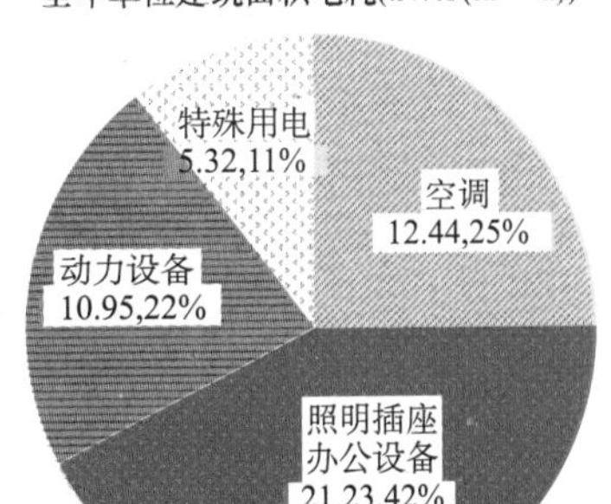

图 17-11　华侨城体育文化中心全年单位建筑面积电耗拆分图

将建筑全年逐月电耗进行拆分比较，如图 17-12 所示。从拆分结果可以看到，照明插座设备能耗全年较为稳定，而其他各分项表现了明显的季节变化性。其中，空调能耗峰值出现在室外最热的 7、8 月份；动力设备用电一项主要为游泳池水泵用电，其变化也反映了泳池在各季节间使用率的差别；特殊用电主要内容为生活热水供应系统用电，可以看到因为夏季太阳能资源相对较为充足，生活热水供应系统电耗也相应较低。

根据电表和热水水表读取建筑生活热水供应系统的耗电量及耗水量可以计算太阳能热水系统的年保证率。计算得到，全年太阳能保证率均值为 88.83%。其中，7 ~ 10 月保证率很高，高于 95%，11 月 ~ 次年 3 月保证率相对较低，低于 60%。系统整体取得了较好的节能效果和运行实效。

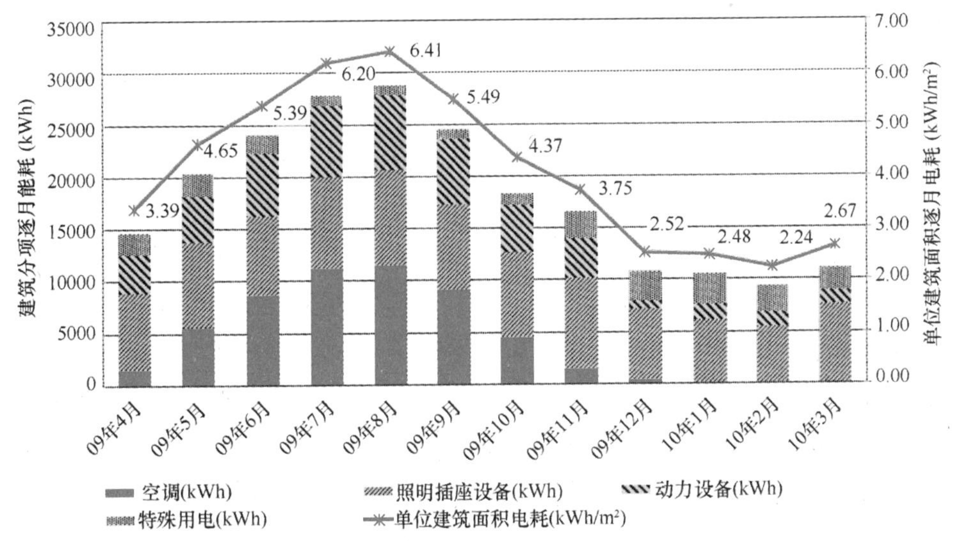

图 17-12　华侨城体育文化中心全年逐月电耗

17.5　经验总结

对深圳华侨城体育文化中心的运行能耗监测表明该建筑实际运行效果良好，年运行能耗显著低于同类建筑；同时，对建筑使用者的环境舒适度调查表明，80% 以上的受访者对建筑总体环境满意。

该项目通过对当地气候特点、功能房间需求、技术集成等综合考虑，以及精细化的模拟辅助节能设计工作，实现了对建筑的围护结构、能源系统、采光、自然通风等方面的优化，最终形成独具特色的节能技术方案，如表 17-2 所示。

节能技术方案　　**表** 17-2

编号		技术方案	优势
被动式技术	1	多种遮阳方式的应用，与建筑的一体化	充分利用山形地势，构建多样化的遮阳设计，同时保持良好的观景效果
	2	围护结构性能优化	适度保温、重视隔热的围护结构性能设计
	3	自然通风	屋顶拔风、建筑导风
	4	自然采光	地下室采光井 / 半地下空间 / 采光天窗等的灵活应用，实现了自然光的充分利用，节省照明电耗
主动式技术	5	温湿度独立控制系统	创新节能技术，灵活的控制手段，实现了系统 *COP* 较常规系统较大提升，具有显著的节能效果
	6	空气源热泵 + 太阳能热水	应用免费的太阳提供生活热水，具有显著的节能效果和环保效果，太阳能光热建筑一体化利用和屋顶绿化有机结合
	7	高效照明系统	高效灯具的应用，智能化的控制系统
	8	智能楼控系统、能耗分项计量系统	提供了完善的管理手段，以及运行数据的统计渠道，为运行优化提供支撑

该建筑作为体育中心功能型建筑，在设计阶段通过采用被动技术优先、主动技术优化的技术路线，针对建筑实际特点（地域特点、功能特点等）进行了多方面的考虑。

在被动技术设计方面，为考察该建筑自然通风、自然采光的实际效果，于 2010 年 4 月下旬对建筑进行了实际测试。在未开启空调系统的工作环境下，对大中庭顶部的 16 个通风采光天窗（2.6m × 2.9m）进行实测（天窗顶部为封闭玻璃用于中庭自

然采光，天窗四周为常开通风百叶），测试计算得换气次数为 2.76 ~ 4.15 次 /h，平均为 3.5 次 /h，可实现室外空气温度在 24℃以下时，无需开空调系统。自然通风换气效果达到了设计目标，节能效果显著。此外，通过实测自然采光效果，也得到了较为满意的结果。在测试工况（4 月 22 日上午 10：00 ~ 11：00，室外照度为 15000 ~ 20000lx）下，主要活动区域的采光系数达到 3% 以上，75% 的区域采光系数满足要求。结合人工照明的分区控制、分区开启策略，大大降低了运行中的照明能耗。

主动技术优化方面，通过区分房间的朝向，细分空调区域，实现空调系统分区控制；根据负荷分析、方案对比等确定适宜的系统方案。实际运行中，按照既定策略实现分区、分时控制，在建筑物处于部分冷热负荷时和仅部分空间使用时，采取有效措施节约系统运行能耗，从而实现低能耗绿色运行。

18 广州设计大厦

18.1 建筑概况

广州设计大厦位于广州市体育东路体育东横街3号，地处广州天河区经济繁华区域，是一座地下1层、地上21层、总建筑面积21319m²的办公建筑（见图18-1）。其中，一～十四层是广州市设计院的办公区，其空调系统与其他楼层完全独立开，各项电费也与其他楼层分开计量。案例的研究对象为设计大厦的一～十四层，为叙述方便，之后统一称为“设计大厦下区”。设计大厦下区的建筑面积为12180m²，空调面积约8630m²，全部为办公用途。

图18-1　设计大厦全景图

18.2 改造前的建筑能耗及空调系统情况

设计大厦下区自1997年开始投入使用，之后未进行过比较系统的改造，直到2011年其空调设备已运行了14年。

抄表数据显示，设计大厦下区2008～2010年的用电量如表18-1所示。

设计大厦下区2008～2010年用电数据　　表18-1

年份	总用电量（kWh）	空调系统用电（kWh）	其他用电（照明、动力等）（kWh）	空调电耗占总电耗百分比	单位建筑面积年能耗（kWh/m²）	单位建筑面积年空调能耗（kWh/m²）
2008	1285407	400075	885332	31.12%	105.5	32.9
2009	1307089	487187	819902	37.27%	107.3	40.0

续表

年份	总用电量（kWh）	空调系统用电（kWh）	其他用电（照明、动力等）（kWh）	空调电耗占总电耗百分比	单位建筑面积年能耗（kWh/m²）	单位建筑面积年空调能耗（kWh/m²）
2010	1234603	424006	810597	34.34%	101.4	34.8

以 2008 年为例，设计大厦下区逐月电耗见图 18-2。

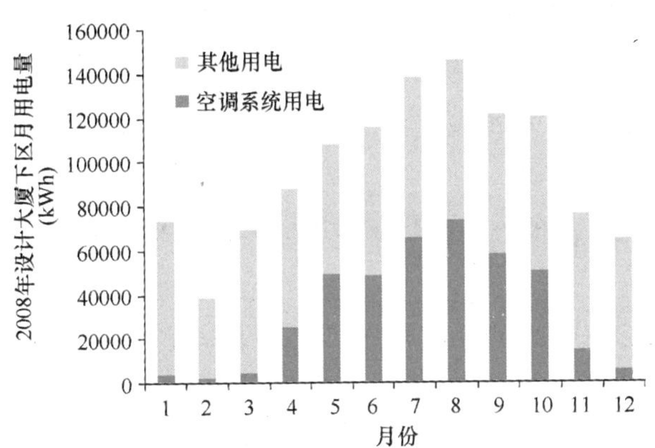

图 18-2　设计大厦下区 2008 年逐月电耗数据

改造前设计大厦下区的冷源系统主要参数见表 18-2。

设计大厦下区冷源系统主要设备参数表　　**表** 18-2

设备名称	设备参数	数量
螺杆式冷水机组 1	RTHA-300（标准型） Q = 914kW（260RT）　N = 194kW/380V/50Hz	2
冷冻水泵	XA125/32 Q = 200m³/h H=320kPa　n =1450rpm N = 30kW/380V/50Hz	3
冷却水泵 1	XA125/32 Q = 240m³/h H = 295kPa　n =1450rpm N = 30kW/380V/50Hz	3
逆流式冷却塔	KT-250L　水量 250m³/h　N = 7.5kW/380V/50Hz	2
螺杆式冷水机组 2	RCU80SY2　Q = 250kW（71RT） N = 61.4kW/380V/50Hz	1
冷却水泵 2	GD100-30　流量 60m³/h 扬程 226kPa　n = 2950r/min　N = 7.5kW	2
冷却塔（低噪声型）	KT-70L　水量 70m³/h N = 2.2kW/380V/50Hz	1

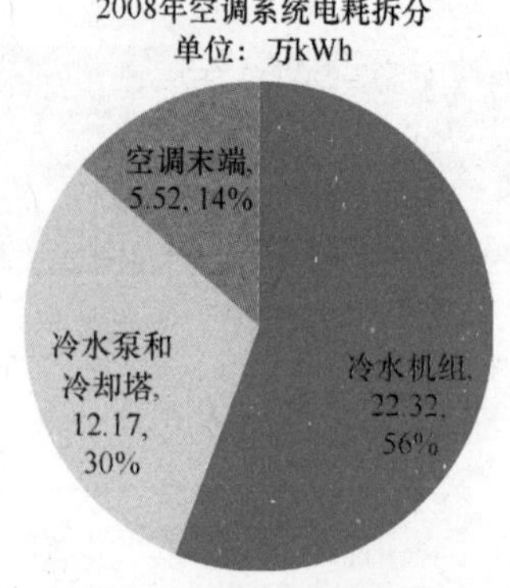

图 18-3　设计大厦下区 2008 年空调系统用电拆分

空调系统的冷源由两台 260RT 和 1 台 71RT 的螺杆式冷水机组组成。冷冻水侧和冷却水侧均为一次泵定流量系统。制冷机房位于一层，冷却塔设置于四层及二十一层屋面。空调水系统采用两管制异程的形式。空调系统末端分为两类，大空间内采用全空气系统，小空间采用风机盘管加独立新风系统形式。结合广州地区的气候特点，空调系统的运行时间为每年的 4 月 15 日 ~ 11 月 15 日，冬季空调停止运行，通过自然通风可基本满足室内舒适性需求。

抄表数据显示，空调系统中各类设备所占的电耗比例（以 2008 年数据为例）如图 18-3 所示（因电表设置原因无法拆分水泵和冷却塔用电量）。

2011 年，通过项目组的现场调研，发现空调系统的运行中主要存在以下问题：

（1）部分主要设备因使用年限较长而陈旧，运行效率下降；

（2）冷水输送采用一次泵定流量系统，部分负荷运行时出现大流量小温差的问题；

（3）主机容量配置较大，在不变频条件下两台大冷水机组并联运行时大流量小温差的问题更加突出；

（4）部分空调区域存在冷热不均的情况，例如办公大堂空调区域温度偏低，而电梯厅温度偏高；

（5）个别开放办公区等区域由于传感器位置设置不当，使得室内温度偏低，室内人员为了提高室内温度而打开外窗，从而增加了冷负荷；

（6）全空气系统新、回风阀由于使用时间较长，调节性能很差。

从调研结果看，设计大厦下区原有空调系统的水系统变流量特性较差，设备陈旧，末端调节特性不佳，这也是广州地区较早投入使用的中央空调系统所存在的共性问题。因此，项目组决定对设计大厦下区的空调系统进行一次全面改造，并为该地区同类型建筑的改造工作提供参考案例。

18.3　空调系统改造方案及改造效果

（1）改造项目一：设置中央空调能效自动跟踪评价系统

为保障空调系统改造的效果，项目组自行开发并应用了“中央空调能效自动跟

踪评价系统”（以下简称评价系统）。该系统通过在空调系统内安装的各类电子元件收集系统的运行数据，自动将测试结果上传数据库，并利用自制软件界面实时统计和显示空调系统的运行状态，还可通过互联网进行远程数据操作。

与目前常见的能源管理系统相比，评价系统除了监测系统的运行数据外，还能实时计算并显示空调系统各子循环及整体的瞬时能效、平均能效、负荷率等数据，如图 18-4 所示。

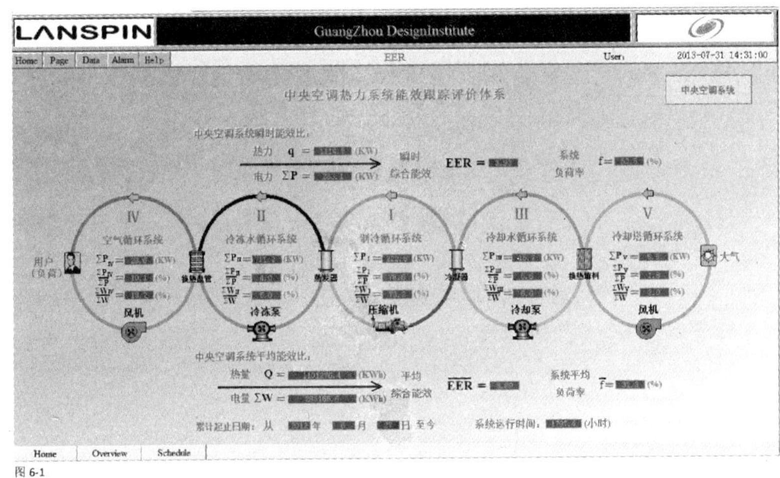

图 18-4　设计大厦下区中央空调系统自动跟踪评价系统评价界面

在确定具体的改造方案前，项目组通过评价系统连续监测了 2011 年 7 ~ 11 月共五个月的空调系统运行数据（见表 18-3），对系统的运行状况有了清晰认识。

改造前空调系统主要运行参数（2011 年 7 ~ 11 月平均值）　　**表 18-3**

冷水机组平均 *COP*	4.26
冷冻水泵输送系数（*EER*）	16.3
冷却水泵输送系数（*EER*）	19.5
冷却塔能效（*EER*）	151.5
末端平均能效（*EER*）	19.6
冷源系统平均能效（*EER*）	2.70
空调系统平均能效（*EER*）	2.37
系统平均负荷率	27.4%

运行数据显示，空调系统内各子循环的能效值均处于较低水平，特别是冷冻水泵和冷却水泵的输送系数严重偏低。结合系统平均负荷率低于30%的状况，项目组认为将一次侧定流量系统改为一次侧变流量系统将显著提升系统的能效。围绕这一措施，项目组提出了“热力按需分配，电力按需投入”的改造原则，通过变频等手段使得空调系统所有设备的能耗均能随需求冷量变化。全面的改造工作从2011年12月开始，至2012年6月基本结束。

设置评价系统的另一项优势是，在改造工作完成后，评价系统能继续监测空调系统的运行情况，一方面提供改造前后同期（2011年7～11月与2012年7～11月）的数据对比，另一方面为全年能耗分析等深入研究工作提供数据支持。

（2）改造项目二：制冷主机的改造

根据评价系统的运行数据记录，改造前空调系统2台260RT与1台70RT的冷水机组的平均性能系数（*COP*）如表18-4所示。

改造前冷水机组平均 *COP* **表** 18-4

机组	1号260RT	2号260RT	3号70RT
COP	3.31	5.16	2.60

很显然，1号与3号冷机的能效已经严重偏低。另一方面，依据负荷计算及实测冷量的数据，项目组认为系统原有的冷机选型偏大；目前设计大厦下区的平时负荷约为330RT，加班负荷约为30RT。因此，综合考虑投资回报的因素后，项目组制定了如下改造方案：

1）将3号机组更换为80RT水冷螺杆式冷水机组；

2）对1号机组进行维修及保养，之后作为备用机组；

3）通过2号机组和更换后的3号机组的搭配运行能够满足330RT的平时负荷和30RT的加班负荷。

改造前后同期的冷机 *COP* 对比如图18-5所示。可以看出，改造后冷机的平均 *COP* 有了明显提升。

（3）改造项目三：水泵的变频改造

以改造前2011年8月1日的运行数据为例，空调系统从7∶34开始运行，直到18∶20停机。评价系统在当天共记录了46组运行数据，其中冷冻水总供回水温度和冷却水总供回水温度如图18-6所示。可以看出，即使在全年温度最高的8月份，

冷冻水和冷却水的供回水温差基本维持在 3K 左右，处于“大流量、小温差”的运行状态。

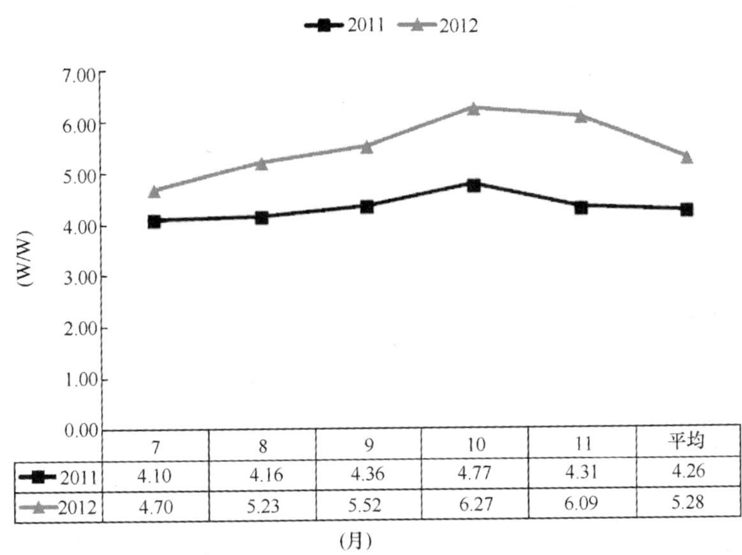

图 18-5　改造前后冷水机组平均 *COP* 对比

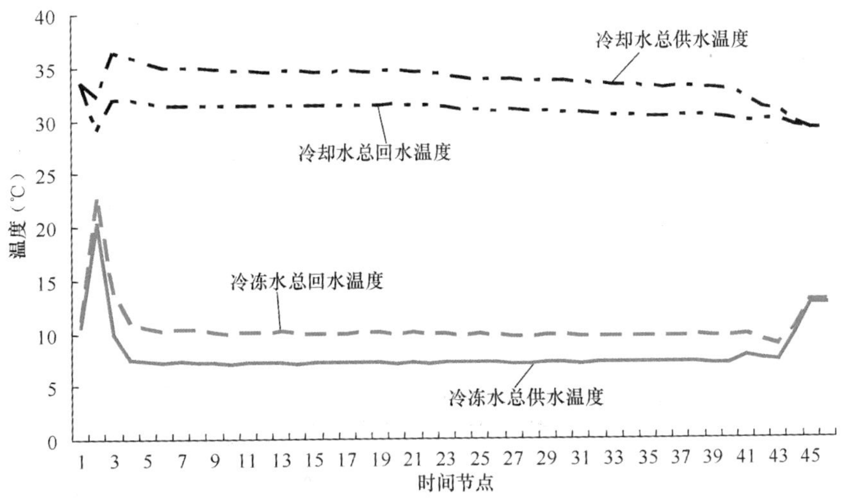

图 18-6　设计大厦下区空调水系统 2011 年 8 月 1 日供回水温度

另一方面，评价系统的数据显示，改造前空调系统各水泵的平均效率如表 18-5 所示，均远低于 70% 的设计效率。因此，项目组决定通过更换水泵，将水系统改造为双侧一次泵变流量系统，以适应当前的运行工况。

改造前水泵的效率 表 18-5

水泵编号	平均效率	水泵编号	平均效率
冷冻水泵 -1	53.1%	冷却水泵 -1	55.2%
冷冻水泵 -2	56.0%	冷却水泵 -2	56.8%
冷冻水泵 -3	57.3%	冷却水泵 -3	54.6%

更换后的冷冻水泵和冷却水泵的参数如表 18-6 所示。

改造后的水泵参数 表 18-6

水泵类型	数量	流量（m^3/h）	扬程（kPa）	其他参数
冷冻水泵	4	80	320	变频控制；水泵效率≥ 75%
冷却水泵	4	100	250	变频控制；水泵效率≥ 75%

改造之后，冷冻水泵和冷却水泵的平均能效比改造前同期有了大幅提升，如图 18-7 和图 18-8 所示。改造后水泵的电耗仅为改造前的 1/4 ~ 1/3 左右，节能效果显著。

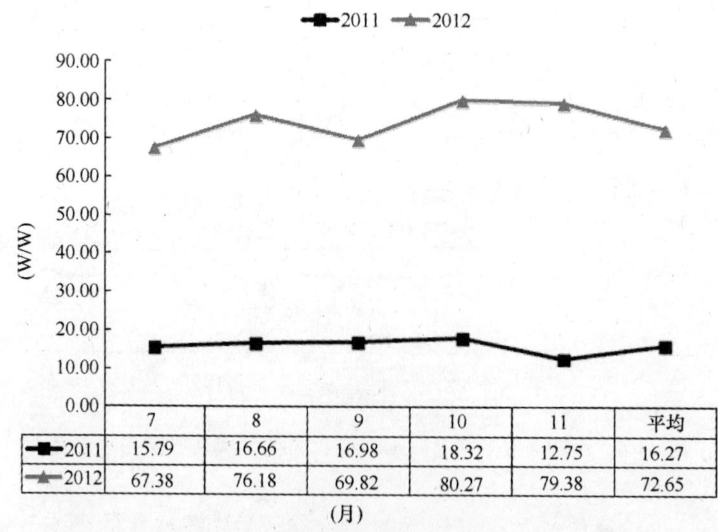

	7	8	9	10	11	平均
2011	15.79	16.66	16.98	18.32	12.75	16.27
2012	67.38	76.18	69.82	80.27	79.38	72.65

图 18-7 改造前后冷冻水泵 *EER* 对比

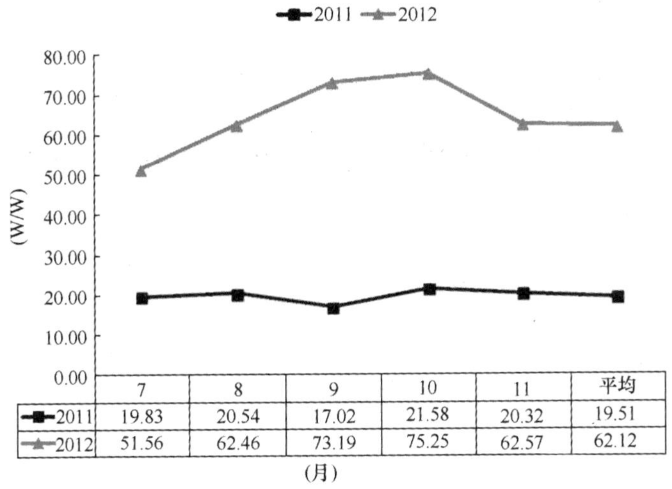

	7	8	9	10	11	平均
2011	19.83	20.54	17.02	21.58	20.32	19.51
2012	51.56	62.46	73.19	75.25	62.57	62.12

图 18-8　改造前后冷却水泵 *EER* 对比

（4）改造项目四：冷却塔变频改造

评价系统的数据显示，改造前冷却塔的能效仍属于正常范围内。但是，项目组对冷却塔进行了一系列变流量运行测试，结论是其不适合变水量运行。为了配合冷却水泵的变频改造，项目组决定将冷却塔更换为可变流量型横流式冷却塔，参数如表 18-7 所示。

改造后的冷却塔参数　　**表** 18-7

型号	数量	流量（m³/h）	进出水温度（℃）	其他参数
低噪声方形横流式冷却塔	4	100	32/27	变频控制 可变流量范围 40% ~ 110%

改造后，冷却塔的换热能效也比改造前有一定提升，见图 18-9。

（5）改造项目五：空调系统末端改造

设计大厦下区空调系统末端主要为全空气系统和风机盘管加独立新风两种空调方式。大部分设备自 1997 年起投入使用，其运行效率有很大衰减，且变风量性能较差。在本次改造工作前，部分设备已经进行过更换，包括一层总承包公司部分、二层局部、五层全部、七层的局部等，项目组认为上述区域的空调设备及附件无需再次更换，但应增加空调自控系统。

设计大厦下区的其他区域大多为综合设计室，按照每个设计室的需求，采用了不同的装修形式和空调形式：九层、十一层、十三层和十四层采用全空气空调形式；

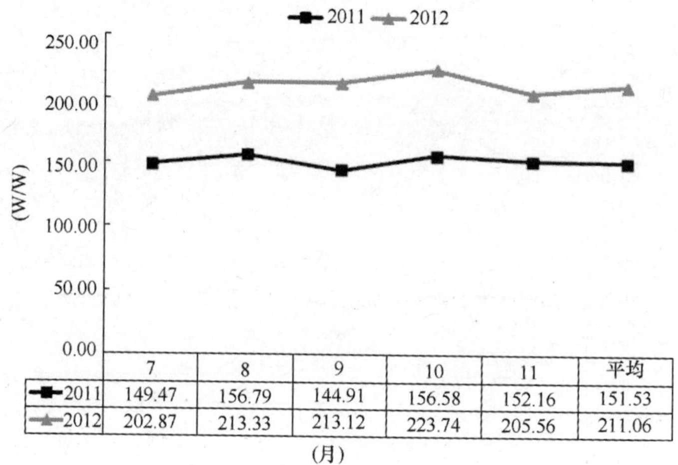

	7	8	9	10	11	平均
2011	149.47	156.79	144.91	156.58	152.16	151.53
2012	202.87	213.33	213.12	223.74	205.56	211.06

图 18-9　改造前后冷却塔 *EER* 对比

其余楼层则采用的是风机盘管加独立新风的空调形式。对这些楼层风系统的具体改造内容包括：

1）更换部分老化设备，包括立柜式空气处理机、新风处理机组等，取消两台噪声比较大的轴流排风机，更换为管道式离心排风机；

2）立柜式空调处理机及吊式新风处理机加装变频器，加入自控系统；

3）风机盘管更换为直流调速控制；

4）全空气系统的新风管道加大，允许过渡季节全新风运行；

5）设置新风需求控制，增加 CO_2 监测传感器，根据室内 CO_2 浓度检测值增加或减少新风量；

6）调整室内温度传感器的位置，为每个办公室设置独立控制面板及计费装置，实现按需调节室内温度。

同时，项目组也进行了空调水系统的改造工作。空调各末端设备独立的温控装置采用全新的自动控制原理，在各层水系统最不利点设置压差变送器，保证系统最不利端的供回水压差能够满足设计要求；另外，在各个末端设备（包括空气处理机、新风处理机、风机盘管等）供回水管上增加热力控制阀，使末端设备供回水温差保证在设计范围内。

为比较不同的水力平衡措施在空调水系统中的调节作用及特性，为今后的研究提供数据参考，项目组在不同楼层采用了不同的水力平衡技术。例如，十一层采用了动态加静态调节阀组合的调节措施，保证各支路的压差在设计的范围内；十二层是风机盘管加独立新风的形式，除了采用了动态加静态调节阀组合的调节措施外，又在风机盘管侧供回水总管上增加温差控制阀，使得该主管上供回水温差在设计范围内运行。

改造后，空调系统末端的能效也有所提升，见图 18-10。

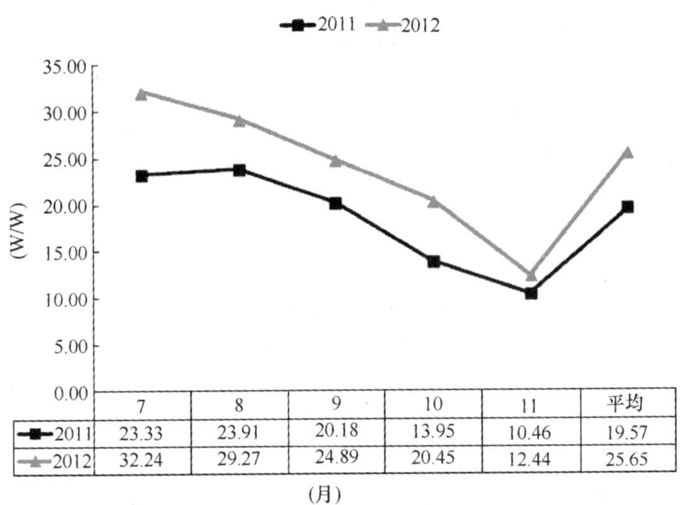

	7	8	9	10	11	平均
2011	23.33	23.91	20.18	13.95	10.46	19.57
2012	32.24	29.27	24.89	20.45	12.44	25.65

图 18-10　改造前后空调末端 *EER* 对比

（6）改造项目前后系统能效对比

对比改造前后 7 ~ 11 月的运行数据，空调系统各子循环的平均能效均有所提升，相应的，改造后整个空调系统的能效也比改造前有了很大提升，*EER* 值由原来的 2.37 提高到了 3.75，见图 18-11。

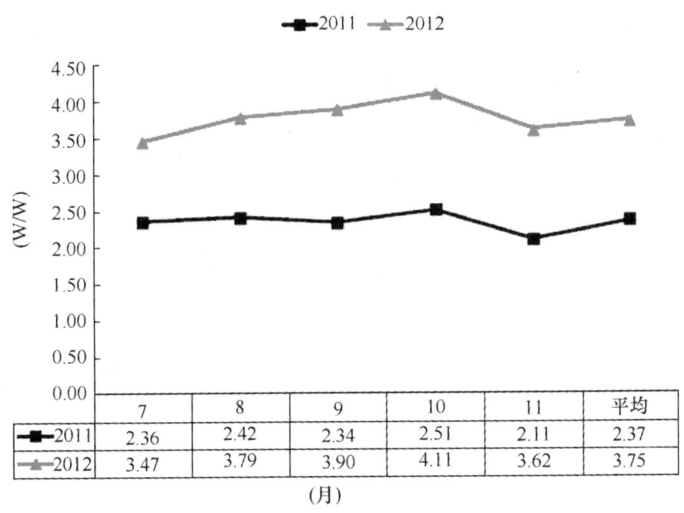

	7	8	9	10	11	平均
2011	2.36	2.42	2.34	2.51	2.11	2.37
2012	3.47	3.79	3.90	4.11	3.62	3.75

图 18-11　改造前后空调系统 *EER* 对比

改造工作带来的节能效果不仅仅体现在能效提升上。图 18-12 是改造前后同期设计大厦下区的供冷量对比。可以看出，采用了更好的末端控制技术后，系统的供冷量减少了约 23%。例如，在温度较高的 7、8 月份，由于采用了动态新风技术，减小了新风负荷；由于室内温度控制系统运行良好，局部过冷的问题得到解决，也促使了供冷量的减少。

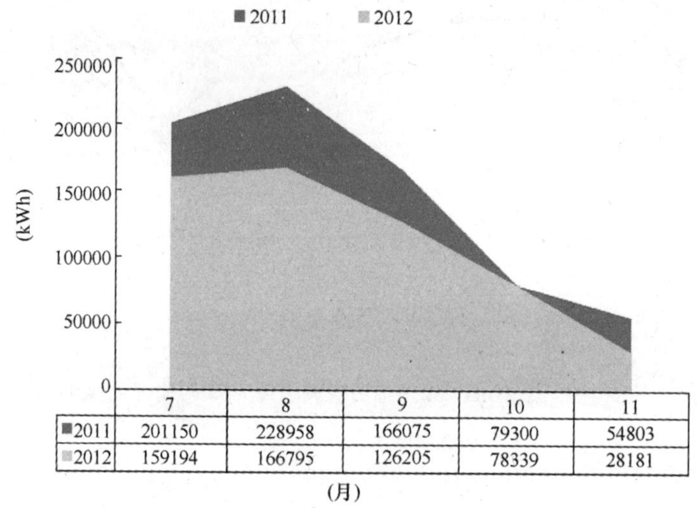

	7	8	9	10	11
2011	201150	228958	166075	79300	54803
2012	159194	166795	126205	78339	28181

图 18-12　改造前后空调系统供冷量对比

综合了能效提升和供冷减少的效果后，整体改造工作的成果最终体现在空调耗电量的变化上。图 18-13 是改造前后空调系统耗电量的对比，红色面积即为改造后比改造前节约的电量。从总数上看，改造后比改造前节省了空调用电 15.9 万 kWh，节能率达到 51.6%，说明改造工作取得了非常好的效果。

由于各项改造措施间的互相影响，要完全定量分析各自的节能量是不可能的。但是，为了大致评估各项节能措施对降低耗电量的贡献程度，项目组使用了以下算法重新整理数据，得出了如图 18-14 所示的节电量贡献分布：

1）计算改造前后节省的供冷量，将该供冷量除以改造后的空调系统能效值，得到降低供冷量所带来的节电量；

2）将各子循环改造后的用电量都除以改造前后的供冷量比，得到假设供冷量没有改变情况下的等效用电量；

3）用改造前的用电量减去第 2）步中算出的等效用电量，得出各子循环的等效节电量；

4）验证：将第 1）步和第 3）步中的所有等效节电量相加，结果应等于改造后的实际节电量。

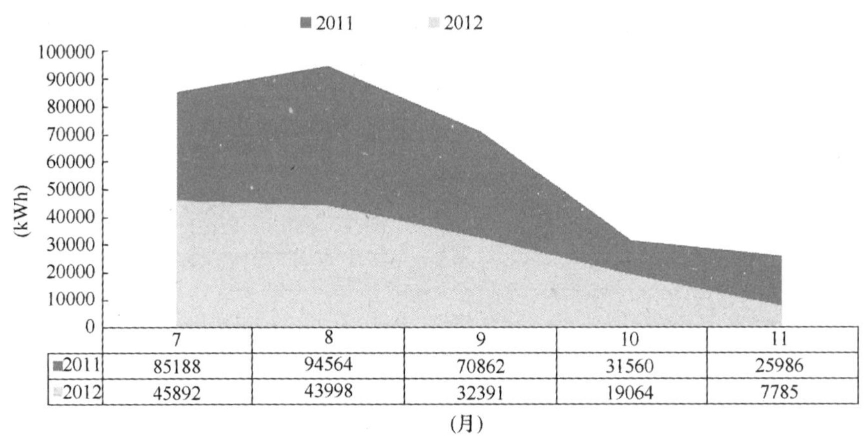

	7	8	9	10	11
2011	85188	94564	70862	31560	25986
2012	45892	43998	32391	19064	7785

图 18-13　改造前后空调系统耗电量对比

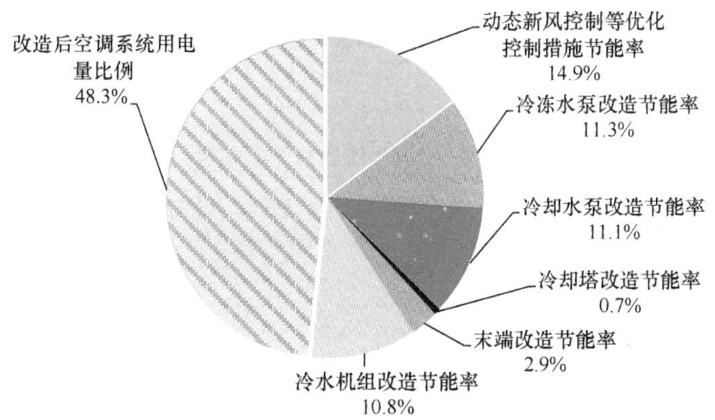

图 18-14　改造后用电量（比例）及各改造项目节能量贡献

18.4　改造后空调系统全年能耗分析

（1）全年耗电分析

设计大厦下区的空调系统节能改造工作于 2012 年 6 月份基本完成，项目组从评价系统中提取了 2012 年 7 月 ~ 2013 年 6 月份共 12 个月的运行数据，进行全年能耗分析的工作。（为表达方便，本节中的逐月数据分析部分将把 2013 年的 6 个月

数据提前，按常规从 1 月开始至 12 月结束）

图 18-15 表示了空调系统逐月的分项耗电量，图 18-16 是全年累计耗电量中各分项所占比例。对比改造前的分项比例（图 18-16）可以明显看出，改造后系统的输配能耗所占比例大幅降低，空调系统中 72% 的电耗是在冷水机组上，输配系统约占 14%，空调末端约占 14%。图 18-17 是改造前的 2008 ～ 2010 年的空调系统全年耗电数据与改造后这一年的对比，可以看到很显著的节能效果。

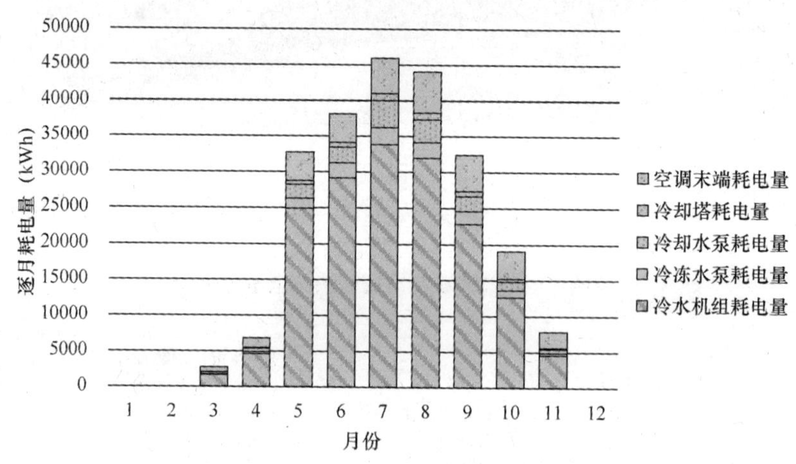

图 18-15　空调系统逐月分项耗电量

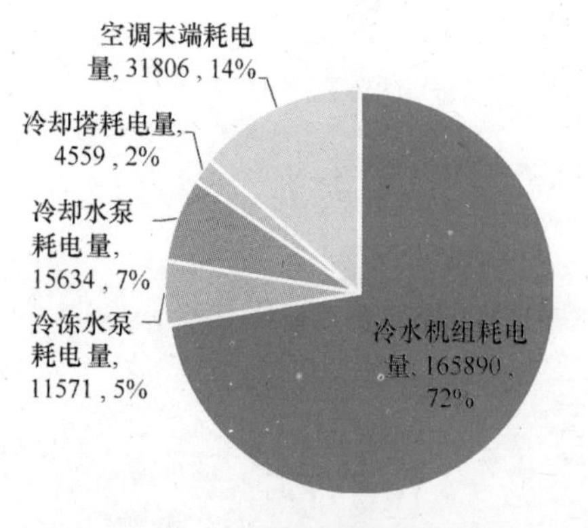

图 18-16　空调系统全年分项耗电量（kWh）及比例

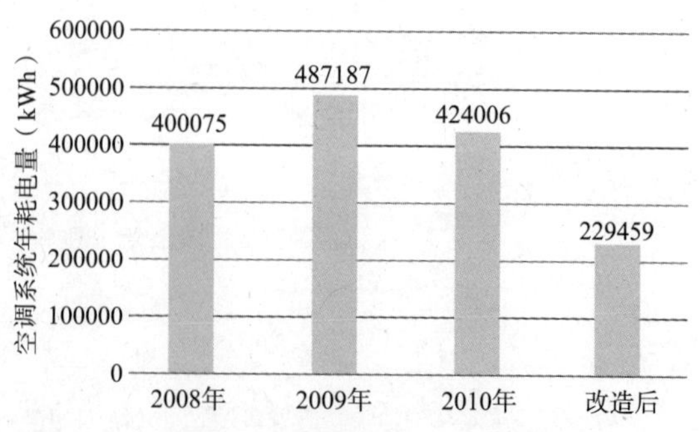

图 18-17　改造前后全年空调系统耗电量对比

（2）全年能效分析

改造后空调系统的逐月能效如图 18-18 所示。可以看到，由于执行了“热力按需分配，电力按需投入”的改造策略，在部分负荷的月份，系统的能效要高于满负荷的 7、8 月份。也就是说冷机大小搭配运行、水泵变频、末端变频以及优化的控制策略带来了预想中的改造效果，使目前的空调系统在各种工况下都能运行于节能模式。系统全年的平均能效为 3.86。

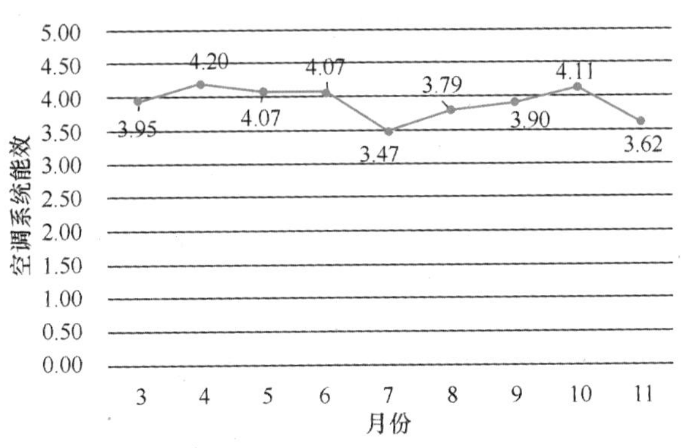

图 18-18　空调系统逐月能效（*EER*）

项目组使用下述算法对空调系统的设计能效进行了估算：统计各设备的配电功率，再乘以同时运行系数（末端设备取 0.8，水泵和冷却塔取 0.9，冷机取 1.0）后，得出系统的运行功率；通过负荷计算软件得出建筑物的设计点冷负荷；二者相除定义为系统的设计能效值。设计能效值的计算结果为 3.25，也就是说在实际运行中，每个月份的系统能效都高于设计能效。这从另一个方面体现了良好的改造效果。

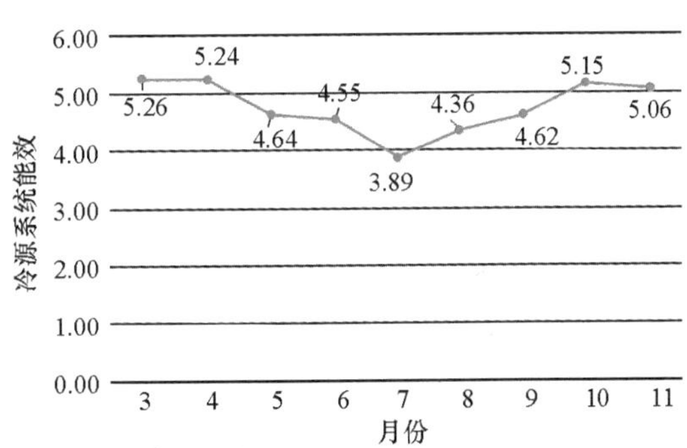

图 18-19　冷源系统逐月能效（*EER*）

此外，由于末端设备用电计量的困难，一些时候人们更关注冷源系统的能效。图 18-19 是冷源系统的逐月能效，可以更加明显地看出在部分负荷下系统的节能运行效果。冷源系统的全年平均能效是 4.48。

（3）改造后空调系统主要数据指标汇总

改造后系统运行的主要数据指标如表 18-8 所示。

（4）与同类建筑的横向对比

图 18-20 是设计大厦下区的运行数据同张海军等（2007）的文献 [6] 中提供的数据的对比结果。在该文献中提供了四栋同样在广州地区的办公建筑的空调分项能耗，

从图中可以看出，即使是在改造前，设计大厦下区的能耗水平就要低于文献中的四栋建筑，而改造后的能耗水平则更明显远低于文献值。

改造后主要数据指标　　表 18-8

指标	值	指标	值
冷水机组平均 *COP*	5.31	冷源系统平均 *EER*	4.48
冷冻水泵平均 *EER*	78.1	空调系统平均 *EER*	3.86
冷却水泵平均 *EER*	71.7	单位建筑面积冷机电耗	13.6kWh/（m^2·a）
冷却塔平均 *EER*	239.5	单位建筑面积水泵电耗	2.2kWh/（m^2·a）
空调末端平均 *EER*	29.6	单位建筑面积冷却塔电耗	0.4kWh/（m^2·a）
单位建筑面积空调末端电耗	2.6kWh/（m^2·a）	空调系统年总供冷量	886144kWh
单位建筑面积空调总电耗	18.8kWh/（m^2·a）	年节电量❶	207629kWh
单位建筑面积供冷量	72.8kWh/（m^2·a）	节能率	47.5%
空调系统年总电耗	229459kWh		

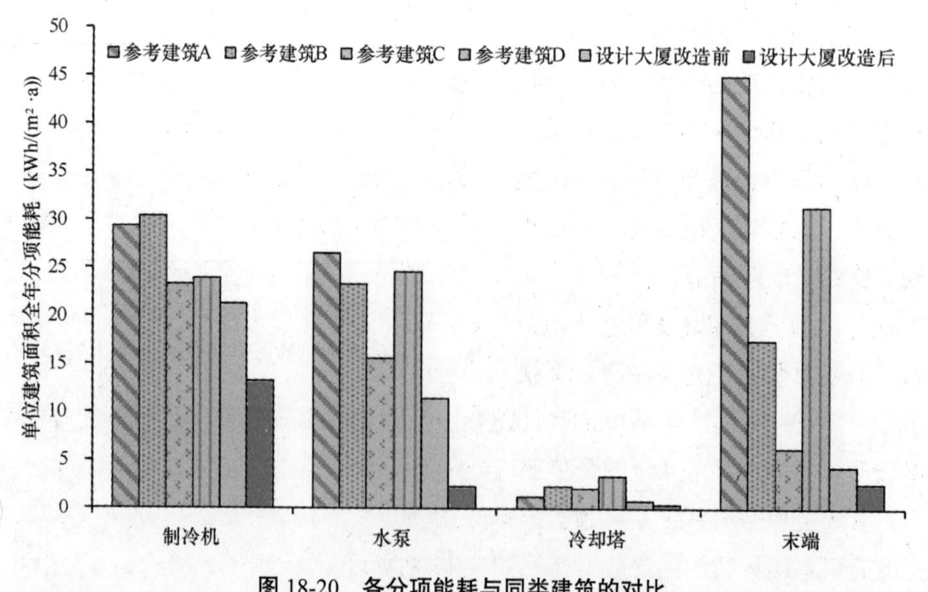

图 18-20　各分项能耗与同类建筑的对比

❶ 节电量为改造后的2012年 7 月～2013年 6 月相对2008～2010年三年平均年耗的节电量，下面的节能率同理。

图 18-21 是设计大厦下区的运行数据同李志生等（2008）的文献[7]中提供的数据的对比结果。该文献中提供了 9 栋广州地区的办公建筑的单位面积空调能耗值。可以看出，改造前设计大厦下区的空调用电水平在其中属于中等，而改造后是其中能耗最低的一座建筑。

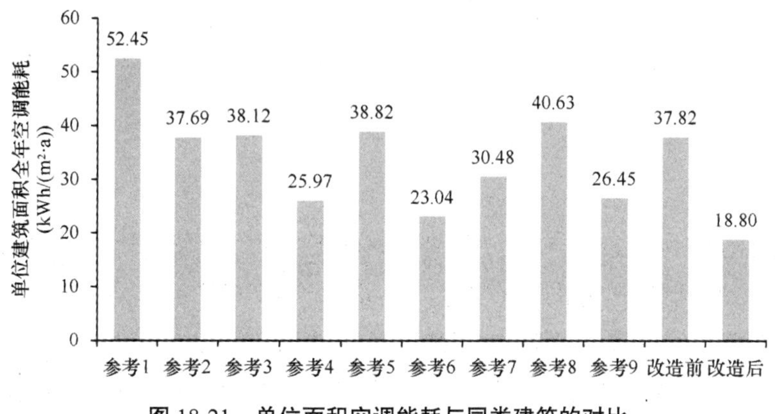

图 18-21　单位面积空调能耗与同类建筑的对比

上述的文献间横向对比表明，设计大厦下区空调系统改造工作在该地区同类型建筑中可以作为一个成功的改造案例进行展示与推广。

19 天津天友绿色设计中心

19.1 项目简介

天友绿色设计中心办公楼位于天津市华苑新技术产业园区开华道 17 号，为既有建筑改造项目。改造前为普通 5 层电子厂房，建筑形象平庸，围护结构无保温措施并且建筑进深大，导致通风不畅，系统为市政热网与局部分体空调相结合。经 2012 年改造后为局部 6 层的办公建筑，一层为展厅、会议室、图档室和能源机房等，二～五层为办公区，六层为加建的健身活动房、餐厅等，建筑无地下层，改造后的建筑面积为 5700m^2，高度 25m。图 19-1 和图 19-2 分别为改造前、后的建筑外观图。

图 19-1 改造前建筑图

图 19-2 改造后建筑图

19.2 天友绿色设计中心能耗现状

天友绿色设计中心消耗的能源主要是电力，用于空调、照明、办公设备等。该建筑的电耗数据来自于从 2013 年 6 月中旬开始正式使用的能耗监测平台的逐月分

项能耗数据。此处以 2013 年 6 月 16 日 ~ 2013 年 12 月 24 日的能耗数据为依据，推测全年的运行能耗，并进行分项拆分和分析。

依据 12 月推算 1、2 月能耗，11 月推算 3 月能耗，过渡季 10 月推算 4、5 月的能耗可以得到，建筑全年总耗电约为 32.27 万 kWh，折合单位建筑面积电耗约为 56.62kWh/（m^2·a），与一般办公建筑相比属于低能耗办公建筑。分析全楼能耗中各部分比例（见图 19-3 和图 19-4），空调和采暖能耗为 26.42kWh/（m^2·a）（占全年总能耗 47%），约为天津当地采用中央空调系统的办公建筑空调采暖能耗的 50%；照明能耗为 8.05kWh/（m^2·a）（占全年总能耗 12%），比当地办公建筑照明系统节能 55%。是什么原因使得天友绿色设计中心能够如此节能呢？

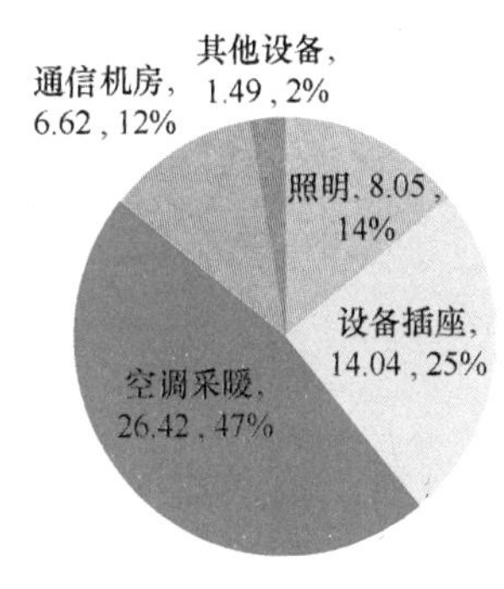

图 19-3　天友绿色设计中心全年单位建筑面积电耗拆分图

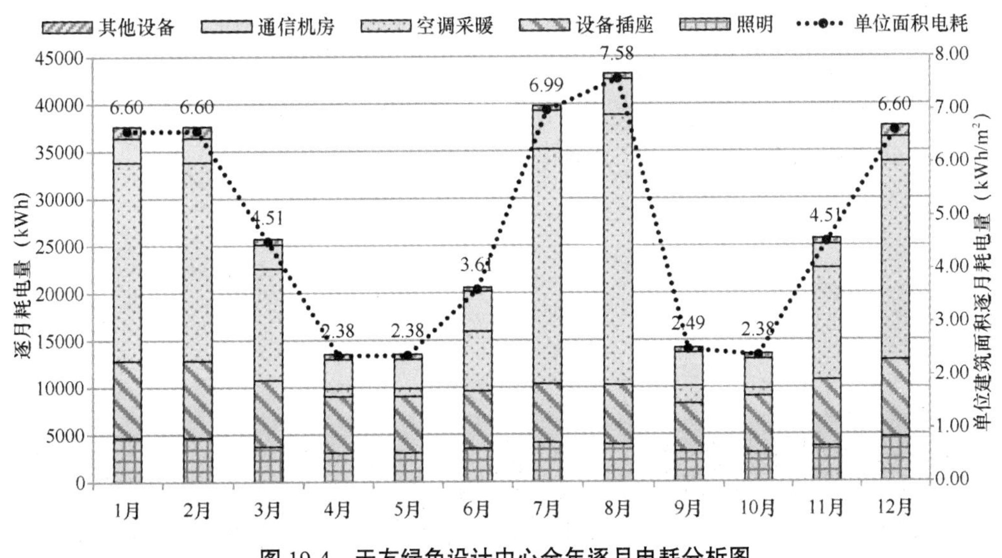

图 19-4　天友绿色设计中心全年逐月电耗分析图

19.3　天友绿色设计中心节能关键

天友绿色设计中心能够实现低能耗运行，主要得益于空调采暖系统设计、不同季节控制策略、部分时间部分空间控制模式优化、自然通风、吊扇及空调系统联合运行优化，以及行为节能方面上的共同结果。下面对此分别进行介绍。

（1）空调系统设计

天友绿色设计中心的空调系统冷热源采用模块化地源热泵（见图 19-5）与水蓄能（见图 19-6）相结合的方式。热泵主机分 A 机组低温热泵型和 B 机组高温热泵型两类机组，利用两套热泵机组在夏季能分别制取高、低温水的特点，分别向地板辐射供冷末端提供高温冷水和新风换热机组的换热器低温冷水，利用高温水降温（消除室内显热）从而提高主机的能效（*COP* 值）；同时用低温水除湿（消除空气中的潜热）。

图 19-5　模块机组外形

图 19-6　立式蓄能罐

水蓄能方面则是充分利用国家削峰填谷的能源政策（见表 19-1），低谷电价时蓄能（夏季蓄冷、冬季蓄热），高价电时放能，以减少空调运行费用。

天津市现行峰谷电价表　　**表 19-1**

	高峰		平价	低谷
	夏季	其他三季		
时段	10:00 ~ 11:00	8:00 ~ 10:00	7:00 ~ 8:00	23:00 ~ 7:00
	19:00 ~ 21:00	16:00 ~ 19:00	11:00 ~ 21:00	
		21:00 ~ 23:00		
电价（元）	0.9768	0.888	0.6025	0.333

天友绿色设计中心办公楼采用了以地板辐射供冷供热 + 新风为主的空调末端形式。值得一提的是，以地板辐射供冷供热 + 新风为主的空调方式，结合设置在窗下

的低矮风机盘管（见图 19-7）和传统的吊扇，形成混合通风模式。

（2）不同季节控制策略

通过自然通风、吊扇的启停、免费供冷、低温热泵机组 A、高温热泵机组 B、蓄能罐蓄能、蓄能罐放能等不同形式的组合，可以针对夏季、冬季和过渡季等形成多种工况，从而实现天友绿色设计中心的低能耗运行。下面具体介绍一下 2013 年夏季和冬季的实际运行策略。

图 19-7　外窗下的低矮风机盘管

1）夏季运行策略

在初夏，室外温度不太高时，优先开启外窗利用自然通风消除室内余热，当仅自然通风不满足需求时，开启吊扇，使得机械通风与自然通风相结合达到增强对流换热的效果。

更进一步地，当开启吊扇也不能满足室温要求时，则利用室外地埋管内的低温水，经板式换热器与室内地板辐射的管路换热，降低室内地板辐射管路的水温，由此实现免费的地板辐射供冷。

当夏季室外高温高湿，自然通风、吊扇和免费供冷等已无法实现室内温湿度的要求时，则关闭外窗，开启热泵机组来制冷，同时与吊扇相结合，达到提高夏季室温的效果。对于地板辐射供冷这种末端形式，男性和女性的冷热感受差别较大，主要是因为女性本身比较耐热，并且夏季常常光脚穿凉鞋、短裤或短裙等，所以通常当男性对室温感到满意时女性通常会抱怨太冷。针对这一问题，结合吊扇的混合通风方式可以达到提高夏季室温的效果，即供冷时在满足女士体感温度的前提下，开启男士顶部的吊扇，使室温控制在 26 ~ 27℃，使得男、女性在冷热感觉方面都能够满意（见图 19-8 和表 19-2）。

图 19-8　降低夏季室温的措施

夏季运行策略 **表 19-2**

吊扇节能作用	缩短热泵主机开启时间		提高供冷时段的室内温度
节能手段（运行策略）	开窗通风 + 吊扇	开窗通风 + 地板辐射供冷 + 吊扇	开热泵机组制冷 + 吊扇
使用时段	5 月中 ~ 6 月中	6 月中 ~ 7 月中	8 月份
地板供水温度 / 地表面温度（℃）	20/23		

2）冬季运行策略

在冬季，天友绿色设计中心实施地板辐射采暖与风机盘管间歇运行的策略。夜晚 23：00 ~ 7：00 开启低温 A 机组给蓄能罐蓄能，1：00 ~ 7：00/8：00 开启高温 B 机组直供地板辐射给室内供热；白天时则关闭低温 A 机组，蓄能罐将夜间储存起来的热能在 7：30 ~ 17：00 之间放能给一 ~ 二层的风机盘管，这是因为上班时段前一、二层室温较低，采用风机盘管供热可以迅速提高一、二层的室内温度。当天气晴好有太阳时，14：00 ~ 17：30 开启高温 B 机组制热直供给地板辐射给室内供热，若无阳光，则高温 B 机组开启的时间提前至 11：00。综上可以看到，由于白天室内人员负荷大，设备散热多，南向大窗墙比实现建筑充分吸收太阳辐射热，加之前一晚夜间地板辐射供热储存在围护结构、室内家具中的热等各方面因素，使得在白天 8：00 ~ 14：00 的时段内，三 ~ 五层无需提供任何空调热源。具体的运行策略见表 19-3 和图 19-9。

由图 19-10 可以看到，使用了夜间 A 机组向蓄能罐蓄能、白天蓄能罐向末端放能的运行策略后，白天 8：00 ~ 14：00 的时段内，三 ~ 五层无需提供任何空调热源，14：00 ~ 17：00 时只需开启 B 机组，从而使得白天高峰电价时段的空调采暖系统的电耗峰值显著降低，由此可以大大节省运行费用。

冬季末端运行策略 **表 19-3**

时段	策略
1：00 ~ 8：00	B 机组直供地板辐射
7：30 ~ 17：00	蓄能罐末端放能直供一 ~ 二层风机盘管
14：00 ~ 17：30（有阳光时）	B 机组直供地板辐射（充分利用免费太阳辐射能量）
11：00 ~ 17：30（无阳光时）	B 机组直供地板辐射

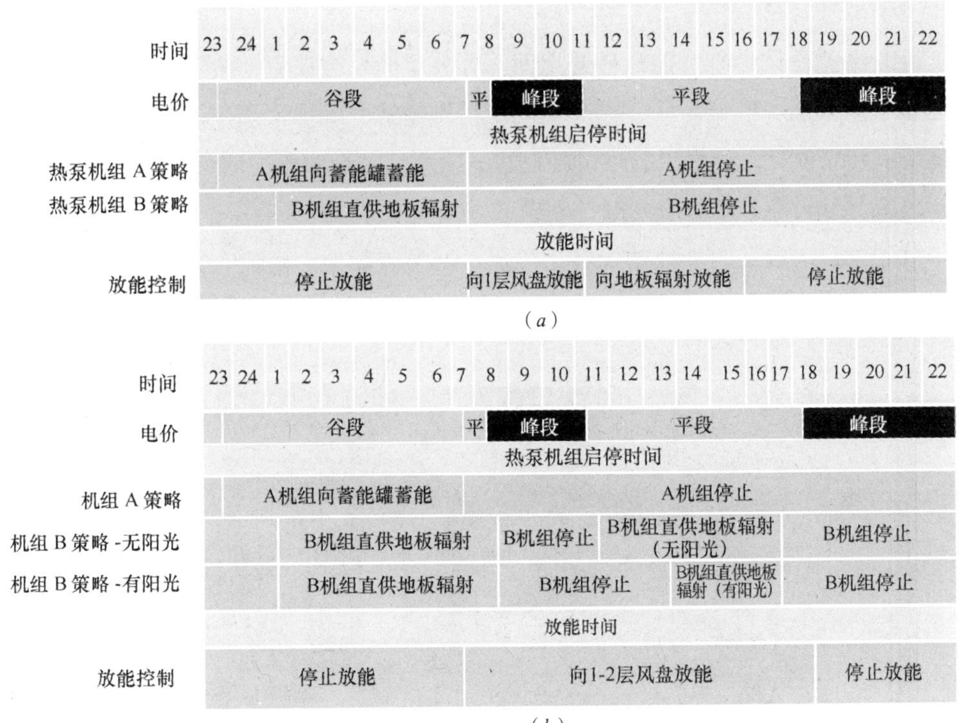

图 19-9　冬季空调设备全天各时段工作状态

(*a*) 11 月 1 日～11 月 30 日；(*b*) 12 月之后

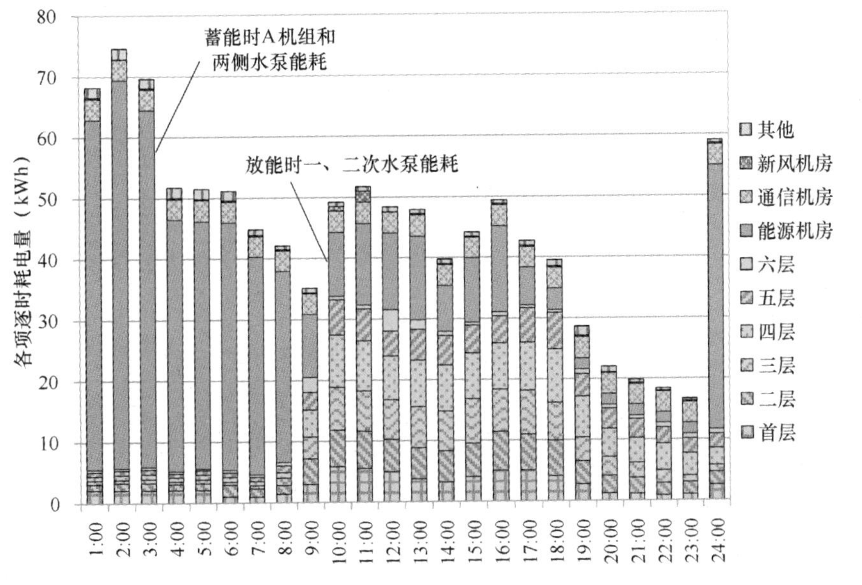

图 19-10　11 月 25 日全楼逐时耗电量

（3）部分时间、部分空间的控制模式

天友绿色设计中心对前台公共空间、办公空间、会议室、餐厅空间等不同功能的建筑空间采用了部分时间、部分空间的控制模式，既保证用户的环境感受，同时有效降低建筑能耗。下面以餐厅的控制模式为例，结合对餐厅的冬季环境测试结果，介绍建筑部分时间、部分空间的控制模式。

此餐厅位于改建时加建的局部第六层，与室外相通，南侧有大面积的外窗，如图 19-11 所示。

图 19-11　天友六层餐厅

该餐厅主要在中午时段供员工用餐使用，其他时间基本无人使用。针对这一使用作息情况，餐厅区域在午餐时段通过利用厨具设备发热、人员发热、太阳辐射得热等热量，基本能保证餐厅使用时段的人员舒适度。如遇室外特别冷等情况再开启空调，其余时间均不开启空调设备，由此在满足室内人员热舒适的前提下，达到低能耗运行效果。

图 19-12 为餐厅 12 月 16 ~ 22 日这一典型周的室内温度变化图，从图中可以看到，餐厅全天范围内的温度在 14.5 ~ 22℃，平均温度只有 14.5℃左右。但是对该区域的工作时段——即午餐时段（11：30 ~ 1：30）的温度数据进行分析可以看到（见图 19-13），其平均温度达到 20.5℃，满足室内人员对温度的要求。

（4）行为节能

在行为节能方面，天友绿色设计中心用制度和行政管理的方式，减少使用者的

不良习惯。如：全楼禁烟、公告开窗时间、外遮阳升降、人走熄灯和随时关闭外门等。并且编写绿色办公楼使用说明书，制订部门和楼层节能惩罚措施，有意地培养使用者的节能行为。除此之外还通过即时公布建筑能耗监测数据，使用户对楼内能耗情况有一直观及时的了解，强化节能意识。

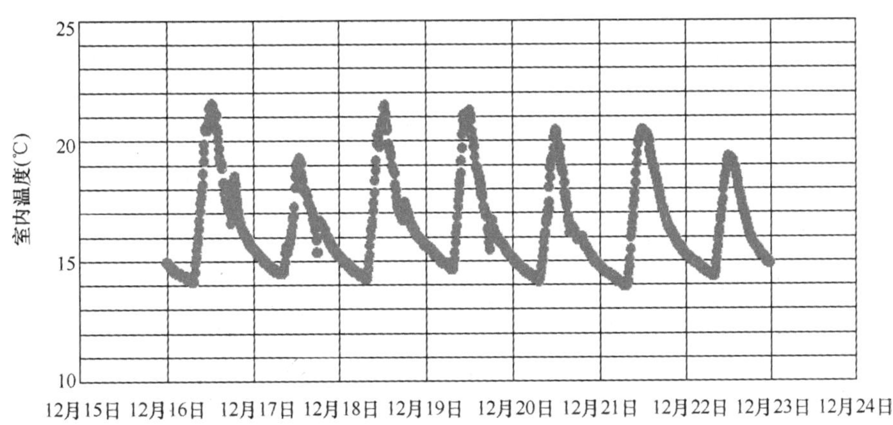

图 19-12 餐厅典型周温度曲线图

19.4 室内热环境满意度与热舒适水平

天友绿色设计中心夏季积极利用自然通风、地板辐射供冷与吊扇相结合的混合通风策略，冬季利用水蓄能等策略实现空调采暖低能耗、低成本运行，但是室内环境能否满足室内人员的热舒适要求？使用者对室内环境的满意度究竟如何？通过调研问卷对使用者的满意度和热舒适水平进行了统计分析，来探究天友是否为了节能而牺牲室内环境质量。

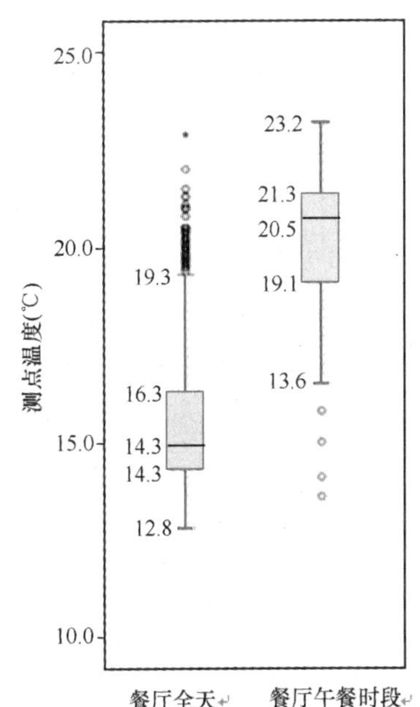

图 19-13 餐厅分时段温度分析图

由图 19-14 可知，用户对建筑室内热环境、光环境、声环境、空气品质等各方面满意度在冬季、夏季和过渡季都处于满意的水平（正表示满意、负表示不满意），整体满意度均达到 0.5，处于较高的水平。

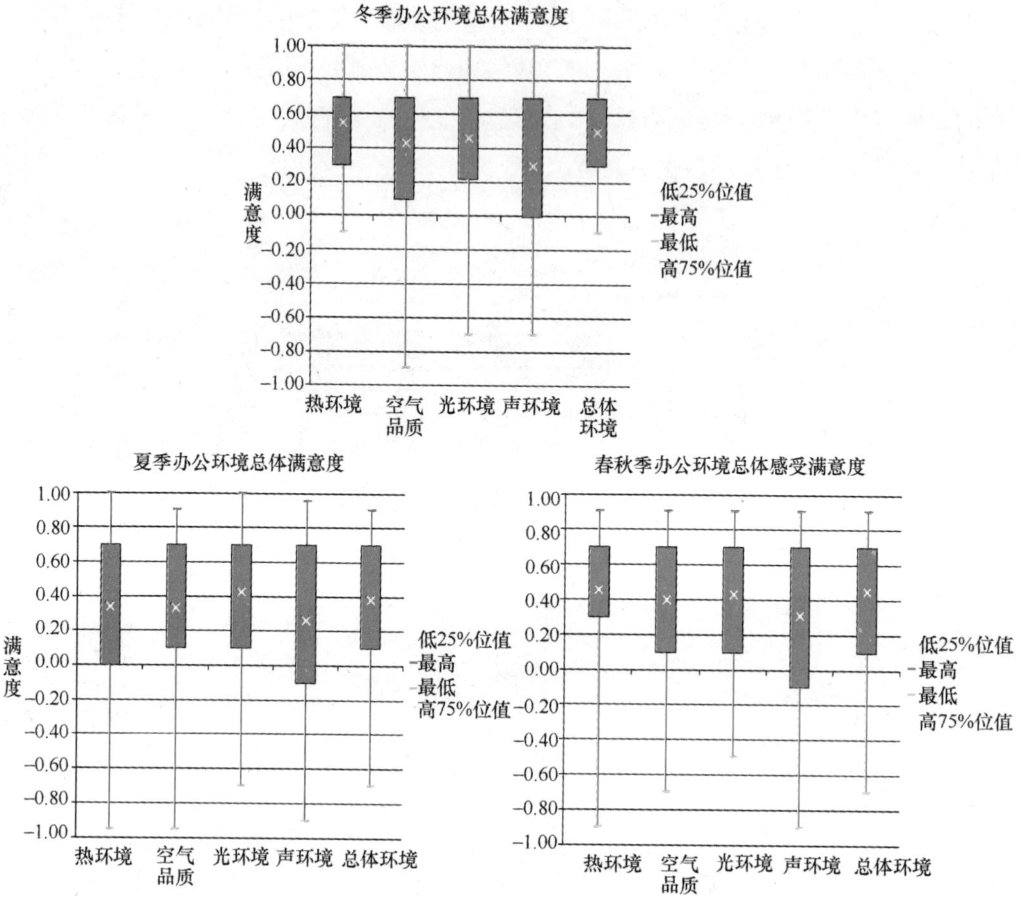

冬季办公环境总体满意度

夏季办公环境总体满意度

春秋季办公环境总体感受满意度

图 19-14　冬季、夏季、过渡季用户室内环境满意度

图 19-15 为天友绿色设计中心用户冬季热感觉投票结果，依据热环境评价标准，微暖和微凉及范围均为舒适范围内，比例超过 90%，其余部分更多投票为暖。因此，天友的冬季热环境是完全满足室内人员的热舒适要求的。

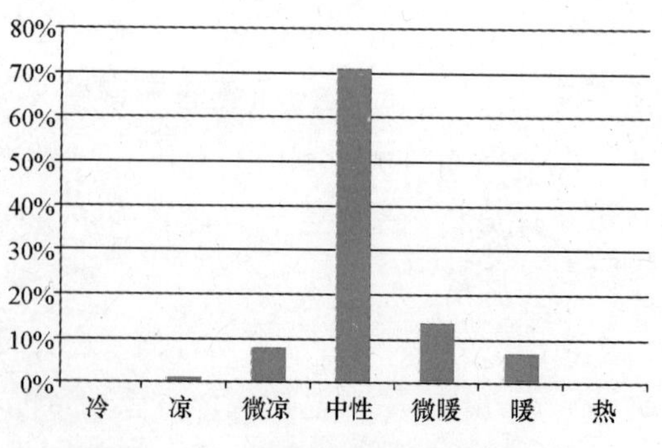

图 19-15　用户冬季热感觉投票结果

19.5　分析与总结

总体看，天友绿色设计中心单位建筑面积能耗约为 56.62kWh/（m^2·a），其中空

调采暖能耗约为 26.52kWh/（$m^2 \cdot a$），显著低于同类建筑。通过分析其系统节能设计策略、运行控制模式及现场实测、调研结果，可以为华北地区办公建筑节能设计和运行提供如下启示：

（1）该建筑能够实现低能耗的主要原因在于建筑有效的控制策略，包括夏季积极利用自然通风、地板辐射供冷与吊扇相结合的混合通风策略，大大减少了夏季制冷的时间；冬季利用水蓄能、地板预热等策略，从而实现了冬夏季空调采暖低能耗。此外，在一些空间，充分实践了部分时间、部分空间的控制模式，优先使用自然通风、自然采光，也确保空调能耗和照明能耗处于一个较低的水平。

（2）从实测和问卷调查结果看，该建筑的室内热环境完全能够满足室内人员的舒适性要求，并得到了较高的满意度。在此前提下，通过运行策略的优化等措施实现了低能耗运行。

（3）行为节能也是实现低能耗的重要原因之一。现有建筑在空调系统、照明系统、新风供应和电梯运行方面，也充分考虑了使用者的行为节能，这是因为项目的设计者和使用者同为一家单位，才完完全全使得设计者可充分把握需求，使得运行后环境品质提升和能耗降低可兼得。

20　香港太古地产高效集中空调系统冷冻站

20.1　概况

（1）项目简介

PP1（PacificPlace1）和 CPN（CityplazaNorth）为两座太古地产位于中国香港的冷站，始建于20世纪80～90年代，并在2010年前后分别进行了整体节能改造。目前，其能效水平在亚太地区都堪称一流。如图 20-1 所示，按照美国采暖、制冷与空调工程师学会（ASHRAE）的研究报告所提议的冷站能效水平评价标尺，这两座冷站的全年平均系统能效比 *COP* 均属于“优秀（excellent）”水准。本节以两个冷站为典型案例，介绍其节能高效的实践与经验。

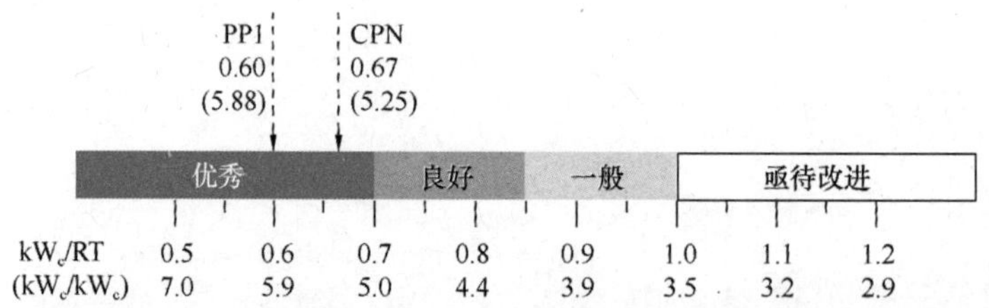

图 20-1　冷站整体能效指标标尺，及 PP1 冷站和 CPN 冷站的实际冷站全年能效比

（2）系统简介

PP1 为香港太古广场（Pacific Place）的冷站之一。太古广场是一个包含了写字楼、酒店和商场的综合商业体。PP1 冷站负责其中的一期写字楼（One Pacific Place），并和 PP2 冷站共同为商场（Pacific Place Mall）供冷。PP1 负责的总建筑面积为 111017m^2，空调面积为 103957m^2。

PP1 配备了 4 台 1000RT 的大冷机，2 台 400RT 的小冷机。其冷冻水系统（见图 20-2）采用了二次泵系统，初级泵定速运行，次级泵通过台数调节及变频控制管

路末端压差等于设定值。冷却水系统（见图 20-3）为海水直接冷却系统，并与其他冷站共用海水泵房。其中冷站内的冷却水泵只负责冷却水在冷站内的压降，海水泵房另设有海水泵。

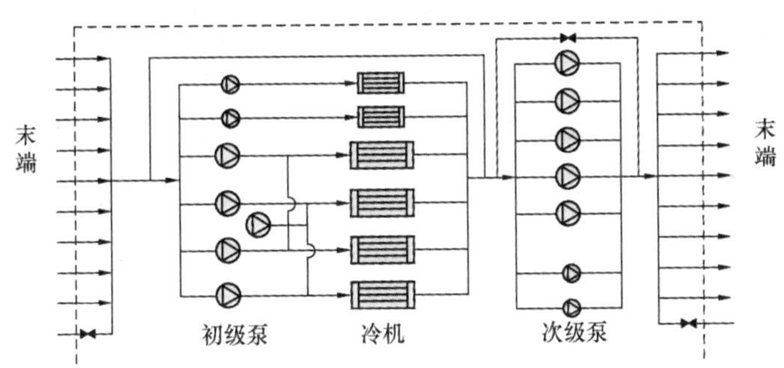

图 20-2　PP1 冷冻水系统示意图

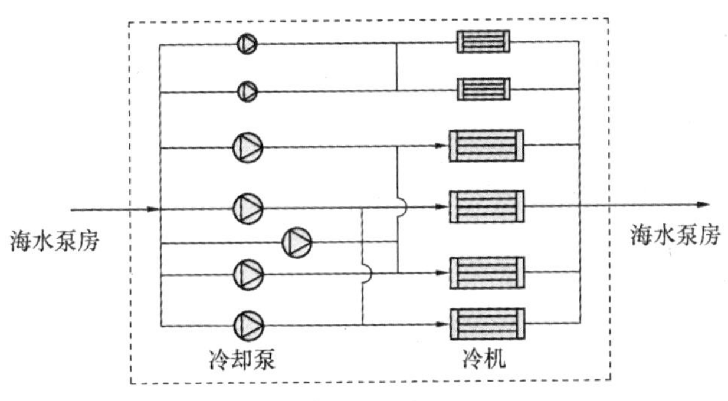

图 20-3　PP1 冷却水系统示意图

CPN 为香港太古城中心商场（Cityplaza）的北区冷站，其负责太古城中心的北区。其负责建筑面积为 92183m^2，空调面积为 59226m^2。冷站配备了 4 台冷机、5 台初级冷冻水泵、3 台次级冷冻水泵、6 台冷却水泵。系统形式与 PP1 类似，为二次泵冷冻水系统（见图 20-4），海水间接冷却系统（见图 20-5）。冷冻水泵控制方法与 PP1 相同，冷却侧与其他冷站共用独立的海水泵房。

20.2　能耗情况及能效指标

冷站的能效水平可通过冷站综合能效系数 *EER*、冷机 *COP*、冷冻水和冷却水系统输配系数进行评价。需要说明的是：冷却水系统能效应包括海水泵电耗，由于几座

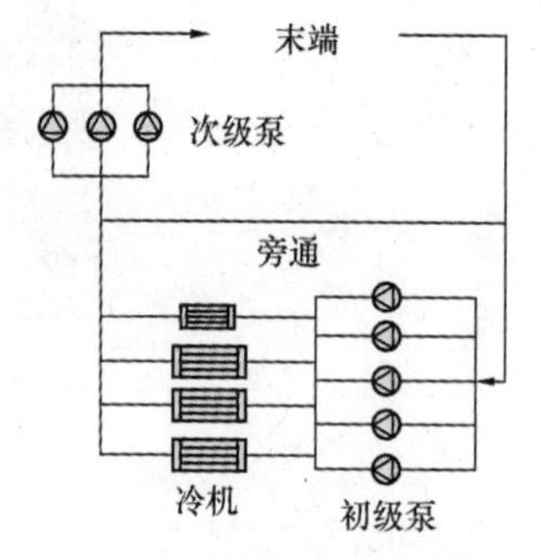

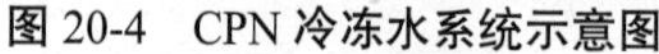

图 20-4　CPN 冷冻水系统示意图

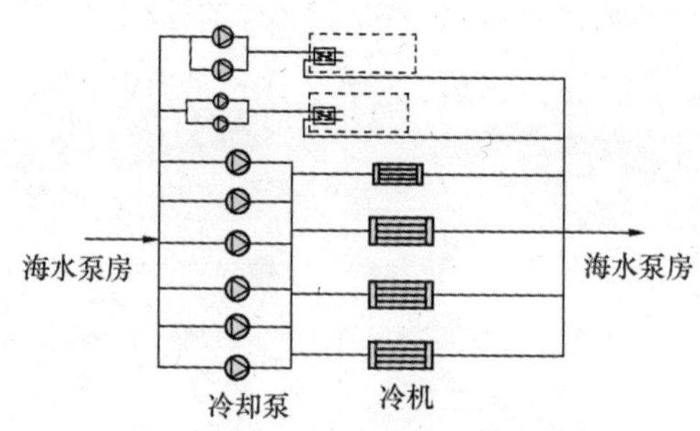

图 20-5　CPN 冷却水系统示意图

大厦的冷冻站共用海水泵房，海水泵耗不易分解到单独的冷站，为保证数据精确，故暂不纳入讨论（实测太古地产的海水泵房效率也是非常高的）。能效指标通过统计供冷量和各设备能耗按如下公式计算得出。

$$冷站\ EER=\frac{供冷量}{冷站总电耗}$$

$$冷机\ COP=\frac{供冷量}{冷机电耗}$$

$$冷冻水系统输配系数=\frac{供冷量}{一级冷冻泵电耗+二级冷冻泵电耗}$$

根据对两座冷站的年电耗及能效情况的统计（其中 PP1 统计时间为 2011 年 7 月 ~ 2012 年 6 月的 12 个月，CPN 统计时间为 2011 年 9 月 ~ 2012 年 8 月的 12 个月），将冷站电耗进行拆分（如图 20-6 和图 20-7 所示），可见冷机电耗占冷站总能耗的 83%，而水系统能耗很低。进一步结合供冷量可计算得到冷站各部分的能效水平（见表 20-1）。

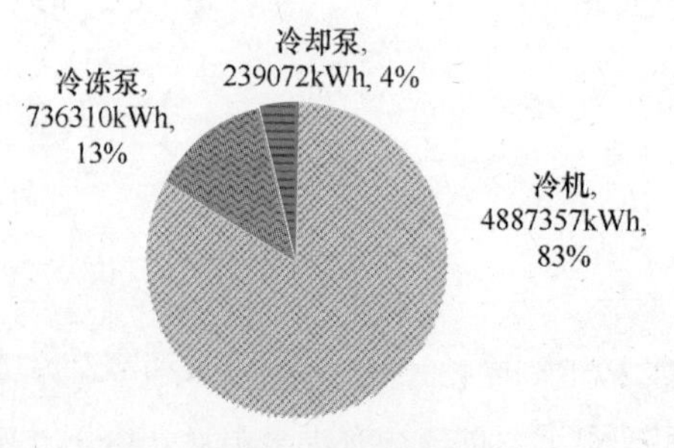

图 20-6　PP1 冷站电耗拆分

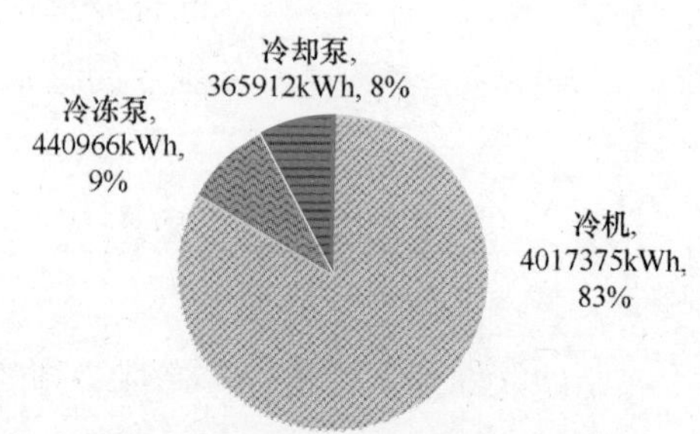

图 20-7　CPN 冷站电耗拆分

冷站年能耗及能效数据　　　　表 20-1

冷站		PP1	CPN	国标参考值
供冷量（kWh_c/a）		34468085	25339100	
能耗（kWh_e/a）	总	5862739	4824253	
	冷机	4887357	4017375	
	冷冻泵	736310	440966	
	冷却泵	239072	365912	
能效（kW_c/kW_e）	冷站 *EER*	5.88	5.25	3.6
	冷机 *COP*	7.05	6.28	4.8
	冷冻水系统输配系数	46.8	57.5	30

将 PP1 及 CPN 的能效与国家相关标准进行对比，可见两冷站的各能效指标均显著高于国家参考值。系统的良好运行需要各系统各设备的综合考虑，良好配合，缺一不可。

20.3 节能高效的要点分析

从冷站的全生命周期考虑，对能效有影响的环节包括：选型、设备出厂性能、保养维护和运行控制。而这两座冷站之所以能达到如此优秀的能效水平，正是在这四方面都有优秀的表现。

（1）选型恰当

冷机、水泵等设备的选型往往考虑所谓额定工况，其应尽量与实际工况中出现最多的情况相接近，以保证设备能长期运行在较高效率下。以 CPN 的冷机为例，CPN 冷站全年最大供冷量约 2350RT，略小于两台大冷机和 1 台小冷机的容量。供冷量最多出现于 950RT 和 1800RT 附近，如图 20-8 所示，与两台大冷机的容量选型（900RT）匹配。除单台小冷机运行时有一些工况需要工作在低负荷率下之外，其他工况都可以通过冷机的配合使冷机平均负荷率高于 60%。

除冷机容量外，冷机两器温差的选择也会影响冷机能效和供冷能力。两器温差实际上体现了冷机蒸发器和冷凝器的压力差。一般设计两器温差比冷机运行的最高两器温差低 1 ~ 2K 比较合适，既不会在高温天气影响冷机的供冷能力，又保证了冷机尽可能运行在高热力完善度区域。从实际运行情况看（见图 20-9），CPN 冷机全年两器温差从 18 ~ 35K 均有分布，在 31K 附近出现最为频繁。最大两器温差为 35K。冷机的设计两器温差为 34K，选型合理。

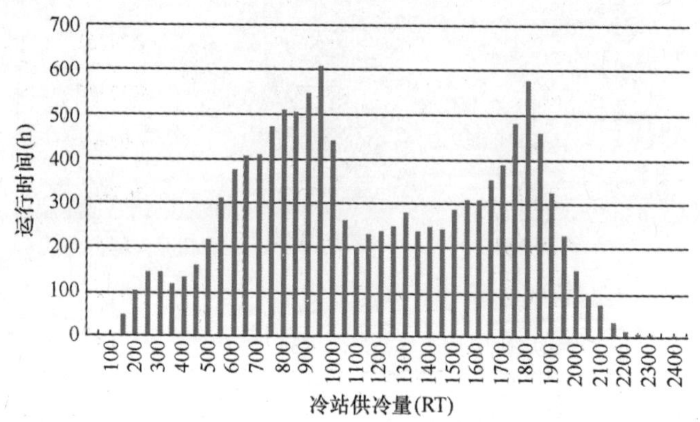

图 20-8　CPN 冷站供冷量分布

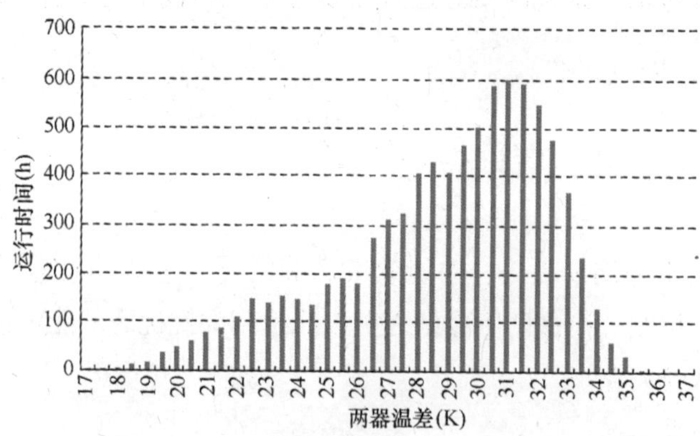

图 20-9　CPN 冷站运行两器温差分布

水泵的选型同样关系到水泵的运行效率，以 CPN 的二级冷冻泵为例（见图 20-10）。二级冷冻泵为变频水泵，控制末端压差不低于设定值。将变频后的工况等效到实际工作点所对应的 50Hz 曲线上工作点，可见两个工作点间十分接近，且出现最多的工作点效率甚至略高于额定效率。

（2）设备出厂性能好

一方面业主要选购在当前技术水平下较好的设备，另一方面要在设备验收时确保设备运行情况与样本一致。以 PP1 的冷机为例，图 20-11 为 2011 年 8 月 10 日 ~ 9 月 18 日的冷机运行情况统计。可见这一个月内，大冷机的 *COP* 中值在很高水平的 6.6 ~ 7，效率略低的小冷机 *COP* 中值也有 5.6 ~ 5.9。

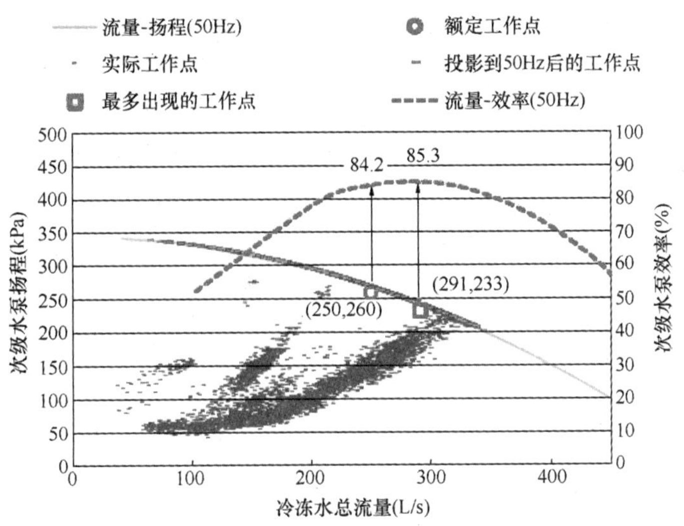

图 20-10 CPN 二级冷冻泵设计与运行工况对比

CPN 的冷机同样表现出不错的性能（见图 20-12）。如其大冷机在额定工况下的实测 *COP* 为 5.77，与样本额定 *COP* 值 5.97 仅相差 3%。

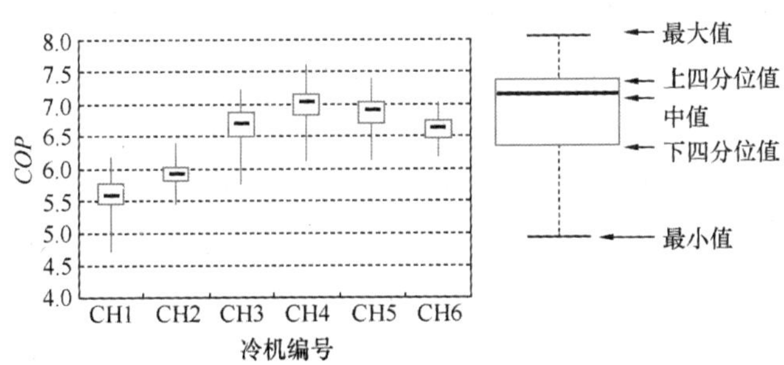

图 20-11 PP1 冷机运行 *COP* 统计

水泵的情况与冷机类似，如图 20-10 所示 CPN 二级泵的运行效率与样本一致，使得水泵能够始终运行在它的最佳工况下，保障了水泵自身的性能。

（3）维护保养到位

在设备运行中定期进行维护保养，关系到设备能否持续保持高效运行，冷站的维护保养效果主要体现在水路阻力上。因保养不良造成的管路结垢、过滤器堵塞、部件损坏等问题会给水路增加额外的压降，水泵不得不提供更高的扬程，从而造成水泵能耗的浪费，同时还可能会对系统的调节性能及末端的舒适性造成影响。这些在集中空调冷冻站系统中常见的问题，在这两个冷冻站中几乎绝迹。

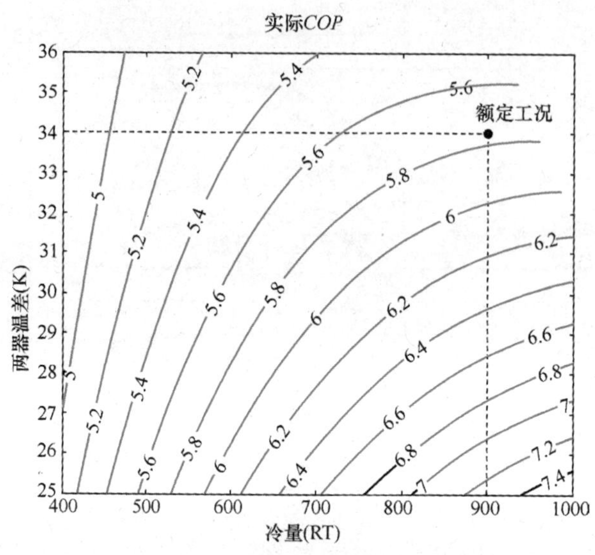

图 20-12　CPN 大冷机实测 *COP*

例如，图 20-13 ~ 图 20-16 为 PP1 与 CPN 的空调水路压降情况（以海平面为基准），其中冷却水路压降仅包括位于冷站内的部分，位于海水泵房的部分由海水泵承担。PP1 和 CPN 的冷冻水路总压降分别为 24.8mH_2O 和 25.0mH_2O，冷却水路在冷站内的压降为 5.4mH_2O 和 11.5mH_2O，各阻力部件的阻力值都在正常范围，且无额外的不合理阻力项。冷站的水路阻力恰当，没有多余阻力造成的能耗浪费。

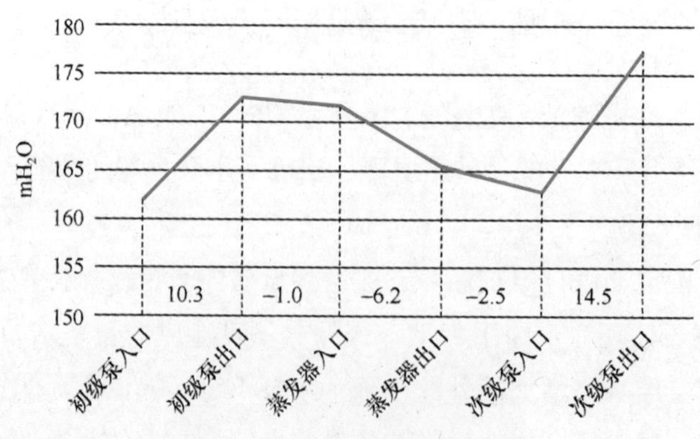

图 20-13　PP1 冷冻水路水压图

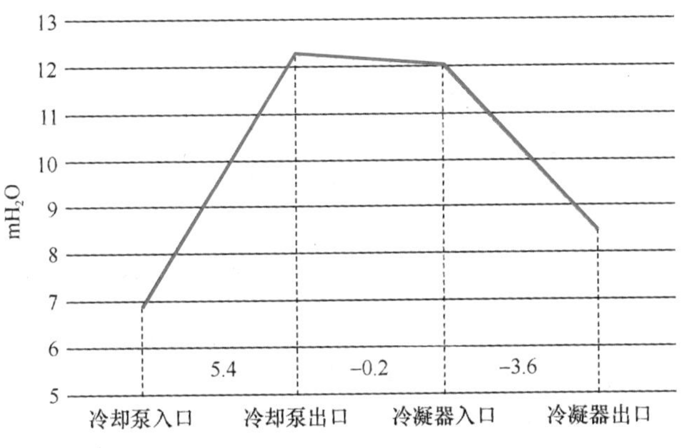

图 20-14　PP1 冷却水路水压图

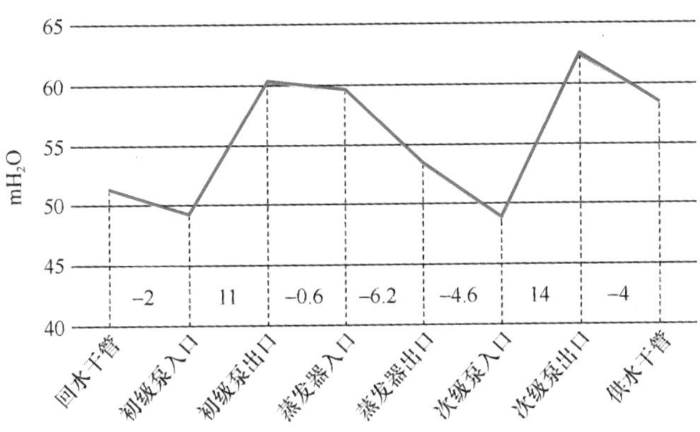

图 20-14　CPN 冷冻水路水压图

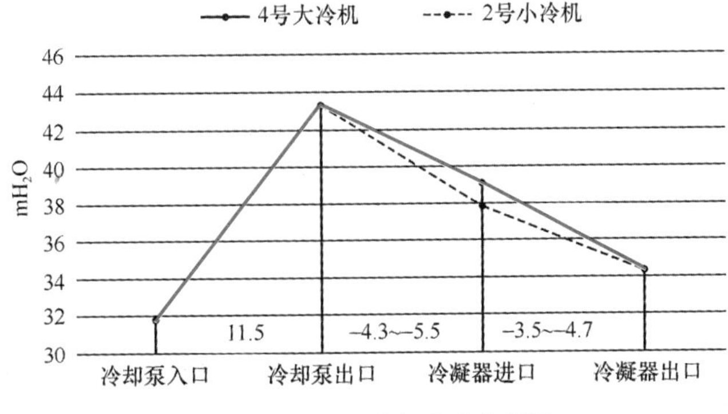

图 20-15　CPN 冷却水路水压图

同时，水路阻力还与包括阀门设置在内的管路设计，以及运行控制有关。较低的水路压降也是冷站在管路设计和运行控制这两方面的优秀表现。

（4）控制有效

良好的控制与系统安全、室内舒适和系统高效息息相关。从效率的角度看，运行控制即要尽可能使设备运行在高效区（即设备级控制），又要通过流量调节及设备之间的配合使系统整体达到最优（即系统级控制）。

在此以冷冻水流量控制为例。冷冻水供回水温差是冷冻水流量控制效果的一个典型体现。合适的冷冻水供回水温差才能保障室内舒适度和水系统高效运行。这两座冷站的冷冻水系统均采用了二次泵系统，初级泵定速运行，通过旁通实现两级泵流量的解耦，次级泵依靠台数调节及变频控制管路末端压差等于设定值。

图 20-10 为 2011 年 8 月 PP1 两条典型冷冻水支路的温差情况，其中 A 支路向商场供冷水，C 支路向写字楼供冷水。A 支路在商场营业时间（10：00 ~ 20：00）供回水温差保持在 5K 左右。供给写字楼的 C 支路则能控制到 6K 左右。合适的供回水温差使得冷站得以实现较高的冷冻水输配系数。

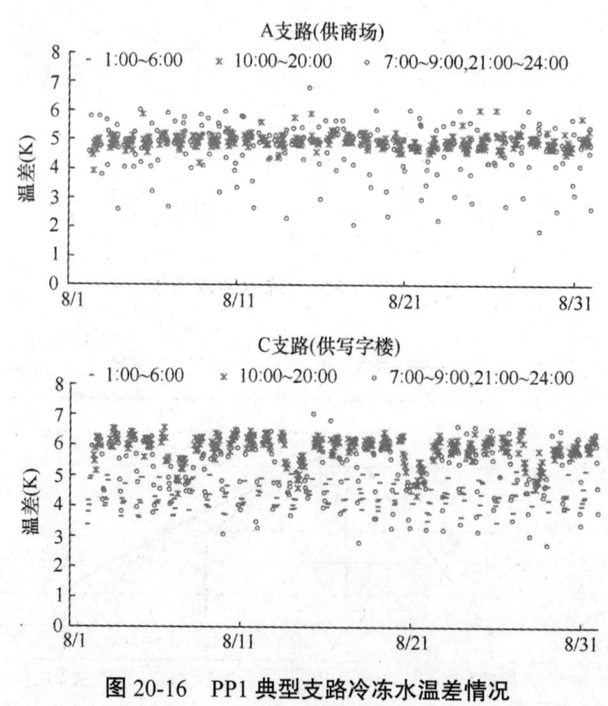

图 20-16　PP1 典型支路冷冻水温差情况

类似的，可以对 CPN 不同负荷下冷冻水温差情况进行统计，绝大多数时候供回水温差为 4.6K 左右（见图 20-17）。

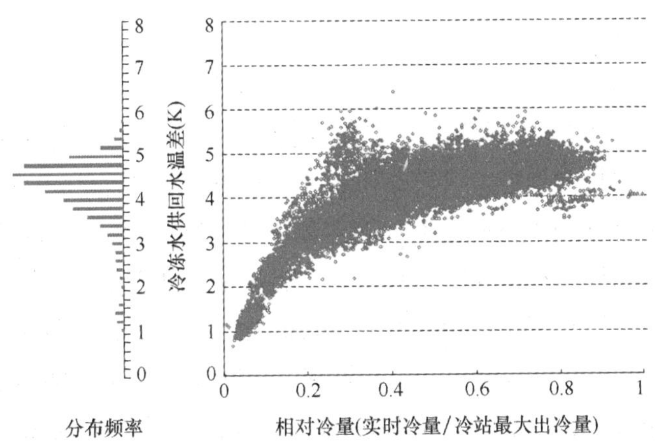

图 20-17 CPN 冷冻水温差情况统计

此外，这两座冷站采取的很多具体控制策略值得借鉴，如直到冷机超过额定冷量 100% 的出冷量之后、实在无法再增加供冷能力时，才多加开一台冷机。这是因为通常情况下，冷却水回水温度都低于冷机的额定工况，压缩机可以在相对较低压缩比的情况下产生更大的冷量、而不会导致电流增加，这对于大型离心式制冷机是非常常规的性能。在 PP1 冷站和 CPN 冷站，均由经验丰富、责任心极强的运行管理人员进行冷机的加减机操作，他们还会根据所带负载的变化细节进行前馈控制，调节冷机的开启情况、保证其极高的负荷率和效率。例如：周一早上 8 点左右会开大通向办公楼支路的冷冻水阀门，并且根据周末的天气情况，估算冷机在 8 ～ 9 点之间的预冷尖峰负荷段该如何开启冷机；

在 9 ～ 10 点的办公楼正常使用阶段该如何开启冷机；

在 10 ～ 11 点的商场开业、空调箱集中投入使用、并且需要预冷所负担空间时，该如何开启冷机，以及如何调节通向商场和办公楼的冷冻站主干管的流量；

在中午 12 : 30 ～ 2 : 30 办公楼人员纷纷出来到商场所含餐饮吃午饭时，又该如何调节冷冻水流量及冷机开启台数；

在下午 5 点左右如果商业综合体所带宾馆要准备晚上的宴会而需要增加冷量时，运行管理人员还会仔细调节分配到各个支路上的冷冻水流量，并且问清宴会规模，预测冷机开启台数，前馈控制。

通过多年如一日的精心摸索，太古地产的冷冻站实现了人工准确预测和识别负荷变化以及高精度的控制，既精准地满足建筑物不同空间、不同时间的冷量需求，又实现了冷站的高效运营。

20.4　总结

太古地产一直致力推行及实践可持续发展与节能减排，在亚太地区乃至全球的商业地产建设和运行管理中，均贯彻和落实节能环保理念。自 2006 年 10 月起，太古地产与清华大学在高端持有型商业综合体的节能领域展开全面合作，历时七年。通过合作研究、工程实践、沟通交流、人才培养等多种形式，一方面促进太古地产从基层运行人员，以至高级管理层专业人员的持续学习、实践和提升；另一方面共同推动具体工程项目在系统设计、运行管理、控制调节等方面的持续优化创新，不仅全面提升系统效率、大幅度降低能源消耗，还积累了大量的新知识、新方法和新技能，确切地在执行上体现了太古集团所提出的“Being the best in class globally”的目标。近年来，太古地产通过持续的节能改造和优化运行，打造了一批高效率的集中空调冷冻站，这不仅为公司带来显著的节能和经济效益，并且夺取了多个国际奖项，如于 2006 年及 2013 年两次获得美国采暖、制冷与空调工程师学会（ASHRAE）技术奖，2010 年获英国皇家注册建筑设备工程师学会（CIBSE）年度最佳低碳运营奖等。从太古地产的集中空调系统高效冷站案例可得出结论，要打造并长期运营一个优秀的冷站，必须在其整个生命周期的各个环节中进行严格控制，特别是控制每个环节的损失，确保最初的选型到持续的运行控制及维护保养都能维持高水平，并能够贯彻地围绕最初设定的系统效率目标来工作和进行检验。这也是本书第五章所提出的面向能源消耗量控制的全过程节能管理体系的重要组成。

通过选取的这两个冷站案例，我们清晰地认识到，集中空调系统、常规冷冻站设计方案，也能促使全年冷站综合能效指标达到 5.5 的优秀值。如果按 1 元 /kWh 的电价计算，这样的高效冷站全年平均冷量成本少于 0.2 元 /kWh 冷量，其冷量成本甚至低于大部分采用冰蓄冷的集中空调系统冷冻站。由此可见，合理的配置和设备选择，加上长期精心维护保养、持续改进优化，能够将传统的集中空调冷冻站效率和经济性提升 30% 以上。太古地产的经验对我国大型商业综合体或公共建筑的集中空调系统的节能设计建造和优化运行，都具有重要的参考价值和借鉴意义。

21 山东交通学院图书馆

21.1 概述

由清华大学建筑学院设计的山东交通学院图书馆，是一座地上 5 层、地下 1 层的现代化校园建筑，总建筑面积约 15700m^2。本工程意在建成集环保、节能、健康于一体的绿色生态建筑，为山东交通学院广大师生提供一个健康、美观、高效的学习工作环境，并充分体现人、建筑与自然的和谐与统一。

本图书馆于 2000 年 6 月开始设计，2003 年 5 月竣工运行。作为国内较早探索绿色生态技术策略并得以实施的一个项目，山东交通学院图书馆综合运用生态设计策略，在采用普通技术和有限的投资条件下，不仅实现了节地、节能、节水、节材的目标，同时也创造出了一个健康舒适的室内环境。因此，本项目获得了 2007 年建设部绿色建筑创新奖综合一等奖第一名。

21.2 主要特点

（1）场地建设

山东交通学院位于济南市区的西北部。该区为辉长岩分布区，风化后，砂、岩混杂；地段内被人为地大量挖取岩石，形成坑洼不平的地貌。之后，由于常年倾倒垃圾，垃圾堆积深度达 4 ～ 5m。场地内垃圾与风化后的岩体混杂，形成恶劣的地貌环境（图 21-1）。通过采取措施，回填自然土壤，保持土壤渗透率，利用水塘改善周围环境。在对垃圾彻底清理和对水塘改建后，开辟出面积为七千多平方米的建设用地，臭水塘也变成了校园水景（图 21-2）。

（2）节能与室内环境

济南尽管地处寒冷地区，但夏季非常闷热，被称作新四大火炉之一，最热月平均

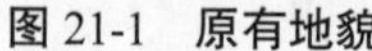
图 21-1　原有地貌

图 21-2　图书馆北立面

温度达到 27.4℃，最高温度常超过 40℃，最冷月平均温度达到 -1.4℃，最低温度低于 -10℃。这样的气象条件导致完全靠被动式的环境控制方法是无法维持冬夏的室内环境在舒适范围内的，空调与采暖依然是必不可少的手段。同时，由于图书馆是一个大内区、人员聚集的建筑，充足的通风以保证良好的室内空气品质，以及提供充足的室内照度是必须的。因此，如何最大限度地降低空调采暖和通风系统以及照明系统的运行能耗，成为本建筑业主最为关心的问题。作为一个地方学校，又必须严格控制建设成本。因此低成本、适宜性节能技术成为本项目节能设计的首要选择。同时由于学校有寒暑假，因此最热月和最冷月期间冷、热负荷显著下降也是一个有利条件，例如夏季的冷负荷峰值往往发生在 7 月中旬，而后由于学生放假，图书馆运行时间变短，室内人员也相应减少而导致负荷降低。

首先，被动式的环境控制设计是设计师第一步考虑的问题，包括遮阳、自然通风、天然采光、温室效应和地道通风等。

该图书馆采用了不同类型的遮阳方式。该建筑的主入口在西立面，为了解决入口西晒的问题，又要避免西向房间有闭塞的感觉，在西侧立面设置了大尺度的分离式遮阳墙（图 21-3*a*）。东侧采取了退台式的绿化遮阳的方式，夏季利用落叶爬藤植物遮挡日晒，冬季落叶后则不会遮挡阳光（图 21-3*b*）。南侧玻璃咖啡厅的玻璃幕墙设水平遮阳（图 21-3*c*），而且变废为宝，利用在校园搜集到的废旧日光灯管在顶部密集排布，形成了半透明的内遮阳装置，该内遮阳装置具有反射阳光直射辐射并兼具散射日光改善天然采光条件的作用。夏季利用水平遮阳格栅和顶部的内遮阳有效阻挡阳光的直射入射，而冬天太阳高度角较低，顶部的内遮阳装置并不会影响阳光的直射入射，阳光可以透过水平遮阳格栅的缝隙进入大厅，见图 21-4。而图书馆的屋面用做阅读和自由活动空间，屋面除了设置了绿化草坪以外，还设置了很多固定式的植物攀爬架为读者提供遮阳。

（a）　（b）　（c）

图 21-3　各种遮阳方式

（a）西向入口遮阳墙及遮阳效果；（b）东向退台植物遮阳；（c）南向水平遮阳板

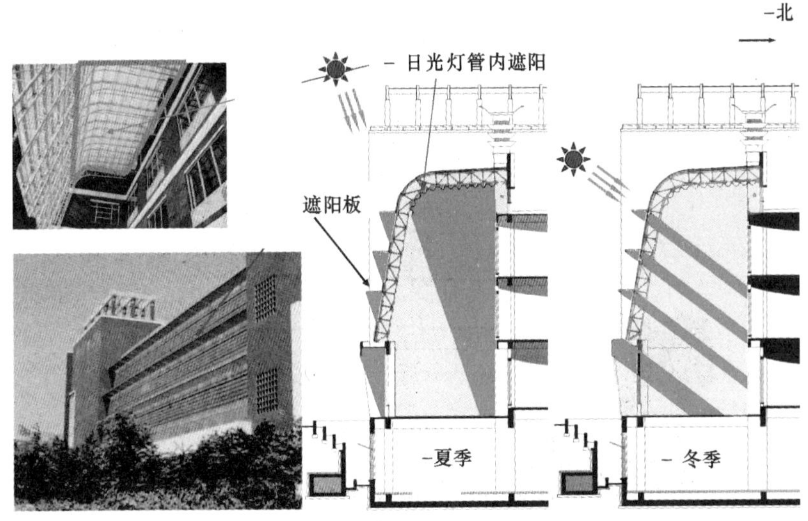

图 21-4　南向遮阳在不同季节的使用模式

被动式通风系统设计是本项目的一个显著特色。由于图书馆有大内区，外窗影响范围受限，因此热压通风的作用比风压通风可能发挥的作用要大。本建筑的被动式通风系统的组成主要包括中庭与边庭的拔风烟囱驱动热压通风、外窗、窗下百叶以及内部隔断的顶窗等开口作为主要气流路径、边庭的温室作为温度缓冲区、地下风道为夏季和过渡季提供新风冷源，为冬季提供新风预热。拔风烟囱（图 21-5）由出风百叶、风阀和滤网组成，

图 21-5　窗下的通风百叶和屋顶的拔风烟囱

在冬季需要降低热压拔风作用的时候可以全部或者部分关闭。被动式通风的设计分别采用了 CFD 模拟和区域网络法模拟，所有窗户和气流通道的开启位置、开启面积及方向都根据模拟结果来确定。

在中庭顶部设置拔风烟囱，利用太阳能加热空气产生热压，把室外空气通过门窗或者地道抽进来，把室内空气由顶部的烟囱排出去，这种方法在过渡季或气温适宜的夏季起到了很好的通风降温作用，如图 21-6 所示。图 21-7 是采用 CFD 进行模拟的一个情况。模拟中室外空气温度 20℃，地道风送风温度为 17℃；太阳水平总辐射强度加热空气的热量为 600W/m²；以 5 月 1 日为计算对象，利用建筑热负荷模拟软件 DeST 模拟计算所得到的负荷的基础上取 8：00 ～ 18：00 的平均负荷作为计算的标准负荷。可以看出热压通风的效果极为明显，室内温度基本均可以控制在 23℃以下。

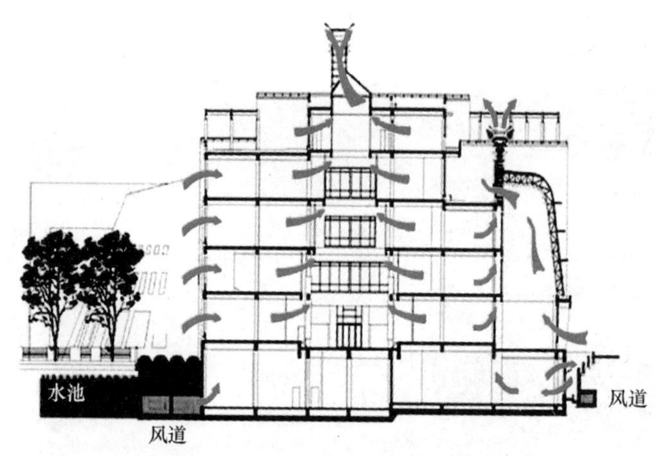

图 21-6　过渡季和凉爽夏季的通风模式

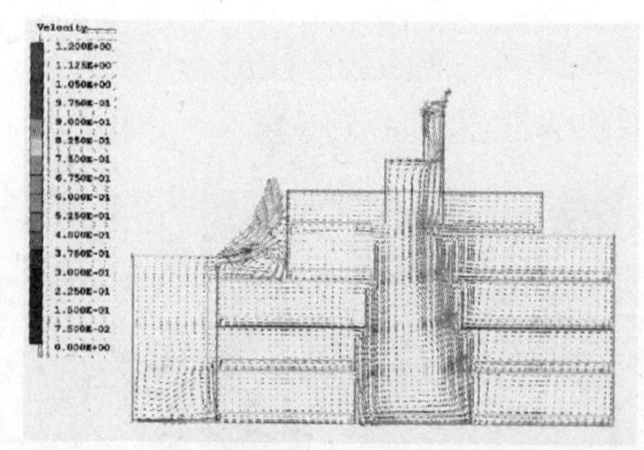

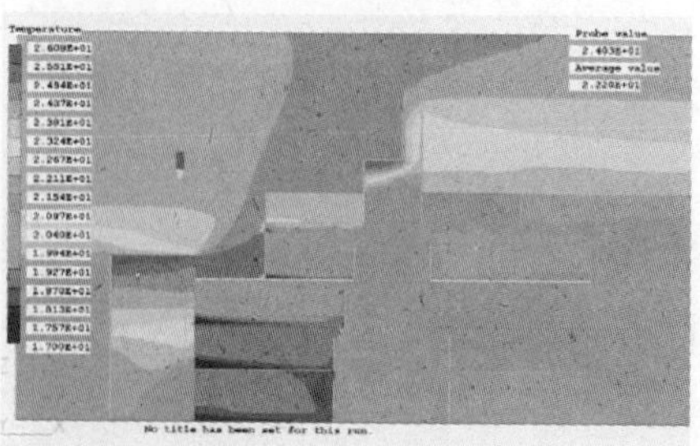

图 21-7　CFD 模拟过渡季通风情况

在盛夏酷热期，白天关闭窗户，将温度较低的地道风作为空调系统的新风送入

室内，并利用拔风烟囱从中庭顶部把热空气排出；夜间为安全起见，仅打开窗下百叶引入室外空气，只要烟囱内和室内温度高于室外温度，顶部的拔风烟囱就会靠热压来驱动夜间通风降温。冬季则关闭南向边庭的顶部通风口，积蓄太阳辐射热，利用南侧玻璃咖啡厅的温室效应形成温度缓冲区，同时利用地道的预热作用来降低新风加热负荷，利用中庭烟囱的拔风作用将较为温暖的空气引入阅览室，减小采暖负荷，如图 21-8 所示。但要关闭大部分中庭烟囱的阀门，以免渗入新风量过大。

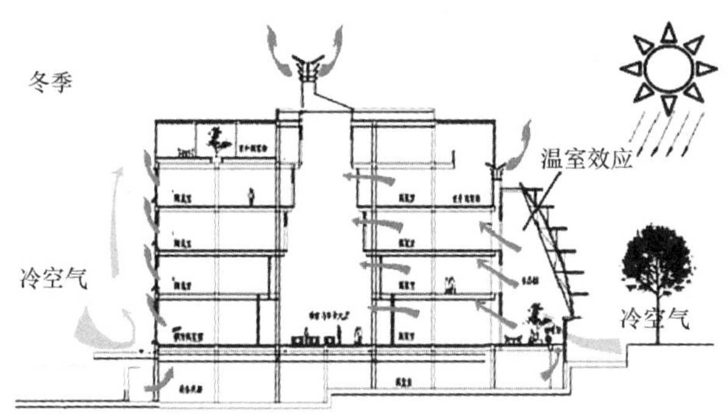

图 21-8　冬季温室效应与通风模式

中央中庭、南向的边庭和西北报告厅顶部的珍藏本阅览室均设计了采光屋顶，而阅览室的侧窗尽量开得很大，利用它们将自然光引入建筑内部。阅览室与中庭之间的隔断均为玻璃隔断，以综合利用外窗和中庭天窗的采光作用为内区照明，节约人工照明能耗，见图 21-9 和图 21-10。由图 21-9 的左图可见中庭顶部的拔风烟囱口，图 21-10 中玻璃隔墙顶部的可开启窗的作用是为通过阅览室外窗到中庭烟囱的热压通风提供气流通道。这样的采光设计使得该图书馆在使用期间需要开灯照明的空间和小时数都大大减少了。

图 21-9　中庭和边庭咖啡厅的采光屋顶

图 21-10　阅览室与中庭之间的采光隔墙

该图书馆的空调系统主要由风机盘管加新风系统与全空气系统组成。内区中庭、学术报告厅、录像厅等空间采用的是全空气系统，而以外区为主的阅览室采用的是风机盘管加新风系统。由于济南室外空气夏热冬冷，为了降低夏季空调和冬季采暖的新风负荷，本项目通过地道风降温技术，利用土壤蓄存的能量来分别对室外空气进行预冷预热，同时在过渡季利用其作为免费冷源来改善室内环境。在地面下共敷设了两根 45m 长、一根 85m 长，断面均为 2m × 2.5m 的地道（图 21-11）。风道顶部埋深为 1.5m，平均风速为 0.45m/s。根据济南地温实测值和气温全年变化值，模拟计算得到当夏季风道进口最高气温为 36℃时，出口温度为 31.76℃；温度降低幅度约为 4℃左右。

图 21-11　地下风道的位置及内部实景

图 21-12　池水冷却盘管替代冷却塔

本项目冬季采暖的热源是校园的锅炉集中采暖系统。而由于本建筑的屋顶已经全部用作学生阅读和自由活动空间，因此就不宜在屋面再设置冷却塔。因此夏季空调的冷水机组用景观水池作为冷却水源，在水池中设置了换热盘管（图 21-12）。在设计阶段对利用池水替代冷却塔后的池水温度和冷凝器入口水温的变化进行了计算机模拟，模拟结果曲线如图 21-13 所示，确认冷凝器入口水温能够满足要求。根据甲方提供的信息，暑假和寒假期间负荷按减半计算。图中 7 月中旬后水温下降的原因是暑假期间冷负荷减半的作用。

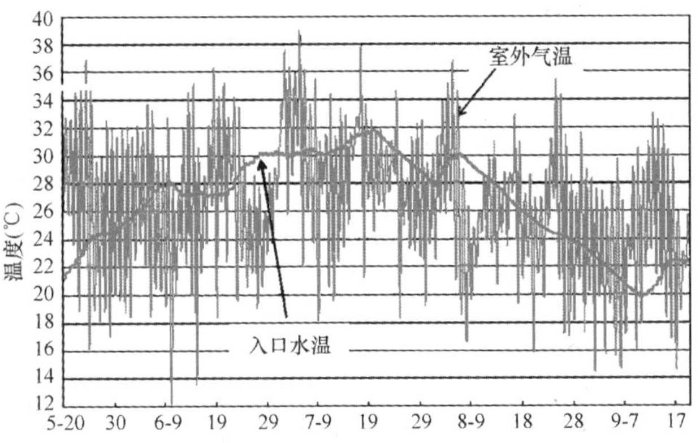

图 21-13 作为制冷机冷却水源的池水温度变化模拟曲线

利用清华大学开发的建筑环境设计模拟分析软件 DeST 对设计方案进行热环境模拟计算，如图 21-14 所示。根据计算结果，供热负荷为 320kW，折合热负荷指标为：21.8W/m²（含新风负荷，不含新风的采暖负荷为 14W/m²）；总供冷负荷为 880kW，折合冷负荷指标为 59W/m²。可见，本图书馆的采暖、空调负荷指标均低于普通图书馆（冷负荷指标约 90W/m²，采暖指标约 45W/m²）。从图中的冷、热负荷曲线可看到寒暑假期间负荷的降低。

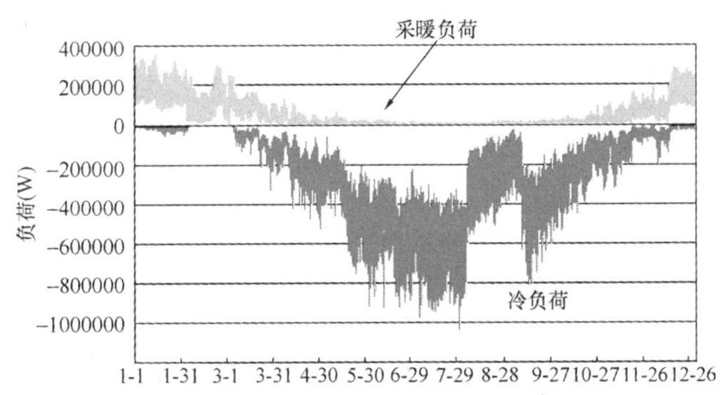

图 21-14 全年采暖空调负荷逐时模拟结果

（3）节水、节材及其他

本项目利用池塘周围的凹形地势，并在建筑上设置了雨水收集池，将多雨季节的水收集起来，进行过滤沉淀消毒，用作池塘的补充水，或者用来浇灌绿地，如图 21-15 所示。水塘自然水除了利用作为冷却水以外，还用做室内水景用水循环使用。同时室内使用了节水洁具。

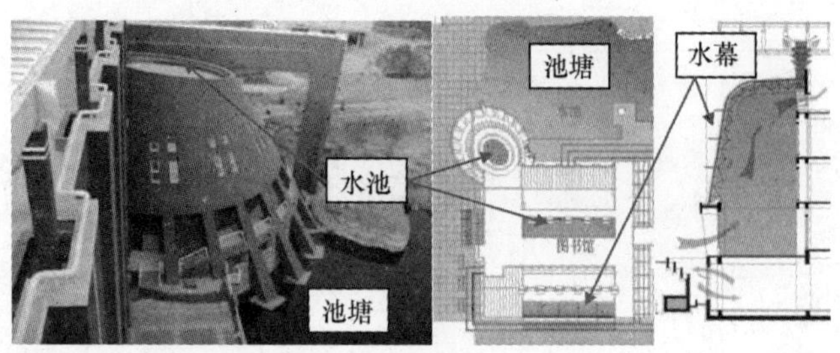

图 21-15　节水技术的利用

图 21-16　素混凝土面与喷漆表面的装饰效果

本项目 80% 的建材均来自当地。室内设计中，柱子及地下室混凝土墙都尽量利用素混凝土面装饰，中庭内墙采用外墙砖贴面，避免繁复的装饰用材，减少了装饰材料的耗费，见图 21-16。同时合理利用场地清出的石料作为地面铺设和景观装饰（如图 21-3*b*、*c* 的地面敷设材料）。在图书馆结构设计方面，采取的措施是荷载统一、柱网统一，以适应不同功能房间的多重要求。

21.3　测试与运行效果

2006 年 7 月 1 日 ~ 10 日对山东交通学院图书馆进行了现场测试，并结合 2003 年 5 月 ~ 2006 年 11 月的实际运行数据记录对其能耗情况进行了分析。

山东交通学院图书馆的空调箱与冷站采用了同一个电表计量，而风机盘管、照明、插座、电梯以及其他用电设施共用一个电表计量。由于图书馆由学校统一支付交费，因此图书馆没有记录逐月的电耗数据，因此只能根据累计总电耗给出单位面积的空调电耗。而风机盘管与照明电耗均与其他耗电部件混在一起，且管理人员由少部分教师以及勤工俭学同学组成，风机盘管运行与开灯时间并无固定时间表，建筑通风、照明调节都为学生自主行为完成，一般只有在室内温度偏高的时候才开空调，因此风机盘管和照明能耗难以估算和拆分。从 2003 年 5 月运行至 2006 年 11 月一共四个夏季，空调箱与冷站电表记录的累计耗电量为 70.85 万 kWh。按照空调面

积 13000m² 计算，可求得年均空调耗电量为 13.6kWh/（m²·a）。这个数字不包括风机盘管的电耗，但包括冬季采暖期水泵的电耗。

图书馆与一个数百平方米的检修工厂共用一个锅炉采暖，供热量也难以拆分。由于图书馆的供热面积比检修工厂大得多，所以只能暂且忽略检修工厂的采暖能耗，全部算作图书馆的能耗。2003 ~ 2006 年锅炉房采暖烧煤量均为 100t/a，按照采暖面积 13000m² 计算，冬季采暖耗煤量为 7.8kgce/（m²·a），低于济南当地节能标准 20%。

通过 2006 年 7 月 3 ~ 6 日（暑假前）对 3 条地下风道作用的实测结果得知地道风降温效果显著，而且室外温度越高，地道风的降温效果越明显。图 21-17 给出的是 7 月 5 日 85m 单管地道入口和出口的温湿度测量结果，并可得知室外空气经过地道进入空调箱的过程是一个降温除湿的过程，地道风的冷却能力可承担 90% 的新风负荷。85m 单管的降温效果为 6 ~ 8℃，45m 双管的降温效果为 2 ~ 2.4℃。地下风道实际降温效果大于模拟预测值的原因是在设计地道风的时候考虑的是最不利工况

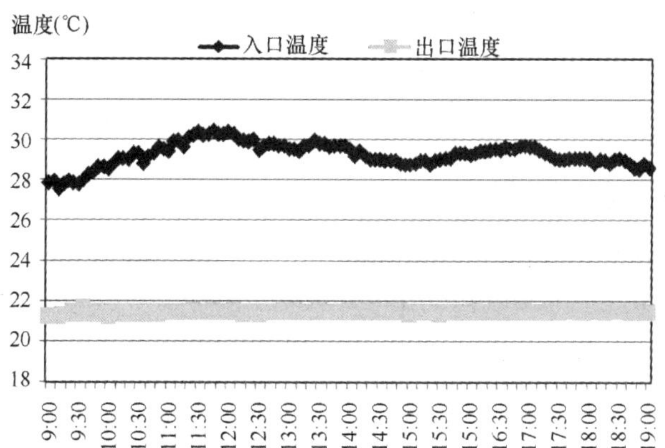

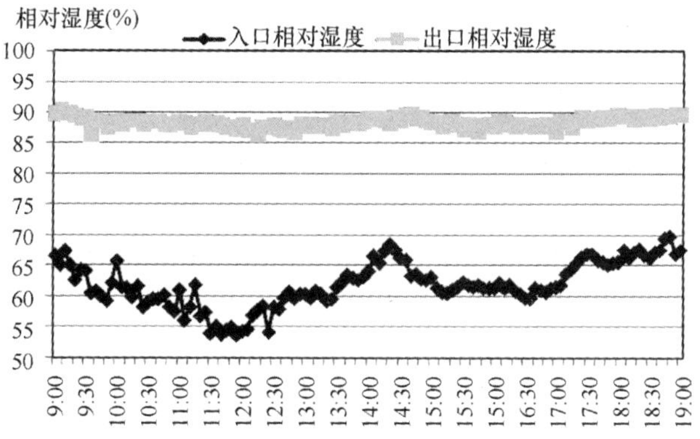

图 21-17　85m 单管地道降温效果实测结果（2006 年 7 月 5 日）

的负荷，且该图书馆在实际运行时尽量采用了自然通风降温，空调系统运行的时间比预想的要短，因此到暑假前地道的土壤热积累比较少，仍然保持着较强的降温能力。

该图书馆日间空调系统维持室内温度 26 ~ 26.5℃，夜间则打开外区阅览室下部的窗扇，通过窗下的百叶和屋顶两排拔风烟囱进行自然通风降温。为了了解夏季夜间热压通风的降温作用，7 月 3 日、4 日和 7 日夜晚均连续对图书馆不同朝向房间的室温进行了实测，并通过图书馆屋顶的拔风烟囱测量建筑整体的热压通风换气量。测试发现夜间热压自然通风可实现换气次数 2.5 ~ 3.5 次 /h。图 21-18 给出的是 7 月 7 日夜间各层不同朝向房间的室温变化值。测试结果表明楼层越高，降温幅度越小：五层房间的降温幅度为 1℃左右，一 ~ 四层降温幅度比较大，可达 1.5 ~ 2.0℃，但一层不开窗通风的房间室温比较稳定，自然降温只有 0.5℃左右。由于夜间通风降温后很多房间清晨室温都降到 25℃以下，因此图书馆上午空调开机的时间均可以推迟到 9：00 或者 10：00 以后。

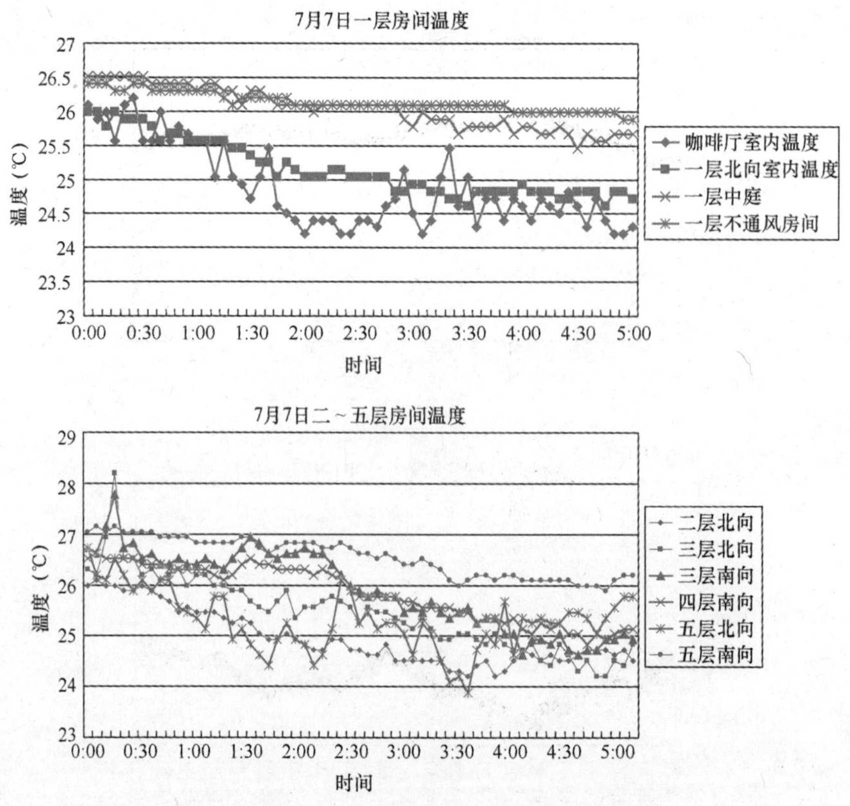

图 21-18　夜间自然通风实测温度曲线（2006 年 7 月 7 日）

采用水池内沉入式盘管代替冷却塔是一个新的尝试，实际测试结果表明池水下部水温维持在 30.5℃左右，最大负荷时冷凝器进口水温为 33.7℃，出口水温为 38.2℃，高于设计值 32/37℃。但冷却水的实际流量为设计流量的 150%，因此螺杆式冷水机组的 *COP* 仍然维持在 4.0，单台冷水机组的实际最大制冷量达到 604kW，比额定制冷量高 28%，能够满足整个图书馆的供冷要求，不需要同时开启两台冷水机组。

2009 年 6 月再次对该图书馆进行了现场测试。6 月 6 日 10：00 ~ 15：00 对图书馆日间自然通风的效果进行了测试。测试期间室外平均温湿度为 24.6℃、65.5%，在这段时间内室内各房间温度范围为 26 ~ 28℃，相对湿度为 50% ~ 60%，风速为 0.1 ~ 0.6m/s，室内外温差不超过 3℃，室内人员均感到舒适，不需要开空调。另外对图书馆各空间昼间天然采光效果的实测发现，80% 以上的空间都能够满足最低照度要求 200lx，只有一、二层阅览室靠近中庭的内区部分有照度不足的现象，需要用人工照明来补足。

21.4 总结

本图书馆注重把生态技术构件作为建筑艺术元素进行处理，实现技术与建筑艺术的结合。外立面设计注重与教学楼群形成统一的建筑风格，屋顶的绿化构架及绿化、拔风烟囱，西向遮阳墙，南侧玻璃大厅遮阳板等，都构成为新的建筑艺术表现元素，形成了本建筑的艺术特征。

通过实测发现，山东交通学院图书馆实际运行能耗低的原因除了建筑本体采用了大量被动式节能设计以外，运行期间注重充分利用被动式环境控制手段，有效减少空调系统的运行时间和人工照明时间的指导思想起到了非常重要的作用。

注重经济节约是本项目的一大特点。在设计中注重低成本技术和产品的集成和可推广性，设计中尽量采用普通建筑材料，着重技术的适宜性，降低材料与技术成本。最终建安费用为 2150 元 /m^2，比当地同类建筑增加不到 3%。本项目的经验与中国作为一个发展中大国的国情相符合，易于在各种类型普通建筑中推广。

因此，本项目在节能、节地、节水、节材、室内环境和运营管理等方面全面达到了绿色建筑评价标准的要求，为此荣获 2005 年教育部优秀建筑设计一等奖和 2007 年建设部绿色建筑创新奖一等奖，并被评为 2007 年中国建筑节能年度代表工程。2009 年山东交通学院图书馆又成为第一批获得建设部绿色建筑运行评价的建筑，获得绿色建筑运行 2 星级标识。

山东交通学院图书馆的设计和建设，对于在当前国情下发展我国低成本绿色建筑提供了有益的示范。

22　深圳招商地产办公楼

22.1　建筑与空调系统概况

（1）建筑概述

深圳招商地产办公楼位于深圳市南山区，主体部分为5层，一层为车库、餐厅等，二、三、四层为普通办公区域，五层为会议室及领导办公室，建筑外观如图22-1（*a*）所示。总建筑面积约21960m^2，其中一层5940m^2，二层5045m^2，三层3876m^2，四层3908m^2，五层3191m^2，整个建筑的空调面积共15600m^2。建筑物北部设立前庭，作为建筑的主出入口。前庭面积约720m^2，垂直方向连接二～四层，北侧全部采用玻璃幕墙，以使各层办公区能够得到较好的自然采光。前庭北侧上部设有大量的通风换气窗，利用热压和风压，形成前庭顶部良好的自然通风，排除透过玻璃幕墙的太阳光得热（图22-1*b*）。在建筑中部设中庭贯通2～5层。中庭顶部有可以控制开闭的排风口，当排风口开启、同时办公区各个外窗开启时，可以形成从外窗到办公空间、到中庭的良好的自然通风（图22-1*c*）。当外窗和中庭顶部关闭时，室内外的自然通风停止，办公区依靠机械的新风系统通风换气。

（*a*）

图22-1　深圳招商地产办公楼（一）

（*a*）招商地产办公楼外观

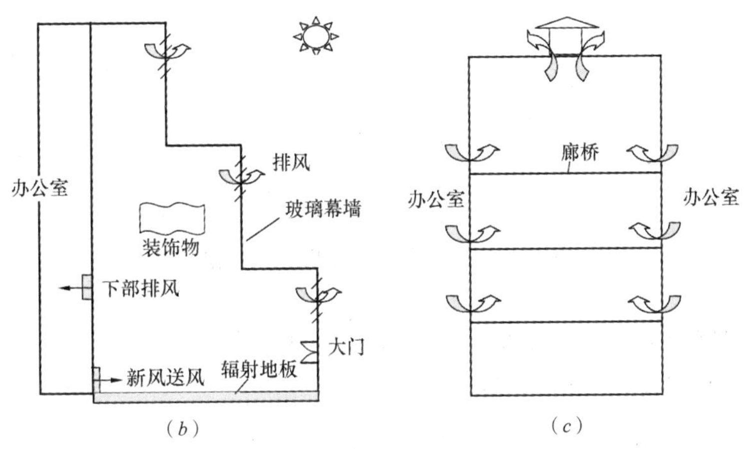

图 22-1 深圳招商地产办公楼（二）

（b）招商地产办公楼前庭截面图；（c）招商地产办公楼中庭截面图

（2）空调方案设计

图 22-2、图 22-3 为与深圳室外气候类似的广州全年温度和湿度（干空气中水分含量）的逐日变化。可以看到，从 3 月中旬到 10 月中旬，室外空气湿度都有可能高于 15g/kg$_{干空气}$，在 6、7、8 三个月，室外空气的湿度基本在 20g/kg$_{干空气}$以上。要满足办公空间空气湿度不超过 15g/kg$_{干空气}$的舒适要求，在 11 月到来年 3 月可以主要依靠自然通风排除室内人员产湿和人员与设备产热，在 3、4 月与 5 月上旬和 9 月下旬与 10 月则需要根据室外状况在室外低湿的情况下自然通风排湿，在室外高湿时，关闭自然通风，采用专门的机械系统除湿和解决办公空间的通风换气。在 6、7、8 三个月的室外高温高湿季节，则只能全天都依靠机械系统营造室内适宜的热湿环境。然而即使在这段时间，仍打开前庭的北侧外窗和顶部通风窗，维持前庭上部的自然通风，以排除进入前庭的太阳辐射热量，同时引导通过前庭进出口进入的热湿空气直接进入上部空间，而不形成前庭空调系统的热湿负荷。

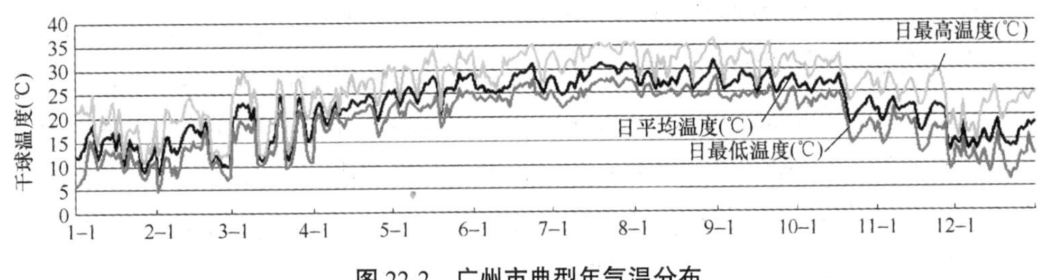

图 22-2 广州市典型年气温分布

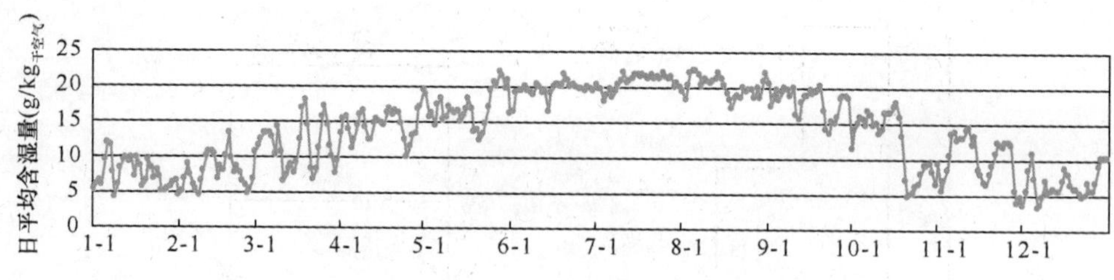

图 22-3　广州室外日平均空气含湿量

前庭的热湿环境控制见图 22-1（*b*）。前庭属于高大空间，由于室内人员都活动在地表面，因此一般只要求地面附近人员活动区（< 2m）的温湿度环境，而并不要求控制高空部分的热湿环境。在前庭中采用通入 18℃冷水的辐射地板，从而满足人员活动区域的温度要求；并通过置换通风的送风系统将新风送到各个人员聚集区域，而尽可能减少与空气的混合。由于地板表面温度在 20℃以上，而室内人员大都处于活动状态，因此也不会感到脚部过凉。并且有专门的新风系统从下部送入低于 22℃的干燥新风，其容重显著低于热、湿空气，因此只要新风送风的露点温度低于地板内盘管中水的温度，地板表面就不会出现结露现象。在北侧围护结构上部设置通风换气窗，与送风配合形成良好的自然通风系统。在空间上部吊装装饰物，利用这些装饰物来吸收部分太阳辐射，使其转化为对流形式的热量，散发到上部空间，并利用北侧外立面顶部的自然通风将热空气排走。

办公区域的热湿环境采用温度湿度独立控制的方式，其原理见图 22-4。当室外空气能够满足室内湿度控制要求时，通过自然通风实现湿度控制。当室外湿度超出要求的湿度范围时，关闭自然通风，通过溶液除湿型新风机组对室外空气进行除湿和调温后送入室内。新风量根据室内空气湿度状况进行调节。因为室内主要的产湿源是人体，保证了室内各区域的湿度，实际也就保证了活动在室内各区域人员的必要新风量。室内各区域温度则是通过高效制备的高温冷水（17 ~ 20℃）经过不同的末端装置带走室内产生的余热，实现温度控制。在大多数情况下，自然通风可以排除室内余湿时也可以同时排除室内余热。只有在很少的过渡季，室外偶然出现低湿高温天气，自然通风可以排除室内湿度，但带入室内显热。因为高温冷水制备和循环的效率都高于新风除湿和新风的机械导入，所以这种工况下仍利用自然通风，优先排湿，同时用显热末端装置排除室内余热，调节室内温度。同样当室外出现高湿低温的气候，尽管外温低于 25℃，但湿度高于 15g/kg$_{干空气}$，此时自然通风会增加除湿的负荷。因此关闭自然通风，利用机械系统提供新风和除湿，利用高温冷水系统排除室内余热。

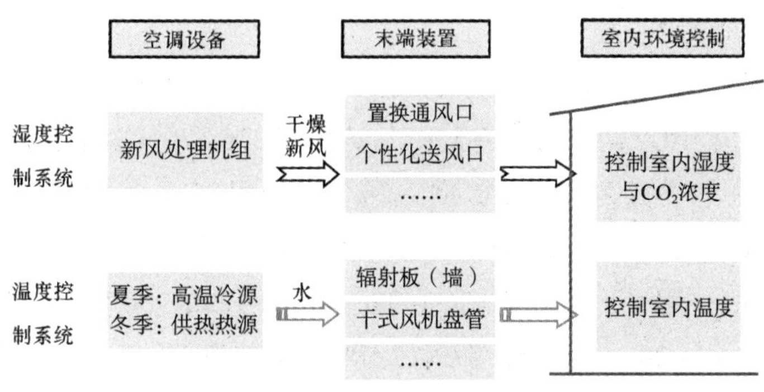

图 22-4　温湿度独立控制空调系统图

（3）空调系统概况

在实际工程中，考虑到五层作为会议室常处在部分使用时间与部分负荷情况，选用多联机（VRF）及水冷柜机。一～四层选用温湿度独立控制空调系统形式，空调面积共计 13180m^2，后文的能耗测试及分析均集中在此部分的温湿度独立控制空调系统。

图 22-5 给出了温湿度独立控制空调系统的工作原理。左侧为温度控制空调系统，右侧为湿度控制空调系统。温度控制空调系统由高温冷水机组、冷冻水泵、室内末端装置（风机盘管、辐射板）、冷却水泵、冷却塔组成。湿度控制空调系统由溶液除湿新风机组以及送风口组成。温湿度独立控制空调系统各部分的组成情况如下：

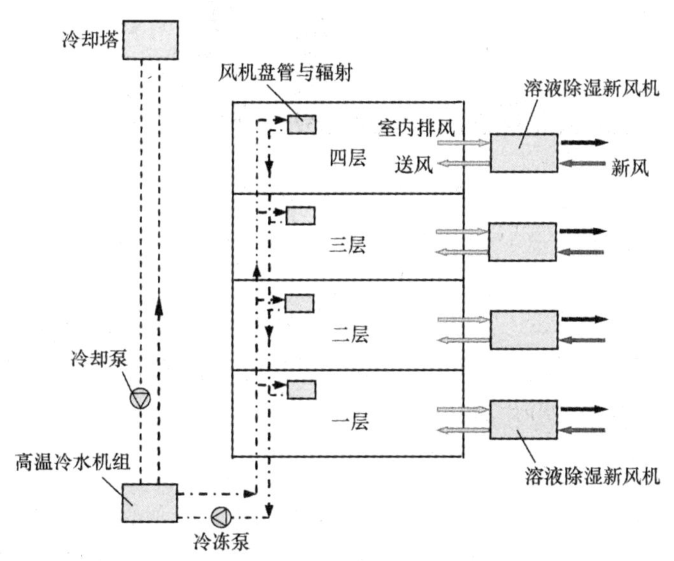

图 22-5　温湿度独立控制空调系统原理图

1）温度控制空调系统

a. 高温冷水机组：磁悬浮离心式高温冷水机组 1 台，其额定工作性能为：制冷量 893kW，输入功率 107kW，*COP* 为 8.3，冷冻水量 256m³/h，冷却水量 172m³/h。

b. 冷冻水泵：1 用 1 备，额定流量 262m³/h，扬程 32m，输入功率 37kW。冷冻水设计供回水温度为 17.5℃ /20.5℃，供回水设计温差 3℃。

c. 冷却水泵：1 用 1 备，额定流量 180m³/h，扬程 29m，输入功率 22kW。

d. 冷却塔：流量 200m³/h，输入功率 7.5kW，台数为 1 台。

e. 辐射板：在前庭中采用毛细管网 + 混凝土的辐射板形式，安放于地板表面，用于维持人员活动区域的温度。辐射板中通入 18℃的冷冻水，辐射板表面的温度维持在 20 ~ 22℃，高于地表面空气的露点温度。在部分办公区域采用毛细管的冷天花板方式，通入 18℃冷水循环，在水路采用通断方式控制。

f. 风机盘管：办公区域采用的风机盘管为“干式”风机盘管，通入 18℃的冷冻水，用于去除室内的显热负荷。并与新风系统配合，风机盘管一直运行在干工况，无凝水产生。

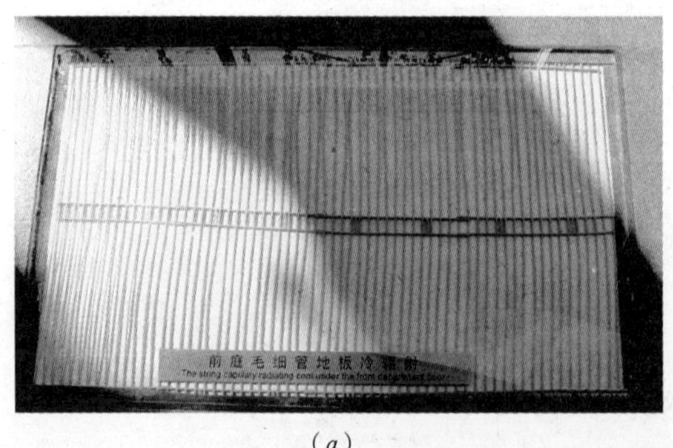

（*a*）

（*b*）

图 22-6　温度控制末端实物图

（*a*）温度控制末端辐射地板中的毛细管；（*b*）温度控制末端风机盘管

在温度控制的末端设备中，干式风机盘管风机由三速开关控制，供水两通阀的开启则由 DDC（直接数字控制系统）分区域控制；毛细管冷辐射板末端独立设有温度和湿度传感器，分水器前设有电磁阀。

2）湿度控制空调系统

溶液除湿新风机组共计 9 台，其额定性能与摆放位置参见表 22-1，图 22-7 给出了溶液除湿新风机组的工作原理。高温潮湿的室外新风在全热回收单元中以溶液为

媒介和室内排风进行全热交换，新风被初步降温除湿，然后进入除湿单元中进一步降温、除湿到达送风状态点。除湿单元中，除湿溶液吸收空气中的水蒸气后，浓度变稀，为重新具有吸湿能力，稀溶液进入再生单元浓缩再生。在溶液除湿新风机组内设有一小容量的制冷机组，制冷机组蒸发器的冷量用于降低溶液温度以提高除湿能力和对新风降温，制冷机组冷凝器的排热量用于浓缩再生溶液。

溶液除湿新风机组相关参数 **表 22-1**

额定风量（m^3/h）	额定制冷量（kW）	输入功率（kW）	台数	位置
10000	196	45	1	一层食堂
4000	83	25	2	四层
8000	166	45	1	一层前庭
2000	39	10	1	四层中
5000	103	28	4	二、三层

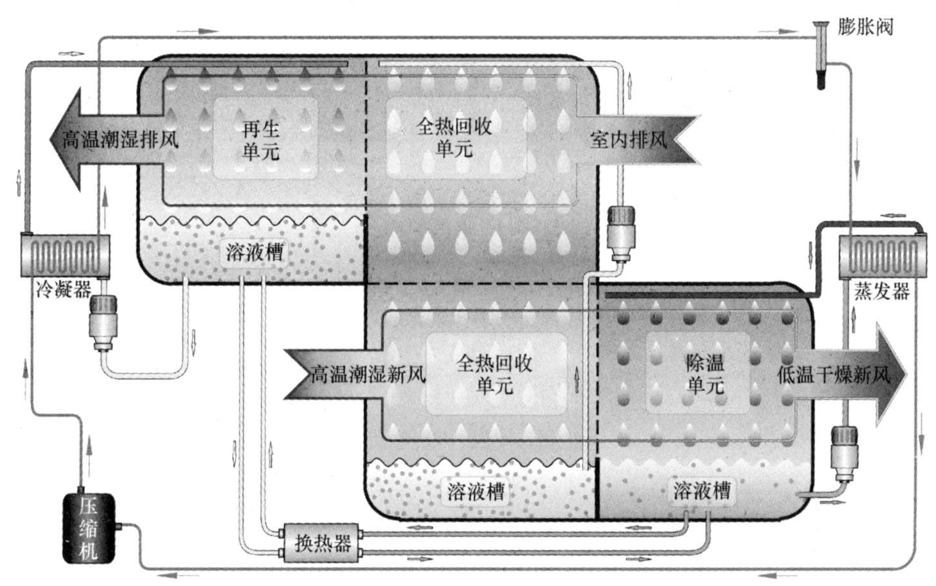

图 22-7 溶液除湿新风机组工作原理

图 22-8 为该办公楼内四层东侧的新风分配图，对该处一台额定风量为 $4000m^3/h$ 的溶液除湿新风机组所负责区域的新风输配进行了详细说明。在空调调试阶段，根据该区域内设计人员作息及办公使用情况，得到各区域所需新风量，如图 22-8 所示。

通过调节各新风支管处风量电动调节阀，使风量分配满足各区域要求，并将此时的电动风阀开度作为 DDC 控制的初始开度值。当负荷变化时，通过 DDC 控制电动风阀开度来实现对新风分配的调控。

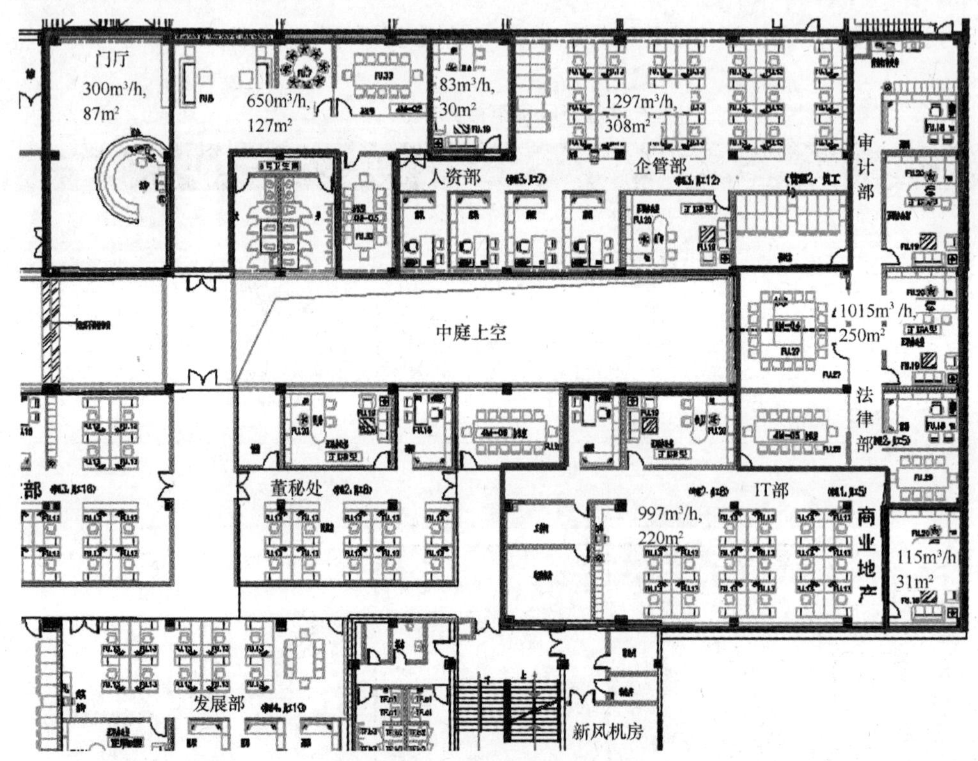

图 22-8　四层东侧新风分配图

溶液除湿新风机组的开启时间为 6：00，提前开启去除室内潜热负荷；高温冷水机组比新风机组开启时刻晚 1 个小时，待新风将室内潜热负荷除去使得室内空气露点温度高于冷冻水供水温度后，制冷机组工作，室内末端干式风机盘管、辐射板的水阀打开，去除室内的显热负荷。

22.2　空调性能测试

该办公楼于 2008 年夏季投入使用，运行一年来办公区域内温湿度参数能够控制在 26℃、60% 以下，提供舒适的办公环境。图 22-9 为夏季空调期间室内各个房间的 CO_2 浓度实测数值，各房间的 CO_2 浓度均低于 750ppm，满足楼内人员办公的需求。

为得到温湿度独立控制空调系统主要设备的实际性能，并分析其能耗水平，对楼内空调系统设备如高温冷水机组、溶液除湿新风机组的性能等逐一进行测试。测试时间的室外气象参数为29.3℃，相对湿度79%，含湿量20.3g/kg$_{干空气}$。

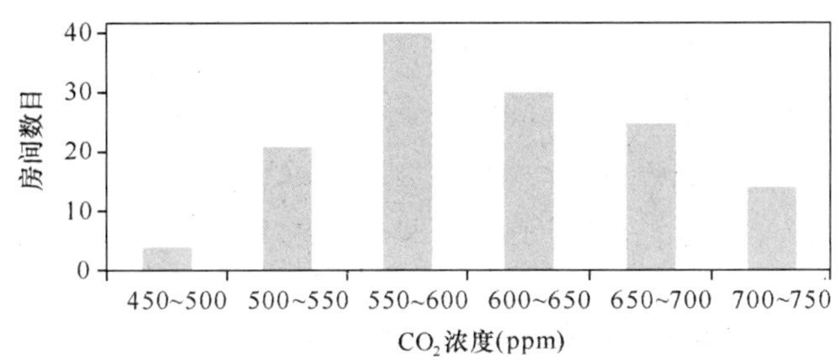

图 22-9 空调期间不同 CO_2 浓度范围的房间数

（1）前庭的温度分布与湿度分布

对于仅为了满足在地面活动人员的舒适性要求的高大空间，空调系统节能的关键在于合理的空调末端方式及释放冷量热量的形式。图22-10为夏季空调期间前庭

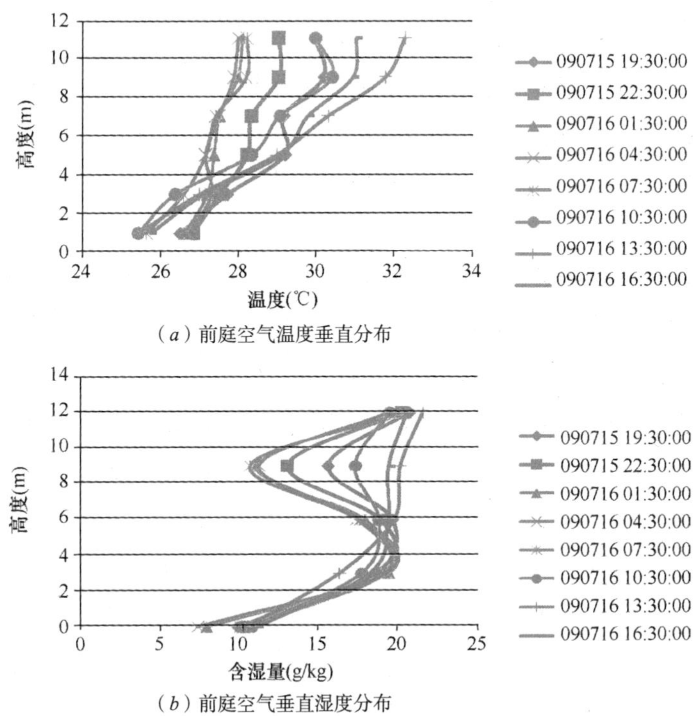

（*a*）前庭空气温度垂直分布

（*b*）前庭空气垂直湿度分布

图 22-10 前庭空气垂直温度、湿度分布

一天内垂直方向实测的温湿度分布，其特点在于：1）在垂直高度上形成良好的温度梯度，使距地面2m以上高度的空间夏季温度高，从而减少冷负荷；2）利用新风系统从下部送入低于22℃的干燥新风，在垂直高度上形成良好的湿度梯度，其密度显著低于空间上部的热、湿空气，在地板表面形成低温低湿的保护膜，避免结露。

（2）温度控制系统的性能

测试时间段内冷冻水流量为239m^3/h，冷冻水供/回水温度为17.5℃/19.1℃，供回水温差为1.6℃，计算得到制冷量为Q_{CH}=446kW。高温冷水机组的输入功率实测为P_{CH}=52.5kW。表22-2给出了温度控制系统各项耗电量的测试结果。

温度控制系统各项耗电量测试数据　　表22-2

电耗类型符号	高温冷水机组P_{CH}	冷冻水泵P_{chp}	冷却水泵P_{cdp}	冷却塔P_{ct}	风机盘管P_{FC}
电耗（kW）	52.5	30.6	14.6	3.7	19.4

1）高温冷水机组的性能系数（COP_{CH}）：为高温冷水机组制冷量Q_{CH}与机组电耗P_{CH}的比值，该高温冷水机组的$COP_{CH}=Q_{CH}/P_{CH}=8.5$。

2）冷冻水输送系数（TC_{chw}）：为高温冷水机组制冷量Q_{CH}与冷冻水泵电耗P_{chp}的比值，该建筑的冷冻水输送系数$TC_{chw}=Q_{CH}/P_{chp}=14.6$。

3）冷却水输送系数（TC_{cdp}）：为高温冷水机组制冷量Q_{CH}和机组电耗P_{CH}之和与冷却水泵电耗P_{cdp}的比值，该建筑的冷却水输送系数为34.2。

4）冷却塔输送系数（TC_{ct}）：为冷却塔排除热量（$Q_{CH}+P_{CH}$）与冷却塔风机耗电量P_{ct}的比值，该建筑的冷却塔输送系数为135。

5）风机盘管输送系数（TC_{FC}）：为风机盘管提供冷量与风机盘管耗电量P_{FC}的比值，该建筑中高温冷水机组的制冷量有81%通过风机盘管带入室内，因而风机盘管的输送系数为$TC_{FC}=81\%\times Q_{CH}/P_{FC}=18.6$。

该办公楼由于采用温湿度独立控制空调系统，使温度控制空调系统的冷冻水温度比常规空调系统有了很大提高，COP_{CH}能够达到8.5，远高于常规系统中冷机COP水平（约为5.5）。TC_{chw}处于较低水平，表明冷冻水泵电耗较大，冷冻水输配能耗较大。原因是冷冻水流量较大，供回水温差比设计值偏小。TC_{cdp}处于中等水平。TC_{ct}处于较低水平，冷却塔本身耗电量占整个空调系统的比例很小，一般在2%以下，而其出水温度显著影响高温冷水机组的冷凝温度，对冷机耗电量有着显著影响。测试中发现冷却塔风机皮带轮松动，致使风量偏小，冷却水回水温度偏高。TC_{FC}处

于较低水平，常用的湿工况的风机盘管输送系数在 50 左右。

制冷站能效比定义为制冷机组制冷量 Q_{CH} 与制冷机组耗电量 P_{CH}、冷冻水泵耗电量 P_{chp}、冷却水泵耗电量 P_{cdp}、冷却塔耗电量 P_{ct} 之和的比值。常规空调系统的冷站能效比通常在 3.5 左右，而该办公楼内的温湿度独立控制空调系统的冷站能效比达到了 4.3，体现出温湿度独立控制空调系统的冷站能效性能优异。再加上冷冻水循环泵电耗、风机盘管电耗，整个温度控制空调系统的性能系数 COP_{TEMP} 为 3.7，计算式见公式（22-1）。

$$COP_{TEMP}=\frac{Q_{CH}}{P_{CH}+P_{ct}+P_{chp}+P_{cdp}+P_{FC}} \tag{22-1}$$

（3）湿度控制系统的性能

该办公楼内有 9 台溶液除湿新风机组负责处理办公区域所需新风，通过测试其耗电量、送风参数等可得到新风机组的能效情况，如表 22-3 所示。

从表 22-3 的实测结果看，新风机组的送风含湿量在 6.0 ~ 6.5g/kg$_{干空气}$，机组性能系数 COP_{AIR} 在 4.4 ~ 5.0 之间，表明实际工作的新风机组能够具有良好的能效水平。

溶液除湿新风机组的性能测试结果（新风 29.3℃，20.3g/kg 干空气） **表 22-3**

位置	送风参数			冷量 Q_{AIR}（kW）	输入功率（kW）		COP_{AIR}	COP_{HUM}
	新风量（m^3/h）	温度（℃）	含湿量（g/kg）		新风机组内压缩机与溶液泵 P_{AIR}	风机 P_{FAN}		
二层东侧	5059	17.1	6.2	82.6	17.8	2.2	4.7	4.2
二层西侧	5195	16.7	6.1	86.0	17.6	2.3	4.9	4.3
三层东侧	4972	16.8	6.5	80.4	18.2	2.2	4.4	4.0
三层西侧	5215	16.6	6.2	86.4	17.6	2.2	4.9	4.4
四层东侧	4261	16.7	6.4	69.5	15.0	1.7	4.6	4.2
四层中部	1940	16.5	6.2	32.1	7.1	0.9	4.5	4.0
四层西侧	4307	16.3	6.1	72.0	15.3	1.8	4.7	4.2

注：1.COP_{AIR} = 新风获得冷量 / 新风机组内压缩机与溶液泵输入功率；
2.COP_{HUM} = 新风获得冷量 / 新风机组内压缩机、溶液泵与风机输入功率。

整个湿度控制空调系统的性能系数 COP_{HUM} 为新风获得冷量 Q_{AIR} 与新风机组内压缩机、溶液泵及风机耗电量的比值，参见公式（22-2）。该建筑的湿度控制空调系统的性能系数 COP_{HUM} = 4.1。

$$COP_{HUM}=\frac{Q_{AIR}}{P_{AIR}+P_{FAN}} \tag{22-2}$$

（4）温湿度独立控制空调系统的总体性能

图 22-11 给出了该建筑的温度、湿度控制空调系统各部分的耗电量与承担负荷

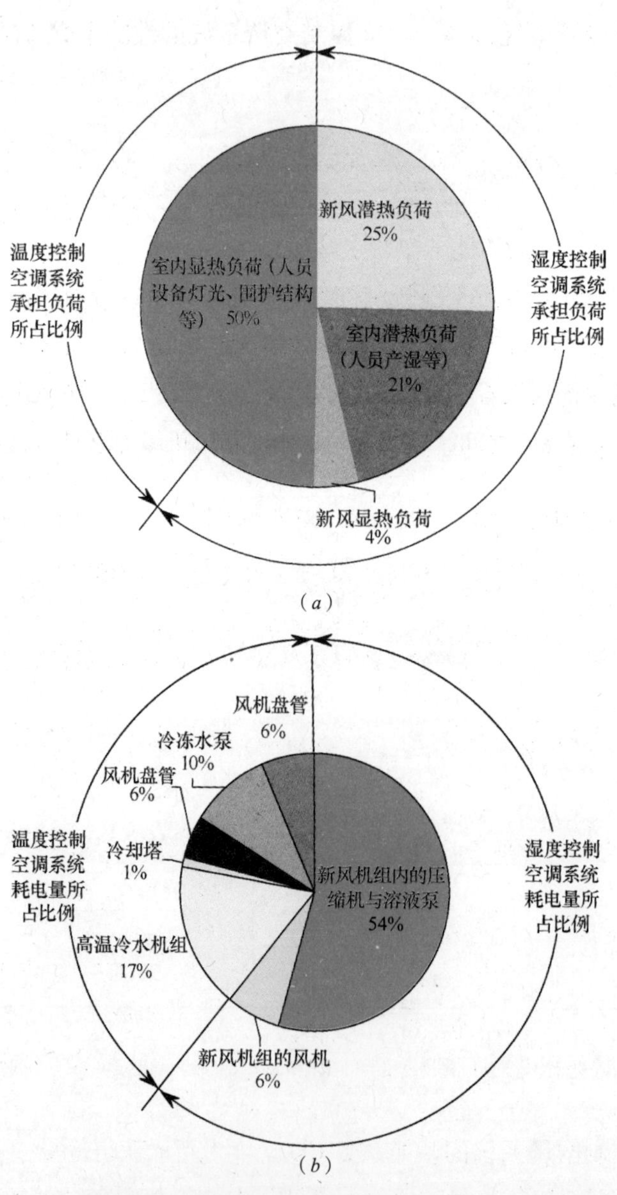

图 22-11　温湿度独立控制空调系统各部分承担负荷与耗电量情况

（*a*）承担负荷情况；（*b*）耗电量情况

情况。湿度控制空调系统承担了该建筑的所有潜热负荷（新风和室内产湿）、新风显热负荷以及室内部分显热负荷，承担了整个建筑约 60% 的负荷。温度控制空调系统承担了整个建筑约 40% 的负荷。

温湿度控制空调系统的整体 COP_{SYS} 为总制冷量与所有空调部件耗电量的比值，参见公式（22-3）。该建筑温湿度独立控制空调系统的 COP_{SYS} 为 4.0。

$$COP_{SYS}=\frac{Q_{CH}+Q_{AIR}}{(P_{CH}+P_{ct}+P_{cdp}+P_{chp}+P_{FC})+(P_{AIR}+P_{FAN})} \tag{22-3}$$

22.3 温湿度独立控制空调系统的能耗分析

空调季时间：4 月 15 日 ~ 10 月 15 日，双休日和法定节假日时温湿度独立控制空调系统不工作。

根据安装在空调设备中的分项计量电表，可统计出整个空调季内温湿度独立控制空调系统各部分空调设备的耗电量及总耗电。图 22-12 给出了各月空调系统的耗电量，图 22-13 给出了整个空调季各空调部件耗电量所占的比例情况。整个空调季温湿度独立控制空调系统的总电耗为 42.5 万度。温湿度独立控制空调区域的总空调面积为 13180m²，则单位空调面积在整个空调季的耗电量为 32kWh/m²。如果按照总的建筑面积计算，扣除五层由 VRF 方式空调的建筑部分则单位建筑面积空调能耗为 22.9kWh/（m²·a），从各分项能耗的组成来看，溶液除湿新风机组（包括了风机）的耗电量占到 61%，而高温冷水机组、冷冻泵、冷却泵和冷却塔的耗电量只占 33%，这正体现了温湿度独立控制空调系统承担负荷的特点：新风机组承担了全部的潜热负荷和部分显热负荷，而高温冷水机组只用来承担大部分显热负荷。

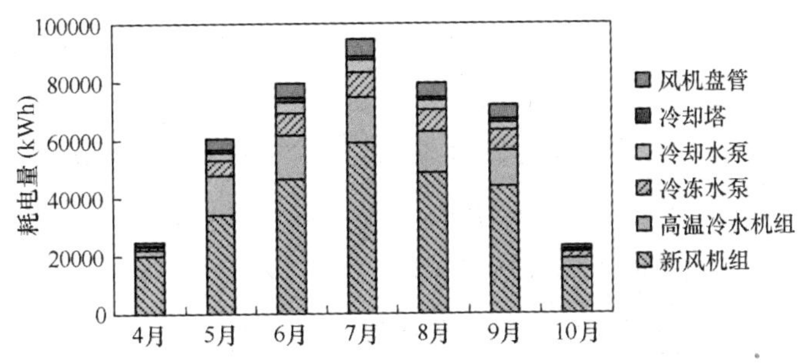

图 22-12 温湿度独立控制空调系统各月耗电量

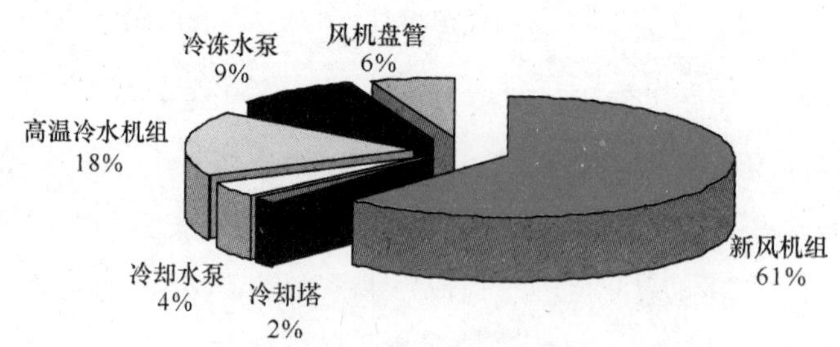

图 22-13 空调系统电耗各部分比例图

深圳市建筑科学研究院对当地大型公共建筑能耗调查结果显示，当地同类办公建筑的单位建筑面积年平均空调耗电量为 42kWh/（m^2 建筑面积）（资晓琦，重庆大学硕士学位论文，2007）。对深圳市大型办公建筑的能耗调查结果显示，同类办公建筑的单位空调面积年平均耗电量为 49kWh/（m^2 空调面积）。招商地产办公楼温湿度独立控制空调系统的单位空调面积年电耗为 32kWh/（m^2 空调面积），与深圳市的平均水平相比节能约 35%。

22.4 空调系统进一步提高性能的途径

由测试的结果可以看出，温度控制空调系统的 COP_{TEMP} 低于湿度控制系统的 COP_{HUM}，除湿任务是比降温更难的一件事情，因此这个系统的温度控制部分应该有进一步改善的潜力。本节从改善温度控制系统的效率出发，分析进一步提高此温湿度独立控制空调系统性能的途径。根据对温度控制系统中各部分性能测试结果的分析，该建筑温度控制空调系统可进一步改进的有：1）通过变频降低冷冻水泵能耗；2）通过调紧冷却塔风机松动的皮带轮，降低冷却塔出水温度，从而降低高温冷水机组的能耗；3）提高室内末端风机盘管的性能。这三个措施中，前两个措施可以在建筑中很容易实现，第三个措施依赖于产品制造性能的提高。

（1）通过变频降低冷冻水泵能耗

该建筑中的冷冻水泵本身为变频水泵，但目前恒定工作在 50Hz 情况。如表 3-10 所示，冷冻水泵的耗电量已经是高温冷水机组的 60%。目前，冷冻水的供回水温差仅有 1.6℃，而设计供回水温差为 3.0℃，这是导致冷冻水泵能耗高的主要原因。通过冷冻水变频使得冷冻水供回水温差保持在设计水平，则可以大幅度降低冷冻水泵的能耗。在降低水泵频率时，要注意各层的冷冻水均匀分配。目前冷冻水泵

的输送系数 TC_{chw} 仅为 14.6，如果输送系数提高至 25，则可以节省 42% 的冷冻水泵的能耗。

（2）提高冷却塔的性能

冷却塔的能耗在整个空调系统能耗中所占的比例很小，但是冷却塔的出水温度却显著影响高温冷水机组的冷凝温度，从而影响高温冷水机组的能耗。通过冷却塔性能的详细测试，冷却塔的冷却效率为 37%，风水比仅为 0.55。由于冷却塔风机的皮带轮松了，导致空气流量偏低致使冷却塔的效率很低。如果调紧风机皮带轮，增加空气流量使得冷却塔的效率达到额定的 55%，则高温冷水机组的冷凝温度将会下降 2℃。

（3）提高干式风机盘管的性能

在该建筑中，干式风机盘管用于带走室内大部分显热。干式风机盘管是一种新的空调部件，该建筑安装的干式风机盘管的输送系数 TC_{FC} 低于 20。根据行业标准，湿式风机盘管的输送系数 TC_{FC} 在 50 左右。目前的干式风机盘管仍然沿用湿式风机盘管的结构形式，而对于没有凝结水的干式风机盘管完全可以采用不同的结构形式。目前，已有输送系数接近 50 的干式风机盘管产品。

目前该建筑温度控制空调系统的性能系数 COP_{TEMP} 为 3.7，整个空调系统的性能系数 COP_{SYS} 为 4.0。采用上述三种措施后对温度控制空调系统性能的影响汇总在表 22-4 中，温度控制系统的性能系数 COP_{TEMP} 将达到 4.8，整个空调系统的性能系数 COP_{SYS} 为 4.4。改进后的温度控制空调系统将比目前的温度控制系统节能 23%，整个温湿度独立控制空调系统的整体性能也有 9% 的提高。

温度控制系统各项耗电量（改进后） 表 22-4

电耗类型	高温冷水机组 P_{CH}	冷冻水泵 P_{chp}	冷却水泵 P_{cdp}	冷却塔 P_{ct}	风机盘管 P_{FC}
电耗（kW）	47.7	17.8	14.6	3.7	9.0
备注	COP_{CH} 从 8.5 提高至 9.3	TC_{chw} 从 14.6 提高至 25			TC_{FC} 从 18.6 提高至 40

22.5 小结

深圳招商地产办公楼是在我国华南地区应用温湿度独立控制空调系统最早的办

公建筑之一，对温湿度独立控制空调理念的推广具有重要的示范作用。该办公楼内的温湿度独立控制空调系统运行正常，办公区域内空调效果良好。

温湿度独立控制空调系统的特点是将温度与湿度分开控制，高温冷水机组的 *COP* 可以达到 8.5 左右，溶液除湿新风机组的 *COP* 在 4.4 ~ 5.0 之间，整个空调系统的性能系数 *COP*SYS 达到了 4 以上，明显高于常规空调系统的性能系数。

目前该温度控制空调系统的整体性能系数为 3.7，低于湿度控制空调系统的整体性能系数 4.1。通过变频降低冷冻水泵能耗、调紧冷却塔风机松动的皮带轮降低冷却塔出水温度、提高室内末端风机盘管的性能等措施，可以使得温度控制空调系统的性能系数达到 4.8，整个空调系统的性能系数 COP_{SYS} 将为 4.4。

目前运行情况下，该建筑整个温湿度独立控制空调系统的单位空调面积年耗电量约为 32kWh/（$m^2 \cdot a$），与深圳同类办公建筑相比节能约 35%，表明温湿度独立控制空调系统具有显著的节能优势。

23　新疆维吾尔自治区中医院

23.1　建筑概况

新疆维吾尔自治区中医院位于乌鲁木齐市，包括地下一层、地面十九层，总建筑面积约 46000m^2。其中地下一层为车库、洗衣房、库房等，地上一～四层为诊室、治疗室，五～十八层为病房、诊室、网络和电教中心，十九层为手术层。其中，五～十八层的普通病房和诊室的建筑面积约为 38000m^2。新疆中医院建筑立面图如图 23-1 所示。

图 23-1　新疆维吾尔自治区中医院立面图

23.2　空调系统方案

（1）基于间接蒸发冷却的温、湿度独立控制空调系统原理

由于新疆位于我国典型的干热气候区，可直接利用室外的干燥空气带走房间的湿负荷，同时还可利用室外的干燥空气通过间接蒸发冷却技术制备高温冷水，送入房间的显热末端，带走房间的显热负荷。这种以室外干燥空气为驱动能源的间接蒸发冷却式空调系统，将逐渐成为干热气候区的主导空调方式。新疆中医院项目也主要采用间接蒸发冷却式空调方式。

中医院一～四层的诊室和手术层的空调系统由净化空调单独承担，五～十八层的普通病房和诊室采用间接蒸发冷却式空调系统，由间接蒸发冷水机组制备

15 ~ 19℃的高温冷水送入房间的干式风机盘管末端，带走房间大部分的显热负荷，由间接蒸发冷却新风机组制备 18 ~ 21 ℃、8 ~ 10g/kg$_{干空气}$的新风送入室内，带走房间的湿负荷和部分显热负荷。

其空调系统原理图如图 23-2 所示，利用间接蒸发冷却式空调系统，房间的温度主要由显热末端 – 干式风机盘管（或辐射板末端）来调节，房间的湿度通过调节新风量和新风送风参数来实现。

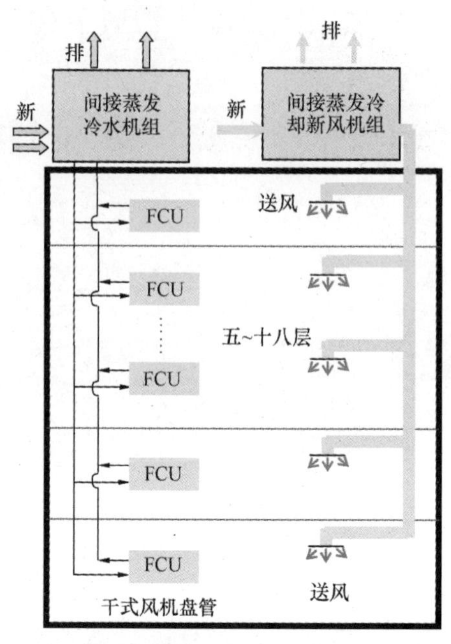

图 23-2　间接蒸发冷却式空调系统原理图

（2）间接蒸发冷水机组及显热末端的选型

间接蒸发冷水机组的原理图和实际机组如图 23-3 所示。

该系统选用一台间接蒸发冷水机组，共约 374 台干式风机盘管，其装机功率如表 23-1 所示。

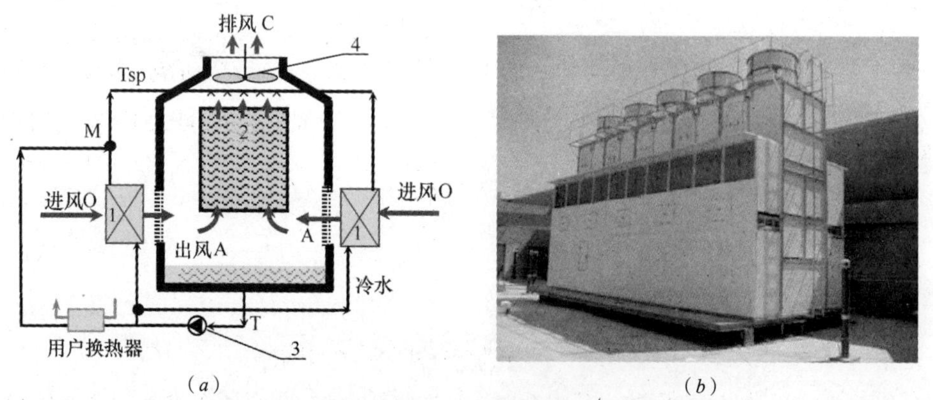

（*a*）　　　　（*b*）

图 23-3　间接蒸发冷水机组流程与实际研发机组

（*a*）机组流程原理；（*b*）实际研发机组

1—空气 – 水逆流换热器；2—空气 – 水直接接触逆流换热塔；3—循环水泵；4—风机

间接蒸发冷水机组和干式风机盘管的装机功率　　　　表 23-1

间接蒸发冷水机组		系统循环水泵	风机盘管
设计冷量（kW）	排风机（kW）	（kW）	风机总功率（kW）
700	17.5	20	24.91

（3）间接蒸发冷却新风机组的选型

间接蒸发冷却新风机组的原理图和实际机组如图 23-4 所示。

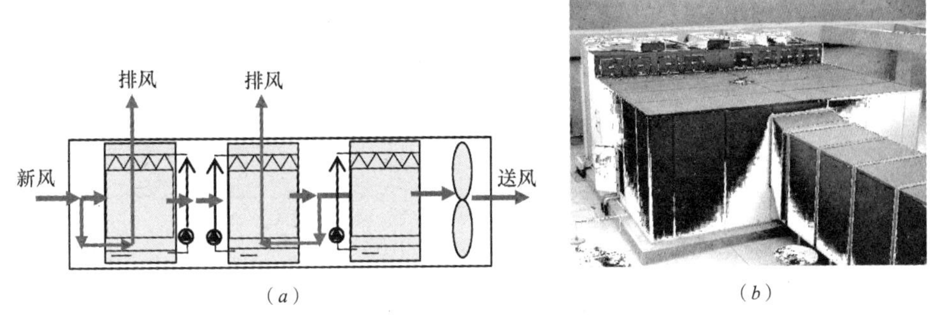

图 23-4 间接蒸发冷却新风机组设计

（a）间接蒸发冷却新风机组原理图；（b）实际研发新风机组

该系统选用一台间接蒸发冷却新风机组，送风量为 100000m³/h，包括机组排风机、新风送风机在内的风机总装机功率 56kW。

23.3 系统运行效果与实测性能

自 2007 年至今，上述基于间接蒸发冷却的温度、湿度独立控制的空调系统已实现可靠运行多年，为房间营造了舒适、健康的空气环境。

（1）间接蒸发冷水机组和间接蒸发冷却新风机组实测性能

图 23-5 与图 23-6 给出 2007 年典型日测试得到的间接蒸发冷却机组的性能。由图 23-5 可见，间接蒸发冷水机组的出水温度 15 ~ 17℃，低于新风的湿球温度，基本处在新风湿球温度和新风露点温度的平均值。间接蒸发冷却新风机组的送风温度 18 ~ 21℃，与新风湿球温度处在同一水平。由图 23-6 可见，间接蒸发冷却新风机组的送风含湿量为 10 ~ 11g/kg$_{干空气}$，当室外较干燥时，间接蒸发冷却新风机组通过多级间接蒸发冷却段对新风降温后，还可通过加湿段适当对新风进行加湿调节送风含湿量，使得新风送风含湿量处在室内、室外含湿量之间。

基于间接蒸发冷却式的空调系统，实测房间的温度和相对湿度如图 23-7 所示。可见，当室外温度在 20 ~ 35℃间波动时，室内温度保持在 24 ~ 26℃左右，室内相对湿度 50% ~ 60%，很好地满足了房间温度、湿度的需求，营造了舒适的室内温、湿度环境。

新风干球温度
送风温度
新风湿球温度
冷水温度
进风露点温度
温度(℃)
测试日期和时间(2007.7.19)

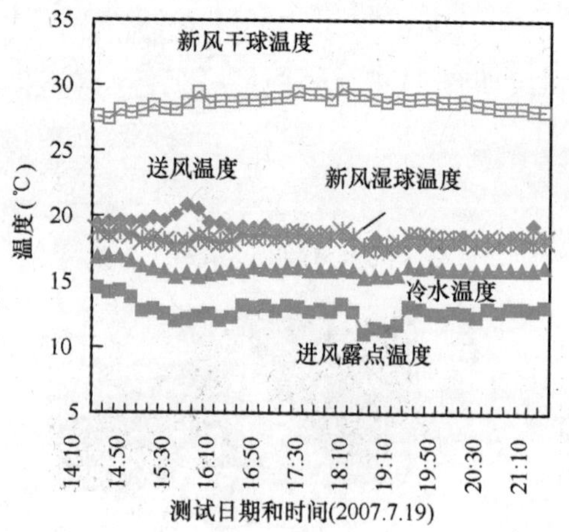

图 23-5　冷水机组出水温度和新风机组送风温度

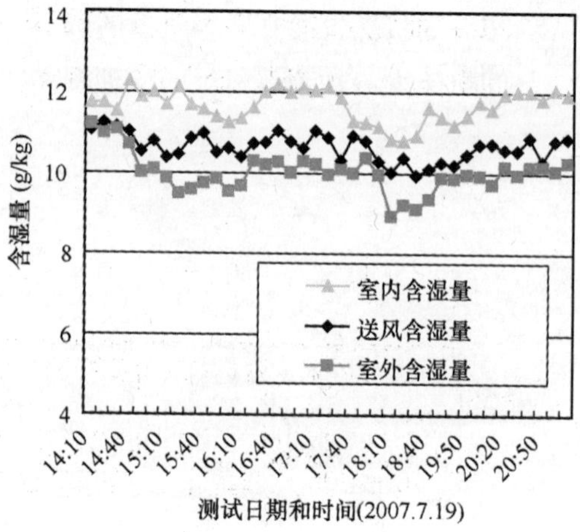

室内含湿量
送风含湿量
室外含湿量
含湿量 (g/kg)
测试日期和时间(2007.7.19)

图 23-6　新风机组送风含湿量

室内相对湿度
室外温度
室内温度
温度(℃)
相对湿度(%)
测试日期和时间(2007.7.22~7.26)

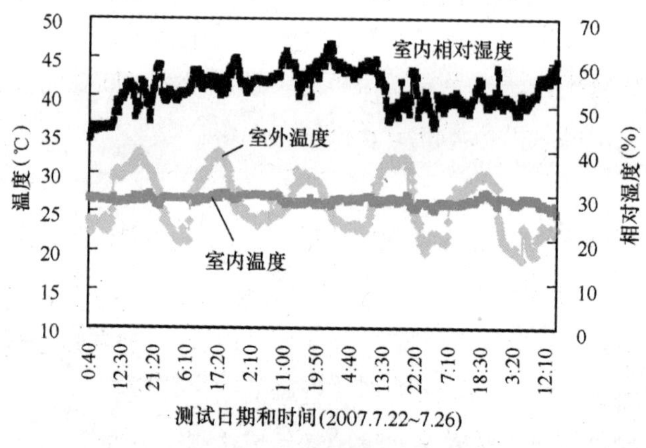

图 23-7　实测房间温、湿度

（2）系统承担房间冷量

间接蒸发冷却式空调系统中，由间接蒸发冷水机组制备的冷水作为主要的冷源，承担房间的显热；同时，由于经过间接蒸发冷却处理后的新风除可独立承担房间湿负荷外，还可承担部分房间的显热负荷，实际房间的显热由冷水和新风共同承担。这里只考虑系统带走房间的冷量 Q_r，不包括把新风冷却到室温的冷量。由公式（23-1）所示：

$$Q_r = G_w c_{pw} (t_{w,r} - t_{w,out}) + G_f c_{pa} (t_{r,a} - t_{f,a}) \tag{23-1}$$

$$Q_{r,c} = G_w c_{pw} (t_{w,r} - t_{w,out}) \tag{23-2}$$

$$Q_{r,f} = G_f c_{pa} (t_{r,a} - t_{f,a}) \tag{23-3}$$

其中 G_w 为间接蒸发冷水机制备的冷水流量，c_{pw} 为水的定压比热，$t_{w,out}$ 为间接蒸发冷水机制备出的冷水温度，$t_{w,r}$ 为冷水回水温度，G_f 为系统的新风量，c_{pa} 为空气的定压比热，$t_{f,a}$ 为新风送风温度，$t_{r,a}$ 为房间温度。$Q_{r,c}$ 为间接蒸发冷水机组制备的冷水带走房间的显热，如公式（23-2）所示，$Q_{r,f}$ 为间接蒸发冷却新风机组制备的新风带走房间的显热，如公式（23-3）所示。

实测系统带走房间的总显热如图 23-8 所示，系统中冷水和冷风分别带走房间显热的比例如图 23-9 所示，其余的房间显热由冷风带走。

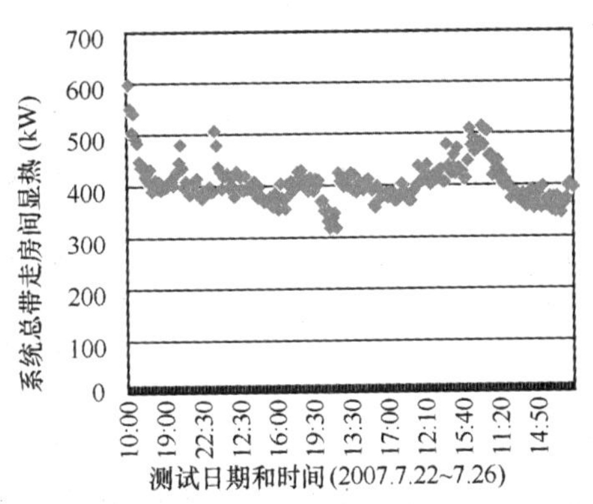

图 23-8　系统带走房间的总显热

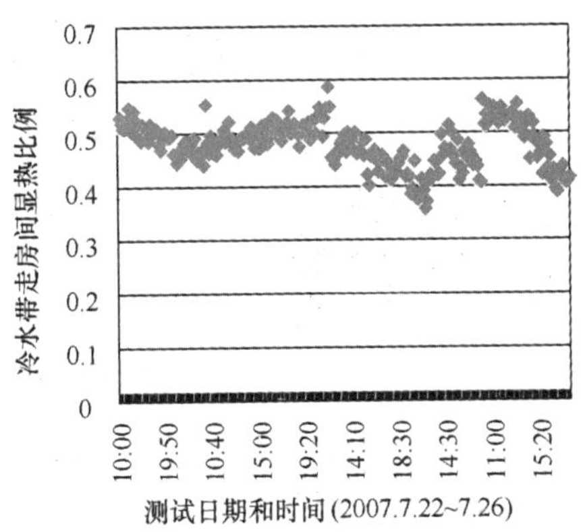

图 23-9　冷水带走房间显热的比例

由图 23-8 与图 23-9，系统带走房间的总显热在 400 ~ 500kW 之间，冷水带走房间显热的比例在 40% ~ 60% 之间。对于间接蒸发冷却式空调系统，冷水带走房间显热的比例一般取决于新风量和建筑的热、湿负荷比例。对于医院类建筑，系统所需的新风量偏大，冷风带走房间显热的比例能达到 50%。

23.4　系统能耗分析

实测间接蒸发冷却式空调系统各部件的实际电耗如表 23-2 所示。

间接蒸发冷却式空调系统各部件实际电耗　　表 23-2

间接蒸发冷水机组	间接蒸发冷却新风机组	输配系统		末端	系统
排风机电耗 $E_{c,w}$（kW）	间冷段水泵、风机电耗 $E_{f,a}$（kW）	供水泵电耗 E_{pump}（kW）	送风机电耗 E_{fan}（kW）	风机盘管电耗 E_{fcu}（kW）	总电耗 E_t（kW）
13.76	13.46	14.87	28.3	19.2	89.6

以间接蒸发冷却式空调系统实际带走房间显热的平均值计算，机组及系统带走房间显热的 *COP* 如表 23-3 所示。

间接蒸发冷却式空调系统带走房间显热的 *COP*　　**表 23-3**

间接蒸发冷水机组	间接蒸发冷却新风机组	冷水方式	冷风方式	系统
COP_c	COP_f	COP_w	COP_a	COP_{sys}
15.9	12.6	4.6	4.0	4.3

其中，各部分的 *COP* 的定义如公式（23-4）~（23-8）定义：

$$COP_c = Q_{r,c} / E_{c,w} \tag{23-4}$$

$$COP_f = Q_{r,f} / E_{f,a} \tag{23-5}$$

$$COP_w = Q_{r,c} / (E_{c,w} + E_{pump}) \tag{23-6}$$

$$COP_a = Q_{r,f} / (E_{f,a} + E_{fan}) \tag{23-7}$$

$$COP_{sys} = Q_r / E_t \tag{23-8}$$

由表 23-3，仅考虑间接蒸发冷却机组自身耗电量时，间接蒸发冷水机组带走房间显热的平均 COP_c 为 15.9，间接蒸发冷风机组的平均 COP_f 达到 12.6。考虑冷水方式带走房间显热的系统 COP_w 时，即间接蒸发冷水机组带走的房间显热与间接蒸发冷水机组电耗、水泵电耗和风机盘管电耗之和的比值，达到 4.6，而冷风方式带走房间显热的系统 COP_a 为 4.0。单纯从带走房间显热的角度，以冷水为媒介稍好。因此，一般间接蒸发冷却式空调系统中，输送新风的主要目的是满足房间的健康需求，满足健康需求的新风经过间接蒸发冷却新风机组处理后，还能带走房间部分显热。

由此，由新疆中医院的实测结果，当系统中由冷风和冷水共同带走房间显热时，系统带走房间显热的能效比 COP_{sys} 达到 4.3。值得注意的是，这里仅考虑了系统带走房间的显热 Q_r，而并没有把冷却室外新风需要的新风显热冷量计入。首先，由于间接蒸发冷却新风机组的参与，Q_r 并不等同于系统处理的冷量，同时，考虑到干热地区，干燥空气本身具备带走房间湿负荷的能力，系统的能效比并未计入系统带走房间湿负荷的贡献。由实际测试结果，房间湿负荷和显热负荷的比例约为 0.45，若考虑系统带走房间的全热，包括显热和潜热，则系统能效比 COP_{sys} 可达到 6.2。

由于新疆中医院的间接蒸发冷却式空调系统中，各机组均未设风机变频、水泵变频等控制手段，实测系统电耗为 89.6kW，系统全天连续 24h 运行，按整个供冷季

90 天计算，根据新疆中医院的建筑面积，可得到整个供冷季间接蒸发冷却系统的耗电量仅为 5.1kWh/（m^2 建筑面积），以空调面积计算，可得到整个供冷季系统的耗电量为 9.2kWh/（m^2 空调面积）。若是同处在新疆乌鲁木齐市的办公建筑，当其与新疆中医院的负荷特性一致时，每天运行 12h，则整个供冷季的耗电量可减小一半，可仅为 4.6kWh/（m^2 空调面积）。

若在新疆中医院采用常规中央空调系统，即由传统制冷机组、冷却塔、新风机组、风机和水泵组成。考虑传统制冷机组 *COP* 为 5，仅考虑制冷机组负担房间显热时，以房间显热的实测平均值 400kW 计算，如果不计入用来冷却新风的冷量，制冷机组本身电耗为 80kW。冷却塔的耗电量与间接蒸发冷水机组的耗电量相当。冷水泵电耗两种系统相当。对于新风机组，仅考虑送风机的耗电量，则传统空调系统的总电耗约为 156kW。而目前在新疆设计的传统空调系统，其不仅承担房间的显热，还承担房间的湿负荷，若考虑房间的平均湿负荷约为 180kW，则制冷机需承担 580kW 冷量，制冷机平均电耗也相应为 116kW，此时系统总电耗平均约为 192kW。以同样的运行模式计算，可得到传统空调整个供冷季耗电量约为 8.9 ~ 10.9kWh/（m^2 建筑面积），约为 16.0 ~ 19.7kWh/（m^2 空调面积）。可见，间接蒸发冷却式空调系统比常规中央空调系统节能超过 50%，有着很大的节能潜力。

23.5 既有系统不足与可能的系统形式

上述应用于新疆中医院的间接蒸发冷却式空调系统，其间接蒸发冷却设备均未设控制手段，仅是末端的风机盘管风量三档可调，房间的新风送风口风量可调，上述实测的房间温、湿度稳定在 24 ~ 26℃，50% ~ 60%，主要是由房间的末端调节来实现的。当室外空气变干燥时，间接蒸发冷水机组的性能变好，此时可减少机组本身的排风量，而达到同样的制冷效果。同时，当建筑内的人员变少时，也可减少新风机组的送风量，而达到同样的健康要求。因此，应在间接蒸发冷水机组的排风机和间接蒸发冷却新风机组的送风机设置变频装置，从而在室外变干燥或者房间处在部分负荷时，在调节末端风机盘管和新风送风末端的同时，调节间接蒸发冷水机组和新风机组的风机，从而减少风机电耗，这样还可以节能 30% 以上。

上述应用于新疆中医院的间接蒸发冷却式空调系统，属集中式系统，由单台间接蒸发冷水机组统一制备冷水输送到各层的风机盘管中，由单台间接蒸发冷风机组统一制备新风输送到各层各房间中。集中式系统的优点是系统的维修管理方便。而实际上还存在分散式间接蒸发冷却空调系统，每层放置一台同时制备冷水和冷风的间接蒸发制冷机组，如图 23-10 所示，负责本层房间的空调，这样可以实现部分时间、部分空间的室内环境控制，并且可减少竖向风道和水管所需空间，同时减少输送新风和冷水的电耗，系统的能效比将进一步提高。

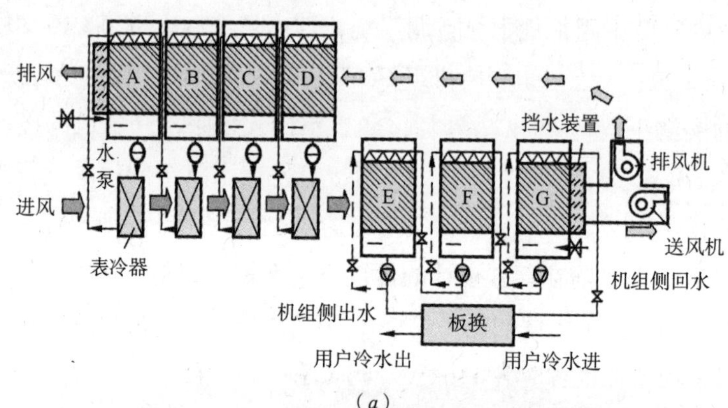

（a）

（b）

图 23-10　同时制备冷水和冷风的间接蒸发制冷机组

（a）流程图；（b）机组照片

房间的显热末端除干式风机盘管外，还可选择辐射板末端，并且当建筑实际条件满足时（比如有足够的地板面积安装辐射板），由于辐射板末端无风机等运转部件，无噪声，电耗低，且可以冬夏共用，使其更具优势。在实际系统设计中，可根据各建筑的实际情况，建筑的负荷特点，进行进一步的比较和选择。

农村住宅建筑节能最佳实践案例

24 黑龙江省生态草板房

24.1 项目概述

（1）地理位置与气候特征

该项目建于黑龙江省大庆市林甸县胜利村。林甸县位于黑龙江省中西部，东经124° 18′ ~ 125° 21′、北纬46° 44′ ~ 47° 29′之间，西与世界著名的丹顶鹤之乡扎龙自然保护区毗邻，县境内西北部315万亩的天然湿地是世界八大湿地保护区之一。该地区冬季室外平均风速为3.5m/s，冬季主导风向为西北风，最冷月平均温度 −19.9℃，最低温度 −38.1℃，采暖期室外平均温度 −10.4℃，平均相对湿度64%，年采暖天数182天，度日数5112℃·d，最大冻土深度205cm。该地区冬季气候严寒漫长，夏季凉爽短促。

（2）当地住宅现状

该地区住宅多为传统的49cm、37cm砖房，还有一部分为生土建筑，近几年的新建住宅除平面布局、外装修有所更新外，外墙仍采用传统的49cm砖墙，窗为双层木窗或单层双玻塑钢窗，门为铁皮包木门或普通木门，围护结构基本保持现状。围护结构的结露及结冰霜程度很严重，在建筑四角处，由于冬季长期结露，墙体内表面发霉、长毛，严重影响了室内的使用和美观。室内冬季居住质量较差，未达到舒适与节能的要求。

（3）住宅设计策略

北方严寒地区农村经济发展水平较低，住宅建设相对滞后，缺乏配套的基础设施，多数地区的住宅施工仍停留在亲帮亲、邻帮邻的传统的手工状态，缺少专业施工队伍。对于偏远地区，由于道路交通不发达，更加阻碍了住宅建设的发展。因此应根据当地的施工技术、运输条件、建材资源等来确定建筑方案与技术措施，尽可能做到因地制宜，就地取材，采用本土技术，降低建造费用。

24.2 节能技术

（1）空间布局技术

1）合理设计住宅入口

住宅入口是建筑的主要开口之一，是使用频率最高的部位。严寒地区的冬季，入口是农村住宅的唯一开口部位，也是控制冷风渗透热损失的主要部位。入口的设计避开了当地冬季的主导风向——西北，并加设门斗，避免冷风直接吹入室内造成热量损失。同时，门斗还形成了具有很好保温功能的过渡空间，见图 24-1。

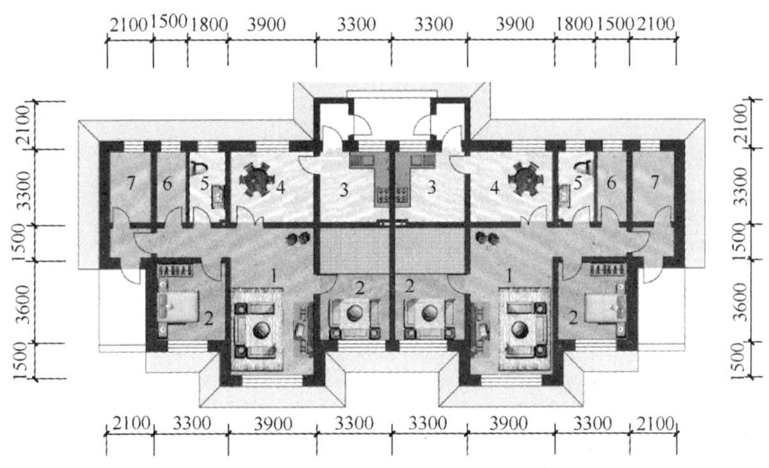

图 24-1 北方生态草板房平面图

1—客厅；2—卧室；3—厨房；4—餐厅；5—卫生间；6—锅炉间；7—仓房

2）热环境的合理分区

在满足功能的前提下，改变传统民居一明两暗的单进深布局，采取双进深平面布置，将厨房、储藏等辅助用房布置在北向，构成防寒空间，卧室、起居等主要用房布置在阳光充足的南向，见图 24-1。

3）减少建筑散热面

体形系数是影响建筑能耗的重要因素，它的物理意义是单位建筑体积占有外表面积（散热面）的多少。北方严寒地区农宅通常是以户为单位的单层独立式住宅，以目前几种典型户型（建筑面积 60 ~ 120m^2）为例，其体形系数分布范围在 0.7 ~ 0.88 之间，超出城市多层住宅一倍以上。由于体形系数越大，单位建筑空间的热散失面积越大，能耗越高，不利于农宅节能。因此，在与当地农民协商后，加大了农宅进深，并采用两户毗连布置方式，使体形系数降至 0.63。

（2）围护结构构造技术

北方农村住宅户均外围护结构面积大，因此，提高住宅围护结构的保温隔热性能是农宅设计的重要方面。在设计过程中采取了以下技术措施：

1）墙体：采用草板保温复合墙体替代传统的单一材料墙。为保证墙体的耐久性与适用性，墙体内侧采用了 120mm 红砖作为保护层，构造见图 24-2（*a*）。

2）屋顶：考虑到适用经济性、施工的可行性以及当地传统构造做法，采用坡屋顶构造，保温材料使用草板与稻壳的复合保温层，见图 24-2（*b*）。

3）地面：在地层下增加了苯板保温层，地面保温性能得到加强。

4）窗：为改善传统木窗冷风渗透大的状况，南向窗采用密封较好的单框三玻塑钢窗，北向为单框双玻塑钢窗附加可拆卸单框单玻木窗，只在冬季安装。同时，加设厚窗帘以减少夜间通过窗的散热。

5）合理切断热桥：复合墙体如果不加处理，将在墙体门窗过梁处、外墙与屋顶交界处、外墙与地面交界处形成热桥。采用聚苯板切断了可能存在的全部热桥。为保证结构的整体性与稳定性，在内外两层砌体之间每隔 0.5m 处及两个窗过梁之间设 $\Phi6$ 的拉接筋。

（*a*）

（*b*）

图 24-2　围护结构构造技术

（*a*）草板复合外墙图；（*b*）草板稻壳复合保温屋顶

（3）采暖和通风系统节能技术措施

1）高效舒适的供热系统

火炕是北方农村民居中普遍使用的采暖设施，“一把火”既提供了做饭热源又解决了取暖热源，热效率高，节省能源。经测试，虽然室外达到零下 30℃的气温，炕面仍可以保持 30℃以上的温度，并在其周围形成一个舒适的微气候空间。长期实

践证明，火炕对于人体是非常有益的，因此保留了北方民居中的传统采暖方式——火炕（图 24-3）。

图 24-3 火炕

2）门斗是室内外的过渡空间，在冬季，门斗内新鲜空气充足，且温度明显高于室外，因此为避免过冷空气进入室内，将取气口设在门斗内，通过埋入地层的三条管线分别进入厨房与卧室，为室内补充必需的氧气，如图 24-4 所示。其中，进入卧室的两条管线布置于炉灶附近，使冷空气被预热后再输送到卧室，减少房间采暖负荷。设置于进气口的可调节阀门可以控制进风量。

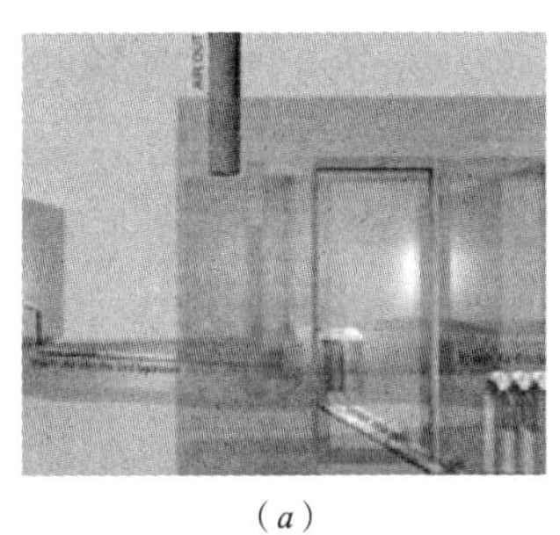

(*a*)

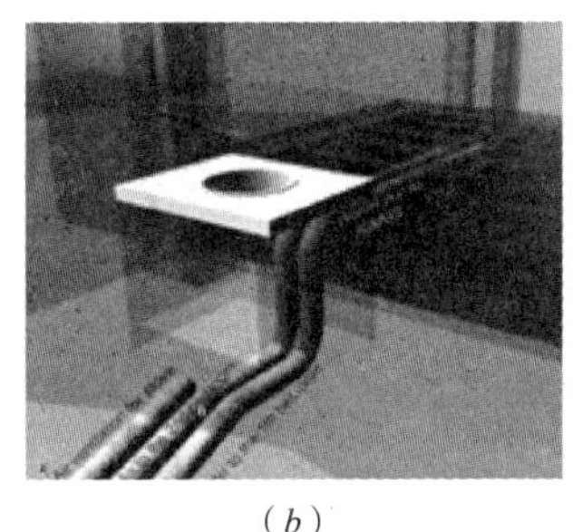

(*b*)

(*c*)

图 24-4 室内通风系统设计

（4）可再生能源利用技术

1）充分利用太阳能

该地区具有丰富的太阳能资源，且住宅无遮挡，太阳能利用具有得天独厚的条件。考虑到当地技术条件与农民的经济状况，优先采用了经济有效的被动式太阳能利用方案，即:增加南向卧室窗的尺寸，同时起居室的外墙采用大玻璃窗构成阳光间。此方案在实际使用中得到了很好的效果。尽管房间进深很大，在寒冷的冬天，阳光仍充满室内各个角落，如图 24-5 所示。住宅景观与室内舒适性较传统民居有明显提高，深受农民的欢迎。同时为减少阳光间夜间散热，在起居室加设了玻璃隔断及保温窗帘，有效地解决了阳光间夜间保温问题。

2）开发当地绿色建材

北方广大农村多数盛产稻草，草板与稻壳是一种非常理想的生态、可再生的绿色保温材料，如图 24-6 所示。它具有就地取材、资源丰富可再生、节省运输、加工能耗与费用低等优势，因此，本项目采用了草板和稻壳作为生态草板房围护结构的保温材料。同时研发了一系列相关技术（如加设空气层、透气孔及防虫添加剂等），以防止草板、稻壳出现受潮和虫蛀等问题。该套技术施工简单，农民易操作，经实践检验效果很好，在该地区得到了大量推广。

（*a*）

（*b*）

图 24-5　阳光间

（*a*）阳光间外观图；（*b*）阳光间冬季室内景观

（*a*）

（*b*）

图 24-6　草板保温建材的制作与加工

（*a*）草板制作间图；（*b*）农民自制的草板

24.3　节能测试和评估

（1）测试分析

对生态草板房进行室内热环境测试，测试期间的室内外温度如图 24-7 所示。

因为生态草板房竣工时已接近年底，农户并未使用全部房间。但对于使用中的西卧室，依靠炕连灶系统，利用每天三次的炊事余热，也能够使得室内温度达到 10℃以上。

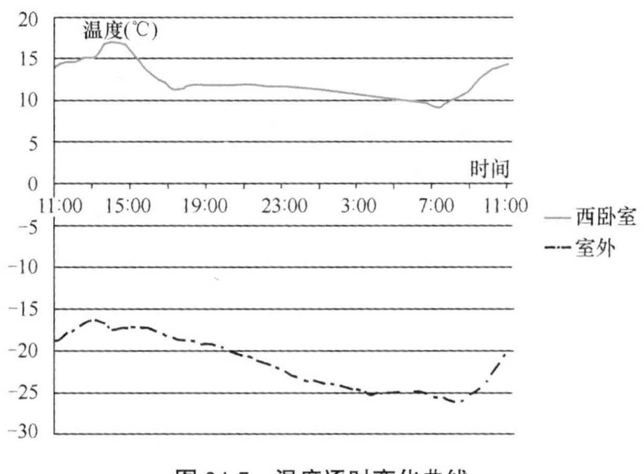

图 24-7 温度逐时变化曲线

注：西卧室采暖依靠做饭余热加热火炕的方式

此外，草板房保温性能良好，维持相同室内热环境所需的采暖能耗明显低于当地的传统民居。平均每户每年仅消耗 1 ~ 2t 秸秆即可满足炊事和采暖需求，由于该地区秸秆量充足，农户的炊事采暖能耗费用基本为零。

（2）使用反馈

1）使用舒适性评价

住宅设计突破传统民居的束缚，符合现代农民的生活特点与要求。阳光间的设置深受农民欢迎；门斗的设置避免了困扰寒地农村农民已久的“摔门”现象，减少了冷风渗透；通风技术简单适用，使节能住宅在门窗紧闭的冬季也能保持室内空气新鲜。做饭时炉灶不再出现“倒烟”现象，外围护结构没有出现结露、结冰霜等现象。总之，住宅从使用上、机理上以及视觉上都较传统住宅有明显改善，居住舒适度大大提高，尤其是冬季室内热环境得到了很大的改善。

2）可操作性评价

建筑材料就地取材，技术上简单易行，施工方法易被当地农民接受。

3）社会价值评价

改进后的住宅设计提高了居住舒适度，减少了商品能源的使用和 CO_2 排放。由于所选用的保温材料是农作物废弃物，属于可再生绿色材料，既减少了加工运输保温材料所带来的能耗和污染，也减少了每年春季烧稻草所带来的大气污染，有利于严寒地区农村人居生态环境改善与建筑的可持续发展。

25 阿鲁科尔沁旗特大型生物天然气与有机肥循环化综合利用项目

25.1 项目背景

中国每年农作物种植和畜禽养殖业会产生大量的农作物秸秆和禽畜粪污。长期以来，由于缺乏合理化的循环利用方式，导致大量秸秆的露天焚烧和禽畜粪污的直接排放，造成严重的环境污染和人民群众身体健康隐患。秸秆和禽畜粪污的高效资源化处理与利用已成为我国急需解决的主要环境问题之一。

实际上，农作物秸秆和禽畜粪污均是生产生物天然气（生物天然气由沼气提纯获得）的良好原料，为此，赤峰元易生物质科技有限责任公司提出了一种主要依靠秸秆并辅助以少量禽畜粪便来生产高纯度生物天然气的系统化技术方案，并在内蒙古阿鲁科尔沁旗建成了国内首个特大型生物天然气与有机肥循环化综合利用项目，其对于解决中国农村广泛存在的农业和畜牧业固体废弃物所带来的一系列问题具有重要示范意义。

25.2 项目实施方案

（1）项目设计方案

该项目考虑到玉米秸秆是当地最为丰富的一种秸秆资源，且玉米秸秆在同等条件下与其他农作物秸秆相比产气率最高，故选择以玉米秸秆为基础原料，同时灵活配比禽畜粪污等其他有机废弃物。项目以生物天然气和有机肥为切入点开展建设，下设原料收储运系统、生物天然气转化与纯化系统、沼渣沼液肥料转化系统、村镇分布式能源站及燃气管网系统四个部分，由专业化企业对四个系统进行全产业链的整合，最终实现废弃物资源综合利用、生产过程节能环保、产品市场化竞争的完整循环经济产业链的目的。整个项目全产业链运营路线如图 25-1 所示。

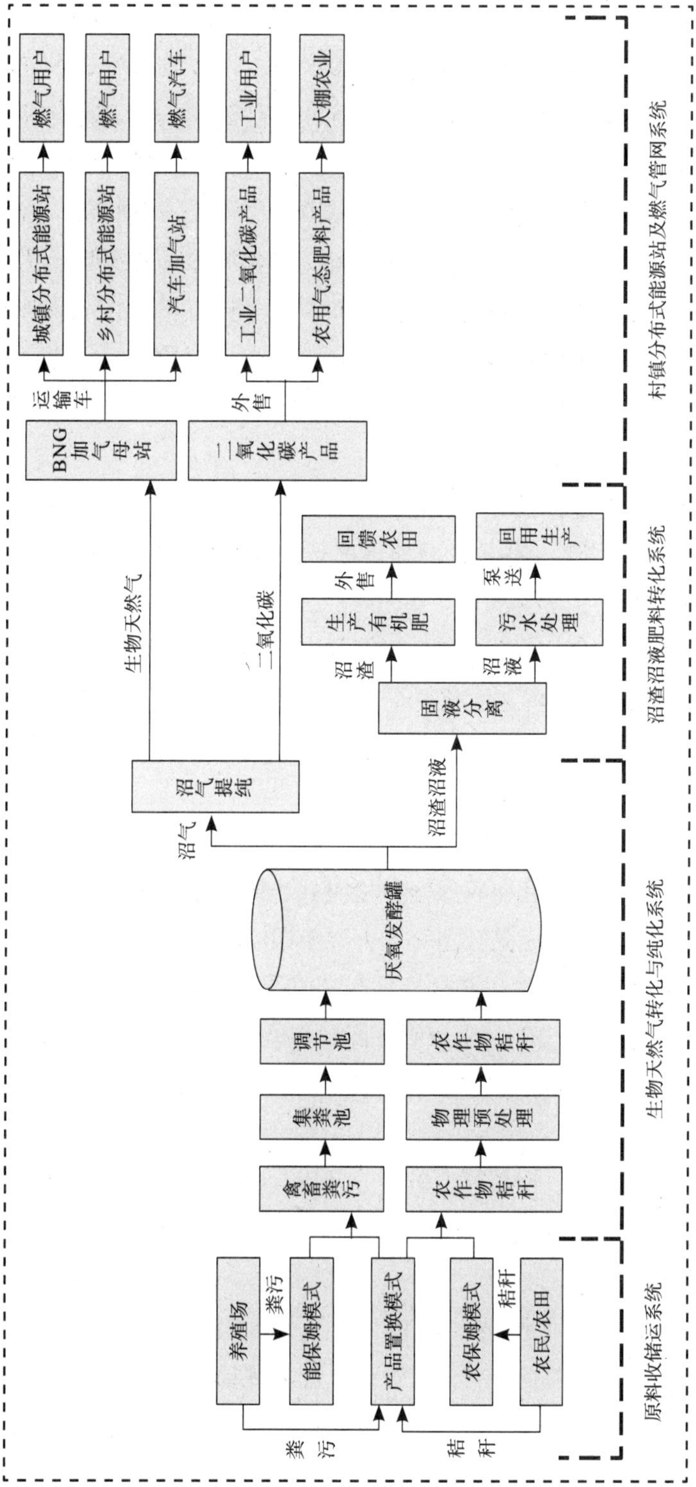

原料收储运系统
养殖场
粪污
能保姆模式
产品置换模式
农保姆模式
秸秆
农民/农田
粪污
秸秆

生物天然气转化与纯化系统
禽畜粪污
集粪池
调节池
农作物秸秆
物理预处理
农作物秸秆
厌氧发酵罐
沼气
沼渣沼液
沼气提纯
生物天然气
二氧化碳

沼渣沼液肥料转化系统
固液分离
沼渣
沼液
生产有机肥
污水处理
外售
泵送
回馈农田
回用生产

村镇分布式能源站及燃气管网系统
BNG加气母站
二氧化碳产品
运输车
外售
城镇分布式能源站
乡村分布式能源站
汽车加气站
工业二氧化碳产品
农用气态肥料产品
燃气用户
燃气用户
燃气汽车
工业用户
大棚农业

图 25-1 项目全产业链运营路线图

本项目总投资约 3 亿元，主体工程包括：12 个单体容积 5000m^3 的厌氧发酵罐及相应的配套工程，一条年产 5 万吨有机肥生产线，汽车加气站、供气站与燃气输配管网等配套工程，年可消纳玉米秸秆约 5.5 万 t 或相当于等量的其他有机废弃物（均以干物质计算）。项目设计生产能力为日产沼气 6 万 m^3，可提纯生物天然气 3 万 m^3，质量完全达到国家标准《天然气》GB 17820－2012 中一类气的标准，合计年产沼气 2200 万 m^3 以上，可提纯生物天然气 1100 万 m^3，基本能够满足阿旗 30 万人口规模的县域内全部城乡居民生活用气和出租 / 公交车用气。本项目年生产有机肥 5 万 t，基本能够满足 6 万亩设施农田的肥料使用。另外，本项目还在致力于将沼气提纯后的尾气（二氧化碳）资源化利用，生产工业级二氧化碳产品与农用气态有机肥。

（2）原料收储运子系统

元易公司成立了专业化的原料收储公司及合作社以便对原材料收储运，并且具有自己成套的收储运体系，可保障项目所需原材料的稳定与安全供应。

1）收集方式

本项目所需原料的供应以公司自行收储为主，经纪人收储为辅。公司以自有农业机械为基础，组建更大的农机合作社联盟，将社会中分散的农机整合为联盟，结合公司合理的“农保姆”、“能保姆”和产品置换运作模式完全可以保障原料收储运系统稳定。

“农保姆”：农保姆模式即合同农业管理。元易公司以平等、自愿的原则与农户、种植大户、农民专业合作社开展农保姆种植模式，即农户、种植大户、农民专业合作社将自有土地集中整合与元易公司合作，在不改变土地承包权的前提下，由元易公司提供主要农机设备，并牵头以契约方式联合农业种植所需的生产资料供应商（种子公司、肥料公司、农药公司）、生产服务商（其他农机服务公司、农机合作社、农机户、获得土地承包人认可的田间管理人员）、生产保障商（商业保险公司、金融机构），为农户、种植大户、农民专业合作社垫付种植所需的种子、化肥、农药等农业物资，提供整地、播种、收割等农机服务及田间管理、风险保障和资金支持。供应商、服务商、保障商在秋收回收投资，扣除种植成本后的粮食全部归农户、种植大户、农民专业合作社所有。

“农保姆”模式机械作业情况如图 25-2 至图 25-5 所示。

“能保姆”：能保姆模式即合同能源管理。针对规模化的畜禽养殖企业、合作社采取的第三方治理模式，既可在其生产区附近配套建设生物天然气和有机肥生产厂，也可与其签订畜禽粪污处理协议，收集产生的畜禽粪污。

图 25-2　打捆田间作业

图 25-3　旋耕机田间作业

图 25-4　农业收割机

图 25-5　原料储存场

产品置换模式：即以生物天然气及有机肥产品置换本项目所需生产原料。针对农村周边分散放置且难以收集的秸秆或畜禽粪污，采取在村镇建设分布式能源站及燃气管网的方式，向农户供应生物天然气，以生物天然气换取秸秆或畜禽粪污。在该系统未覆盖地区，使用有机肥料置换。同时，通过农村分布式能源站及燃气管网的建设还可以促进农保姆模式的推广。

2）原料的运输

农作物玉米秸秆运输体积较大，重量轻，畜禽粪污含水率高、干物质比重小，故运输成本是原料成本的主要组成部分。为此元易公司采取社会化承包的方式进行原料的运输，同时成立农机合作社联盟，以自有农机带动农机联社及其他农机散户共同进行市场化作业，通过农机作业的收入平衡运输成本，最大限度地降低了原料成本。

3）原料的储存

由于农作物秸秆的收储有季节性，而项目厂区内部原料储存场地有限，不能将全年所需的秸秆完全储存。因此元易公司为满足项目所需农作物秸秆的供应和储存，以“农保姆”模式为纽带，项目厂区储存不下的秸秆分散存储在农保姆模式开展的各村落。

对于畜禽废物，养殖场依据合同约定将短时间内产生的畜禽粪污临时存放，元易公司负责定期清运；对于分散养殖户则约定由养殖户进行集中短期堆放，元易公司以有机肥料或生物天然气进行统一置换，随时清运。

（3）生物天然气转化与纯化子系统

本系统包括生物天然气生产全过程，元易公司成立了专业化的生产运营公司进行生物天然气生产工作。通过对玉米秸秆的机械粉碎加化学预处理后，再与禽畜粪污按一定比例混配，然后进行恒温全混合高效厌氧发酵，发酵罐装置设有搅拌与加热系统，可以将运行状态控制在最优。本项目建设规模为总发酵容积 6 万 m^3（即单体 5000m^3 发酵罐 12 座），沼气提纯生产线两条（一条提纯功率 2 万 m^3/ 天，一条提纯功率 4 万 m^3/ 天）。

该系统的相关照片如图 25-6 和图 25-7 所示。

图 25-6　厌氧发酵罐

图 25-7　提纯车间

（4）沼渣沼液肥料转化子系统

元易公司对本系统成立了专业化的有机肥生产公司进行生产运营，将厌氧发酵剩余物质进行固液分离，沼渣经进一步破碎后与腐殖质、有机酸和膨润土等辅料进行元素配比，然后经过喷浆造粒、烘干、冷却、筛分、包装等环节生产为商品化固态有机肥。沼液经过处理后回用于生产，由于沼液是良好的天然液态有机肥，也可根据农业客户需要，加工为液态有机肥料进行销售。如有机肥生产车间如图 25-8 所示。

图 25-8　有机肥生产车间

（5）城镇分布式能源站与燃气管网子系统

元易公司对下游生物天然气产品的输配与销售成立了专业化能源公司，保障将项目所产的生物天然气进行安全稳定的销售。本系统包括：

BNG（生物天然气）母站：为CNG管束车加气以便于远距离运输；

BNG子站及配套燃气管网：为城镇居民和公共服务用户供气；

汽车加气站：为天然气车加气；

瓶组站及配套燃气输配管网：为农村或社区居民供气。

各部分实际情况如图25-9至图25-12所示。

图25-9　BNG母站

图25-10　BNG子站

图25-11　BNG汽车加气站

图25-12　农村瓶组站

25.3　项目运行效果

目前，本项目已完成一期投资2.3亿元，包括成立原料收储公司（负责推广

“农保姆”模式）和农机合作社（年可收储运秸秆6万吨）、生物天然气转化与纯化系统一期工程（四个厌氧发酵罐及其配套工程）、天山镇BNG母站1座、BNG子站1座及燃气输配管网、汽车加气站1座、农村瓶组站6座（双胜村，岗台村，巴彦包特农场1队、2队、5队和6队）及输配管网工程，现已接通城乡居民用户约1万户。

项目一期共建设4个单体5000m^{3}发酵罐，设计日生产沼气能力为2万m^3。目前项目二期工程正在建设中，预计2016年能够全部投产运营。自2013年11月份开始一期项目4个厌氧发酵罐陆续投产运行，1号厌氧发酵罐于2013年12月18日开始投产运行，其他3个罐产气时间分别为：2014年5月18日、2014年7月26日、2014年11月16日。排除存在问题的两个罐体（2号罐2014年8月至10月间流量计设备故障、4号罐体长期检修），经对项目运行相对稳定的1号、3号罐体生产期运行数据监测，统计得出：运行期间两罐总投料量为4279t TS（TS指可用于生产生物天然气的纯干物质量，秸秆平均含水、杂率为15%，牛粪平均含水、杂率为80%），其中：秸秆3250.9（TS）t、粪便1028.2（TS）t，合计产沼气1776742m^3，可提纯生物天然气约887892m^3，原料单位吨干物质产气率约达415.2m^3（实验室理论原料单位吨干物质产气率约达450m^3）。由于在国内、国际生物天然气技术和市场领域，以干秸秆为基础原料，如此大规模生态高效转化项目再无他家，项目的施工建设、运行控制、生产管理等方面均无成功案例可做参考，仍处在探索阶段，因此在整个运转期存在设备故障频发、罐体检修频繁、原料预处理程度不足、人员运行经验不足等问题，致使工程数据较实验室数据和设计规模相差较大。

最终该项目年需要玉米秸秆约5万t，根据元易公司多年来农业作业经验，北方地区平均每亩可用于生产生物天然气的秸秆原料约为0.33t。为保障整个项目的原材料需求，需要按照“农保姆”的模式推广15万亩农田，再加上与农户的产品置换模式，可以保障整个项目所需原料的充足稳定供应。目前，元易公司在阿旗已按照“农保姆”的模式统筹管理了5万亩农田，秸秆原料的成本价格约为180元/t，保障了项目一期的原材料需求，且运营效果良好，并计划到2016年累计推广“农保姆”15万亩农田。

经一年多的运行经验，项目生物天然气单位综合生产成本3.38元/m^3，其中秸秆等原材料成本为1.02元/m^3、燃料及动力成本0.72元/m^3、药剂成本0.19元/m^3、运行成本1.45元/m^3（包含人员工资及固定资产折旧等），城镇加气站与管网系统运行成本

1.2 元 /m^3、汽车加气站运行成本 0.5 元 /m^3，因此折算后居民供气成本为 4.58 元 /m^3，汽车供气成本为 3.88 元 /m^3。目前赤峰地区民用天然气价格为 6.6 元 /m^3，车用天然气价格为 4.61 元 /m^3，因此每售出 1m^3 民用天然气可以盈利 2.02 元，每售出 1m^3 车用天然气可以盈利 0.73 元，待项目完全建成投产后，每年燃气出售业务的总利润额为 803 万 ~ 2222 万元。未来有机肥规模化生产后，有机肥产品会相应的分担部分运行成本，从而进一步降低生物天然气产品成本并提高整体利润率，由于目前该部分工作还正在探索中，暂无实际运行数据。

综上所述，以农作物秸秆和禽畜粪污为原料，通过厌氧发酵生产生物天然气和有机肥，不仅能够解决环境污染问题，还可以有效助力城乡可再生能源供应，在此过程中生产的剩余物沼渣沼液还可以作为有机肥反哺农田，减少化肥施用量，改善土壤结构，遏制土壤退化，防止地下水污染，提高农产品品质，促使“粮田”嬗变为“良田 + 气田”。

26　中国北方农宅围护结构及采暖系统节能改造示范村

26.1　项目概况

（1）项目背景

从 2005 年开始，结合北京市社会主义新农村建设总体部署，北京市农村工作委员会和北京市规划委员会联合确立了一批新农村规划重点示范项目，房山区二合庄村开展的“村级农宅节能改造和综合环境改善”工程便是其中之一。该工程在坚持“政府引导、农民主体、部门联动、社会参与”的原则基础上，召集部分高等院校和设计施工单位完成了相关的设计和施工，为后期北京市乃至北方地区农宅节能技术推广提供了示范，并积累了重要的测试数据和技术参考。

（2）改造前示范村基本情况

二合庄村总户数为 198 户，总人口为 465 人。通过 2006 年对该村居民的入户调研结果显示，该村户均年收入为 6888 元，户均年采暖费用为 1591 元（当时的煤炭价格约为 600 元 /t），采暖季一般从 11 月 15 日到次年的 3 月 15 日，户均采暖面积为 92m^2。

该村农宅基本于 1985 年之后建造，砖混结构占总建筑数量的 90% 以上。围护结构热工性能较差，墙体以 37cm 砖墙为主，窗户以单层玻璃木窗为主，绝大多数墙、屋顶无任何保温措施，具体调研结果如图 26-1 所示。

该村农户的户均年生活能源消耗量为 2.7tce，各种能源所占比例如图 26-2 所示，其中商品能占其生活能源总消耗量的 99%，秸秆等非商品能仅占 1%，消耗煤炭（包括散煤和蜂窝煤）占 80% 以上。全村农户冬季采暖能耗约占生活总能耗的 63%，折合单位采暖面积的采暖能耗量为 20.7kgce/m^2。但是该村农户的采暖舒适水平差别很大，有 40%左右的农户反应冬季室内偏冷。

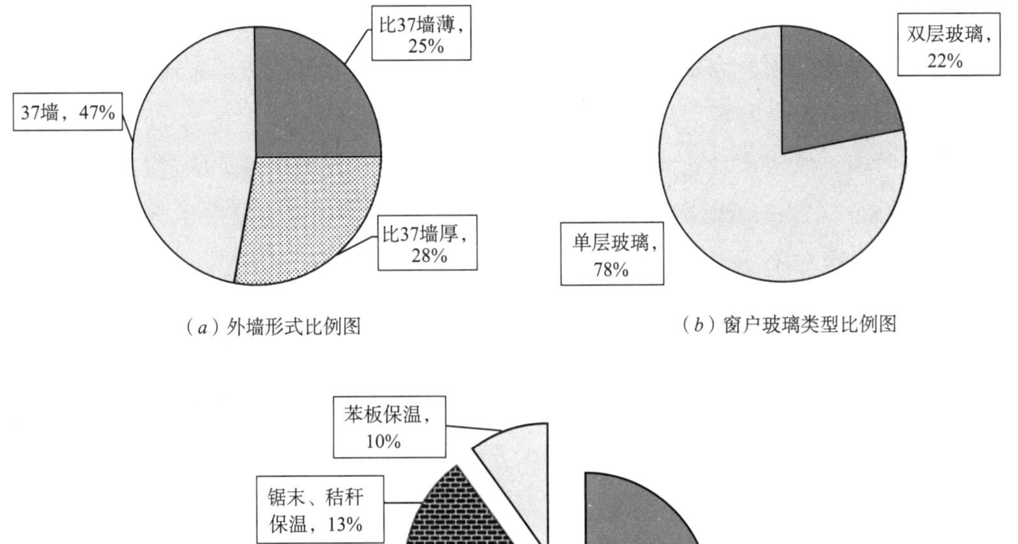

图 26-1　改造前围护结构情况调研

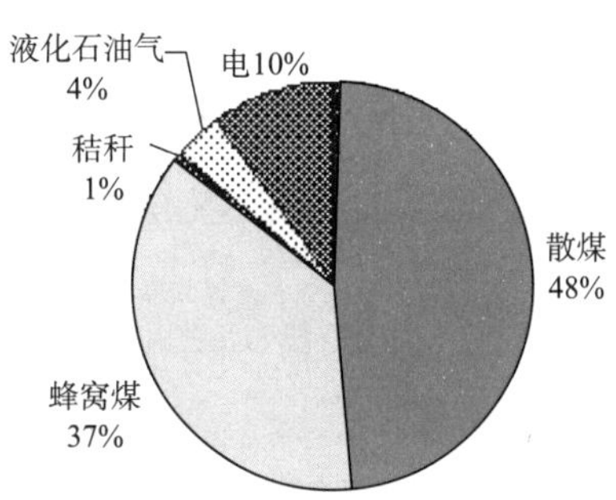

图 26-2　改造前户均生活能源消耗量分布（不同能源种类都已折算成标准煤）

26.2　项目实施方案

由于该村住宅围护结构保温性能普遍欠佳，采暖设备主要依靠系统热效率低下的小煤炉，而且冬季室内温度依然偏低，为此，课题组提出了通过给围护结构增加保温降低冬季采暖用能需求和用空气源热泵替代传统土暖气的方式来逐步实现“无煤化”的综合性解决方案，并分为两个阶段来实施。

第一阶段的农宅被动式节能改造采取政府补贴、自愿报名的原则进行，改造费用政府补贴 80%，农户仅需出资 20%，最终选定了 10 户农宅（其中 9 户改造，1 户新建）作为示范对象。

简单易行并充分利用当地资源是确定技术方案的基本原则，从而保证农民将来能够自行实施。示范工程实施过程中，考虑到后期技术成果的推广应用，尝试了多个不同技术方案的组合，一方面可以比较不同方案的实际效果的差别，另一方面能够为农户提供更多的选择。所采用的技术方案主要涵盖墙体、屋顶、窗户、地面等多个方面：

墙体：聚苯板（膨胀聚苯乙烯泡沫板）外保温、聚苯板内保温、聚苯颗粒保温砂浆内保温、内外保温结合、相变蓄热保温材料；

屋顶：聚苯板吊顶保温、陶粒混凝土屋顶、膨胀珍珠岩保温屋顶；

窗户：单层玻璃改为双层玻璃、外加阳光间；

地面：地板辐射采暖；

其他：节能吊炕。

根据各户的实际情况与需求，可选用不同的技术方案进行组合使用，各示范农宅的最终改造方案统计如表 26-1 所示。

示范农宅改造方案统计表　　　　**表 26-1**

改造户	墙体	屋顶	窗户
1	南墙 90mm 厚聚苯颗粒保温砂浆内保温，北墙、东墙和西墙墙外做 90mm 厚聚苯板外保温	120mm 厚聚苯板内置于纸面石膏板吊顶内侧	南窗不改，北窗内侧加装塑钢单玻平开窗
2	南墙外做 70mm 厚聚苯板外保温，北墙和东墙外做 90mm 厚聚苯板外保温	120mm 厚聚苯板内置于纸面石膏板吊顶内侧	南窗和北窗改为双玻塑钢节能窗
3	南墙、北墙、西墙和东厢房墙外做 90mm 厚聚苯板外保温	屋顶和东厢房屋顶做 120mm 厚聚苯板内置于纸面石膏板吊顶内侧	南窗和东厢房窗户改双玻塑钢节能窗
4	南墙、北墙和西墙做 90mm 厚聚苯颗粒保温砂浆内保温	120mm 厚聚苯板内置于纸面石膏板吊顶内侧	南窗和北窗改双玻塑钢节能窗，南向增加阳光间
5	北墙、东墙和西墙做 90mm 厚聚苯板外保温	120mm 厚聚苯板内置于纸面石膏板吊顶内侧	东窗和北窗改双玻塑钢节能窗

续表

改造户	墙体	屋顶	窗户
6	南墙和西墙 70mm 厚聚苯乙烯板内保温，北墙 30mm 厚 FTC 蓄热保温涂料，采用低温地板辐射采暖	120mm 厚聚苯板内置于纸面石膏板吊顶内侧	双玻塑钢节能窗
7	南墙、北墙、东墙、西墙和厢房墙外做 90mm 厚聚苯板外保温	屋顶和厢房屋顶做 140mm 厚珍珠岩外保温	北窗、东窗、西窗和厢房窗户用双玻塑钢节能窗，阳光间用塑钢单层玻璃
8	北墙、南墙、东墙和西墙 90mm 厚聚苯板内保温	120mm 厚聚苯板内置于纸面石膏板吊顶内侧	南向增加单层塑钢窗阳光间
9	北墙、南墙、东墙、西墙和厢房墙外做 90mm 厚聚苯板外保温	120mm 厚聚苯板内置于纸面石膏板吊顶内侧	南窗、北窗和厢房保留原有双玻塑钢节能窗

同时，为了使技术得到更好的推广应用，也邀请农户积极参与工程施工中，农户在学习施工的同时，还能起到检查监督的作用，如图 26-3 所示。

图 26-3　施工照片

第二阶段是针对采暖设备的改造，由于北京农村地区不具备丰富的生物质、风能、太阳能等可再生资源，用电采暖替代燃煤采暖是比较可行、易推广的模式。考虑到空气源热泵是能源利用率最高的电采暖设备，因此采用热风型低温空气源热泵作为采暖替代设备。

该低温空气源热泵与传统的单级压缩循环热泵相比采用了双级压缩循环，如图 26-4 所示，压缩过程由一次压缩分解为两次压缩，增加了闪蒸器和一级节流装置，通过闪蒸器和增焓部件的设计提高闪蒸量、增加二级节流前冷媒的过冷度，可解决低温工况下压缩机的压缩比过大问题，提高系统的制热量，机组可以在更低的室外

温度下运行，不仅具有投资小、安装灵活、维修方便的特点，还能克服传统空气源热泵在寒冷地区较低气温时由于压缩机排气温度过高等问题而停止运行的不足，确保在 -20℃的极端环境温度下能够正常运行。

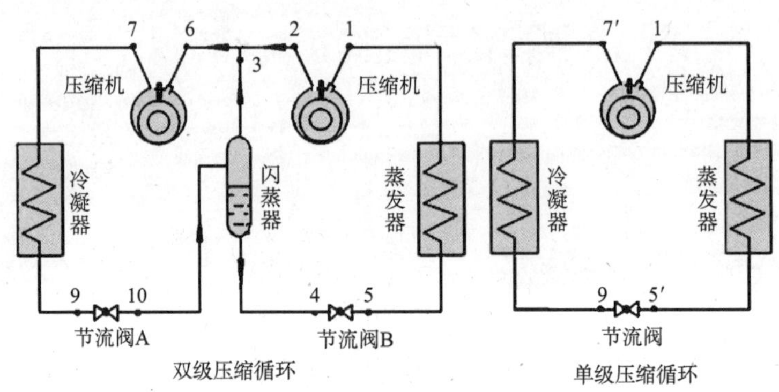

图 26-4　系统循环原理图

本次示范选用的是分体壁挂式热泵型空调器，主要参数见表 26-2 所示。

低温空气源热泵机组主要参数表　　**表 26-2**

制热量（W）	输入功率（W）	额定*COP*	电辅热预留功率（W）	额定电压/频率（V/Hz）
800 ~ 5700	180 ~ 1780	3.33	1000	220/50

目前完成了第一批低温空气源热泵机组的安装，共 60 户家庭参与，安装热泵 120 台，如图 26-5 所示。

图 26-5　安装现场照片（一）

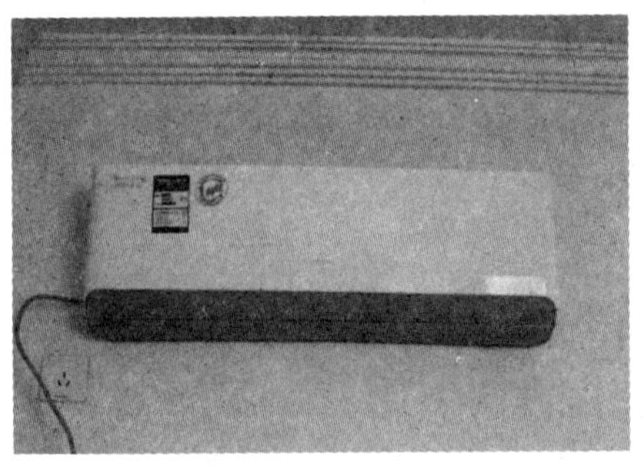

图 26-5 安装现场照片（二）

26.3 项目改造效果

2007 年围护结构被动式改造工程完工后，首先对农宅的墙体传热系数、换气次数、采暖季耗煤量等进行了测试。不同类型围护结构的传热系数测试结果见表 26-3。与没有保温的墙体或屋面相比，采取保温措施后的墙体和屋面的传热系数明显降低，墙体和屋顶的传热系数分别下降了 69% 和 37%，农宅保温性能明显改善。

围护结构传热系数测试结果　　表 26-3

围护结构类型	传热系数值（W/（m^2 · K））
普通 37cm 砖墙	1.19
普通 37cm 砖墙＋ 90mm 厚聚苯板外保温	0.37
普通 37cm 砖墙＋ 90mm 厚胶粉聚苯颗粒内保温	0.32*
普通屋顶	1.03
普通屋顶＋ 120mm 厚聚苯板吊顶保温	0.65

注 *：90mm 厚胶粉聚苯颗粒内保温的墙体传热系数与工程经验值相差较大，但测试过程遵照相关标准，原因可能是各种材料比例不同或者施工工艺造成的。

换气次数测试结果表明，改造后的农宅，在门窗关闭情况下的换气次数为 0.5 次 /h 左右，与未改造的农宅相比，换气次数可以降低 50% 左右，农宅气密性能得到了加强。

围护结构热工性能的改进在提高了农宅冬季室内热环境的同时，也降低了采暖耗煤量，农宅改造后，采暖季平均室温较原来提高了 4 ~ 7℃，而采暖煤耗却降低了

27% ~ 44%，如图 26-6 所示，这两部分累积后的综合节能率可以达到 55% ~ 70%，节能效果显著。

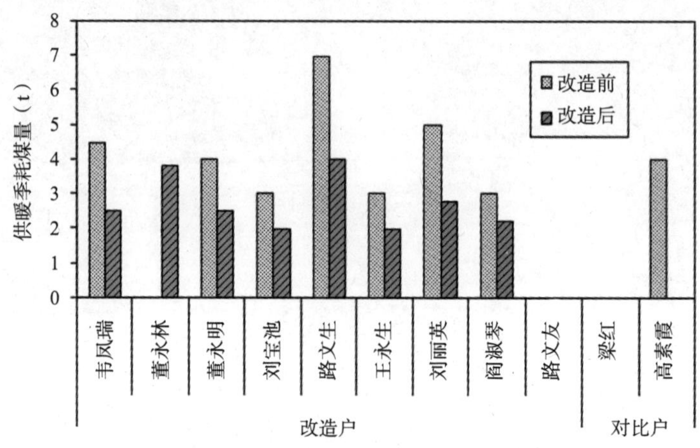

图 26-6　改造前后全年采暖耗煤量的对比

空气源热泵安装完成后，在 2014 ~ 2015 年冬季选取某典型户对热泵的运行效果进行了连续监测。该测试户建筑面积 70m^2，前期已完成围护结构节能改造，建筑外墙为 370mm 砖墙 +90mm 厚聚苯板外保温，屋顶做 120mm 厚聚苯板保温，窗户均为双玻塑钢节能窗，保温性能较好。在卧室和客厅各安装 1 台低温空气源热泵，用于该家庭的冬季采暖。测试期间热泵正常运行，且房间温度适宜。

最冷日出现在 2 月 8 日，平均气温 -3.0℃，最低气温达到 -8.5℃。卧室热泵连续运行，温度在 16.8 ~ 26.0℃之间波动，平均气温 19.8℃，见图 26-7。

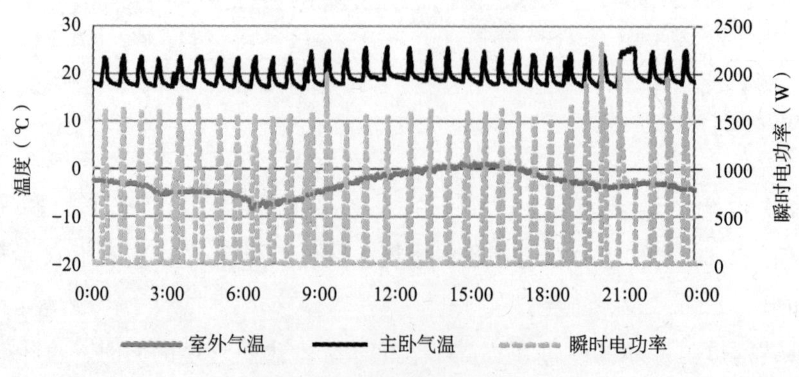

图 26-7　最冷日卧室气温

客厅热泵在当天晚上 20：30 ~ 21：30 使用了一小时，热泵开启后房间温度从 10.1℃迅速升高到 20.9℃，期间平均气温 19.1℃，见图 26-8。

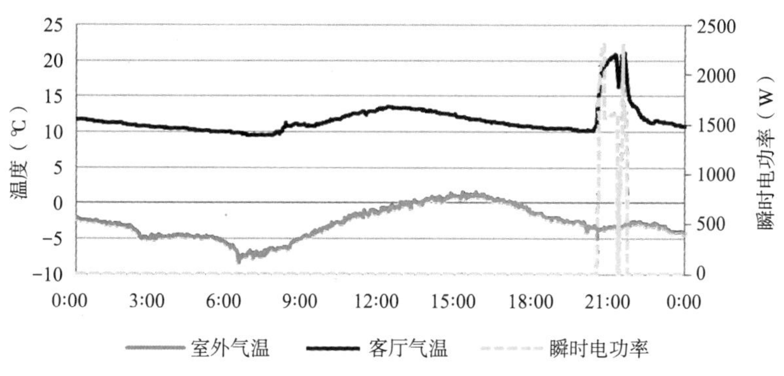

图 26-8　最冷日客厅气温

该热风型低温空气源热泵具有迅速提高房间气温的特点，用于农宅采暖时，与夏季分体空调类似，农户会采取“局部空间、局部时间”的使用模式，与传统的整户供暖连续运行的“全部空间、全部时间”采暖模式相比具有很大的节能潜力。测试户的两间房间表现出了两种不同的使用模式，其中卧室是住户的主要活动区域，住户为了节省支出，会自发把所有日常活动集中到一个房间，白天在卧室看书、看电视，夜间在卧室休息，因此卧室的热泵每天使用、连续运行，平均每天运行时间 23.2h，运行期间室内平均温度为 18.2℃，图 26-9 是测试期间该房间热泵的瞬时电功率情况。

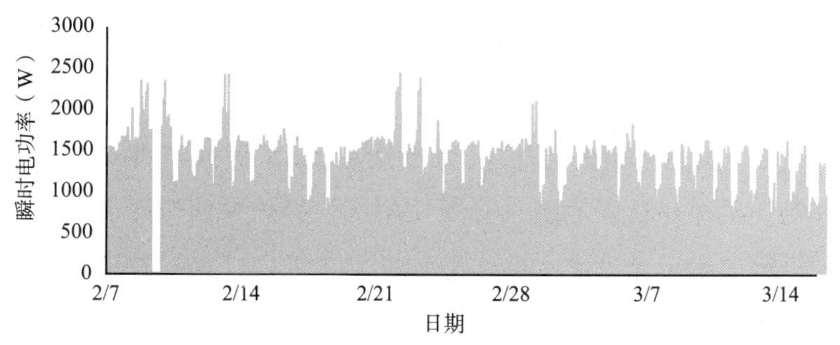

图 26-9　卧室热泵瞬时电功率

由于客厅是功能性房间，主要功能就是招待客人，热泵在客人上门时开启，客人走了就关热泵，因此客厅的热泵是间歇运行的，在测试的 23 天中，热泵仅需开启

12 天，平均每天运行时间仅为 2.1h，运行期间室内平均温度为 21℃，图 26-10 是测试期间热泵的逐时电功率情况。

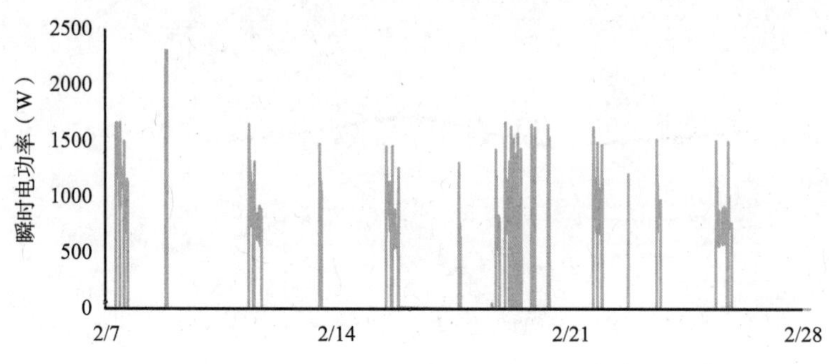

图 26-10　客厅热泵瞬时电功率

在测试持续的 23 天时间内，卧室热泵总电耗 91kWh，客厅热泵总电耗 52kWh，该户采暖电耗共计 143kWh，平均每天 6.2kWh，由于热泵具有开关灵活的特点，能够充分实现行为节能，也有助于减少采暖电耗。北京地区采暖季按 120 天计算，则该家庭整季采暖电耗约 755kWh，只需缴纳电费 333 元（电价 0.49 元 /kWh），而该家庭如果用原先的土暖气燃煤采暖，整季需使用 2t 散煤，花费 2300 元，同时产生 11.1kg 的 PM2.5 排放。用低温空气源热泵替代燃煤采暖不仅运行费用更低，而且没有 PM2.5 排放，有助于改善室外雾霾状况。目前该设备的单台价格为 3500 元（供暖面积约 $30m^2$），对示范农户采所用的虚拟补助政策为由课题组每台补贴 2000 元（约占 60%），农户每台自费 1500 元，最终农户反馈对设备初投资、房间温度和采暖电费都十分满意。

2015 年 11 月 6 日，北京市社会主义新农村建设领导小组综合办公室、北京市财政局和北京市发展和改革委员会联合下发了《关于进一步促进北京农村地区清洁能源利用若干奖励政策的意见》，其中规定 2015 ～ 2017 年，北京市农村地区实施“煤改电”工程并且因地制宜安装使用空气源热泵的村庄居民，市财政将按照每户实际供热面积每平方米 100 元的标准给予补助，每户补助金额最高不超过 12000 元，该政策可以充分满足一般户型的农户对设备初投资政府补贴的心理预期，将势必对提高农户的改造积极性和空气源热泵在农宅采暖中的普及程度起到重要推动作用。

27 基于生物质清洁燃烧技术的中国南方生态示范村

27.1 项目概况

（1）项目背景

2008 年 5 月 12 日汶川大地震后，四川省北川羌族自治县作为地震重灾区，面临着民居重建及农户生活条件改善的艰巨任务。在重建同时，如何探索南方地区低碳生态与民居建设相结合，切实改善村镇居民生活环境，实现农村地区快速可持续发展是摆在课题组面前的难题。课题组成员从可持续民生的思路出发，按照与北川县总体规划相结合的原则，在尊重群众意愿的基础上，经过前期充分调研，并认真考虑当地的自然资源特点和现有工作条件的基础上，选取北川羌族自治县曲山镇石椅村作为示范，提出了基于生物质清洁燃烧技术的生态化和可持续化改造理念，希望为政府大规模重建和后续发展工作以及国内其他类似地区提供参考和示范。

石椅村（东经 104°26′，北纬 31°53′）位于曲山镇南部，紧临安北公路。距北川老县城 3.5km，距新县城 10 余 km。目前全村有三个自然村，93 户，共计 328 人，大部分为羌族。该村的优势是具有丰富的生物质资源，据初步统计，全村秸秆年产量约为 50t（主要为玉米秸秆），果树枝产量约为 300t，平均每户有相当于 1.5tce 的可再生资源量，如果实现高效利用，完全可以满足生活用能需求。石椅村的地理位置如图 27-1 所示。在实施过程中，石椅村附近的几个村落也都作为一个整体改造项目加入进来，目前共覆盖 11 个自然村，包括约 200 户农户。

（2）示范村用能情况

该地区长期以来的能源收集和利用方式一直是靠人工上山捡柴、背柴，然后采用带有烟囱的大柴灶直接燃烧，而且这些炉灶都有一个开敞式填料口，污染物可以从填料口直接扩散到厨房里，大部分的厨房都没有排风设施，即使有也很少使用，如图 27-2 所示。

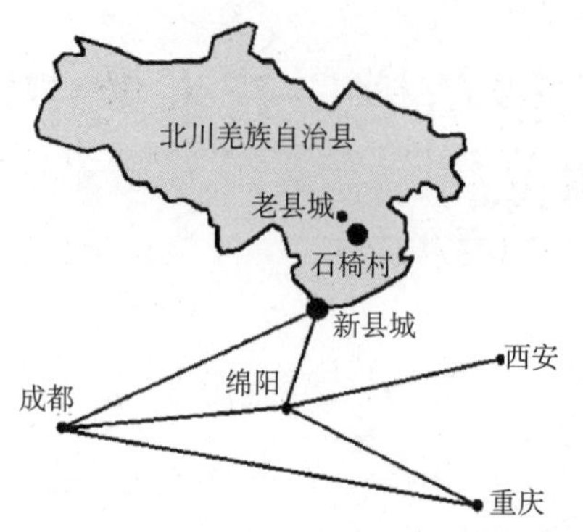

图 27-1　示范村地理位置及整体风貌图

图 27-2　石椅村传统的能源收集和利用方式

通过对所有农户的调研发现，平均有超过 80% 的农户都把木柴作为第一燃料，其中有 4 个自然村的比例高达 100%，如图 27-3 所示。对村中三户典型农户的实地测试发现，所使用的传统柴灶的炊事热效率仅为 11% 左右，单位时间烧柴量为

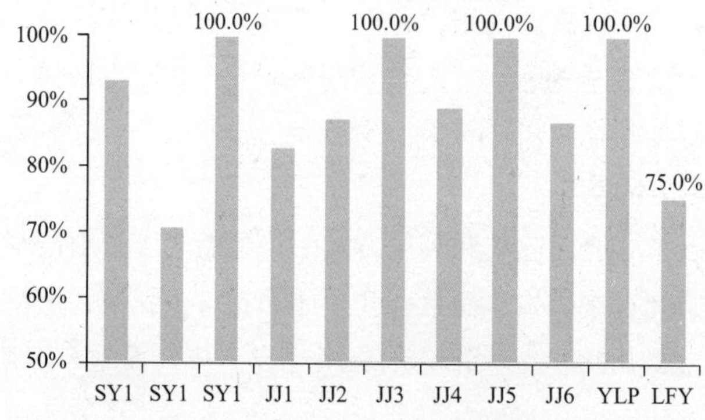

图 27-3　各自然村农户选择木柴为第一炊事燃料的分布情况

2.9kg/h，全年烧柴总量为 2060kg，由于燃烧效率低下，造成了大量能源和人力、物力的浪费。

（3）示范村室内空气污染情况

通过对该地区室外空气 PM2.5 污染情况的监测发现，该地区由于地处青藏高原东部边缘地带山区，室外空气质量整体情况较好，在两个自然村的室外测点，PM2.5 平均浓度均低于我国环境空气中的 PM2.5 控制浓度二级标准 75μg/m^3，除了 5 月和 6 月外，其他月份的浓度也低于世界卫生组织的准则值 25μg/m^3。

该区域室外 PM2.5 浓度（ug/m^3）　　表 27-1

夏季浓度					
月份	有效测试天数	平均值（±标准差）	中值	5%~95%浓度区间	25%~75%浓度区间
五月	3	48.0 ± 18.5	40.5	30.9 ~ 99.1	37.4 ~ 54.9
六月	19	27.6 ± 26.0	15.6	1.4 ~ 86.5	8.7 ~ 42.4
七月	27	18.1 ± 12.2	16.1	1.9 ~ 40.4	8.3 ~ 26.8
八月	15	13.1 ± 8.7	10.5	2.5 ~ 28.4	7.0 ~ 19.8
冬季浓度					
月份	有效测试天数	平均值（±标准差）	中值	5%~95%浓度区间	25%~75%浓度区间
十二月	21	15.6 ± 14.1	12.3	3.5 ~ 37.5	7.0 ~ 19.4
一月	24	23.8 ± 34.5	17.0	8.0 ~ 54.7	11.5 ~ 23.7
二月	5	17.6 ± 10.0	17.1	5.1 ~ 31.0	9.7 ~ 24.2

通过对 200 户农户厨房内污染物浓度的住户测试发现，不论夏季还是冬季，厨房内 PM2.5 浓度都相当高，如表 27-2 所示。冬季厨房内 PM2.5 的平均浓度是夏季的 3.5 倍，在冬季，传统的用能模式（厨房内炊事和取暖）直接导致了厨房内 PM2.5 有较高的浓度。夏季，监测的 48 小时内，平均有 25.1 小时厨房内 PM2.5 的浓度超过 25 μg/m^3；冬季，监测的 48 小时内，平均有 39.9 小时厨房内 PM2.5 的浓度超过 25 μg/m^3。

厨房内 PM2.5 浓度现状（μg/m^3）　　表 27-2

季节	有效样品数	几何平均数	算数平均数（95% CI）	范围
夏季	217	101	150（117，183）	8 ~ 2414
冬季	188	255	520（395，645）	16 ~ 6331

由室内空气污染所导致的夏季人体 PM2.5 暴露的浓度范围：16 ~ 1125 μg/m³，平均浓度为 100 μg/m³（n=216）；冬季，人体 PM2.5 暴露的浓度范围：14 ~ 1593 μg/m³，平均浓度分别为 238 μg/m³（n=190），由此给人员健康也带来潜在危害。

27.2　项目实施方案

为了对上述情况加以改善，项目组分别从燃料和炉具两方面入手，提出了综合性的技术解决方案。

（1）清洁燃料技术方案

由于当地家家户户都种植果树，每年都会剪枝，项目组充分利用其木柴资源丰富的特点，提出采用木质颗粒燃料代替传统木柴作为炊事燃料的方案。生物质颗粒燃料加工技术是通过揉切（粉碎）、烘干和压缩等专用设备，将农作物的秸秆、稻壳、树枝、树皮、木屑等农林剩余物挤压成具有特定形状且密度较大的固体成型燃料。压缩成型燃料在专门炊事或采暖炉燃烧，效率高，污染物释放少，可替代煤、液化气等常规化石能源，满足家庭的炊事、采暖和生活热水等生活用能需求。在常温下，利用压辊式颗粒成型机将粉碎后的生物质原料挤压成圆柱形或棱柱形，靠物料挤压成型时所产生的摩擦热使生物质中的木质素软化和黏合，然后用切刀切成颗粒状成型燃料，与热压成型相比，不需要原料（模具）加热这个工艺。该工艺具有原料适应性较强、物料含水率使用范围较宽、吨料耗电低、产量高等优点。

考虑到当地的实际特点和需求，项目组给村里统一安装了一套小型生物质固体燃料成型加工设备，其生产流程是首先利用削片机将果树剪枝切成较小的木屑，然后利用粉碎机将木屑进行进一步粉碎，再利用压缩成型设备将粉碎后的粉末挤压成形状规则的颗粒燃料供炊事炉燃烧使用。图 27-4 给出了该村生物质颗粒燃料生产厂房和内部设备情况，该加工厂的生产能力约为 300kg/h，年产量约 200t 木质生物质颗粒燃料。

为了避免目前国内已有的大型生物质集中加工运行模式所存在的诸多弊端，如原材料价格不可控、收集半径大造成的运输成本高、流通环节多造成的成品价格高等，该项目提出了“一村一厂”的生物质颗粒燃料生产加工新模式，运行方式是由村委会对生物质颗粒生产厂统一负责和管理的模式，从当地雇佣两人进行生产运行和维护，在每年农户进行果树剪枝的秋冬季节，由农户将各自家中的果树枝送到加工厂

（*a*）燃料加工厂房外观

（*b*）燃料加工厂房内部

图 27-4　石椅村生物质颗粒燃料生产加工厂

进行代加工，燃料加工好之后再由农户将成品运回各自家里，在此过程中，农户仅需支付少量加工费用，用于补贴生产工人的基本工资（约占 40%）、设备电费（约占 50%）和维修费用（约占 10%）等必要支出，工厂每天运行 6 ～ 8h 左右，集中加工 3 ～ 4 个月时间，共计可以生产燃料 200t，提供这 11 个自然村全年的炊事燃料需求。如果农户原料较多，可以考虑以一定价格卖给村委会，然后由村委会统一将燃料销售给本村邻村的或需求量较大用户，这样不仅能增加设备的利用效率，有助于维持厂房的正常运转，还能进一步带动当地周边村落在可再生能源利用方面的发展，扩大宣传效果。

（2）清洁炉具改善方案

生物质半气化炉由于有一次风从炉排底部进入，在炉具上部出口处增加了二次风喷口，可以将固体生物质燃料和空气的气固两相燃烧转化为单相气体燃烧，具有供氧效果好、火力强、能使燃料得到充分的燃烧，并减少颗粒物和一氧化碳等污染物排放的优势。但是目前国内市场上的生物质半气化炉使用时，一般采用批次进料方式，一次性将燃料加入到炉膛中，然后从炉子的上部点燃，自上而下进行燃烧，与空气的流动方向相反。这样存在的最大缺点是每次点火和重新加料前后都需要将灶具从炉子上移开，不仅麻烦而且容易造成烫伤、烧伤等潜在危险，重新加料量不能太多，否则容易把火焰压灭，所以只能用于短时间的烧水、炒菜等轻型炊事。另外，这种半气化炉具一般要用细木条引燃，普遍存在点火困难、点火阶段污染大等弊端，而且由于没有充分考虑到农民喜欢用自己原有大锅大灶的炊事习惯，农户觉得使用不方便，结构复杂价格高，难以接受而很快废弃不用。虽然国家已经对此类炉具推广将近 10 年，但是很少有能让农户一直使用的成功案例。

针对上述不足，该项目提出的创新做法是利用半气化燃烧原理设计一款全新的燃烧生物质颗粒燃料的炊事燃烧器，在保证农户传统的炊事操作方式和使用习惯的基础上，继续保留传统柴灶本体、锅具和烟囱等基础设施，将新型生物质颗粒燃料炊事燃烧器从原有柴灶的填料口放置到灶膛中，通过手动进料、简便点火装置和合理的一次风、二次风半气化燃烧方式，实现高效清洁化燃烧和烟气的快速有效排出，如图 27-5 所示。

（*a*）燃烧器与传统柴灶结合图

（*b*）柴灶内部燃烧火焰

图 27-5　新型炊事燃烧器原型机

安装时将该装置从柴灶正面填料口或者侧面开口伸入灶膛内部并进行固定，使用时先往料箱内加入一定量生物质颗粒燃料，用手往一个方向旋转手摇柄逐渐将燃料输送进燃烧室上部的炉膛，然后拧开点火开关，点火风机吹出的风经过电阻发热元件后被加热到 500℃以上，然后吹到颗粒燃料表面，经过约 40s 后燃料就会被引燃，接着再切换到助燃风机，通过旋转风力调节阀来调节火焰燃烧强度；随着燃烧过程的进行，燃烧室内的燃料量越来越少，这时可以继续旋转手摇柄将少量生物质颗粒燃料输送进燃烧室，并根据所需的火焰强度来调节风力调节阀旋钮，不断重复上述过程，直至完成一次炊事活动；想要结束炊事用火时，先提前停止往料箱内加料，然后充分旋转手摇柄，将进料管中残余的颗粒料全部输送进燃烧室，完全停火后翻转燃烧室下部的孔板式炉箅，使燃烧室内的剩余木炭和灰分等全部落入柴灶最下面的灰膛，以便于清理。该生物质颗粒燃料燃烧器运行时只需要功率为 12W 的微型风机，加上点火阶段发热元件的电耗，全年总耗电量仅为 20kWh。

对于没有传统柴灶的农户、新建农宅等不具备增加燃烧器条件的农户，项目组又基于该燃烧器开发出一款独立型炊事炉，如图 27-6 所示，该炊事炉的使用方式跟上述结合了燃烧器的传统柴灶完全相同，区别在于灶体材料由传统柴灶的砖石换成了金属材料，而且在灶膛烟气出口处增加了水套用于回收烟气中的部分热量，从而给农户提供洗手、洗菜、洗锅用的生活热水。

图 27-6 基于生物质颗粒燃料燃烧器的独立型炊事炉实物图

27.3 改善效果

从 2015 年 7 月份开始已经陆续给该示范项目安装了 120 台清洁炊事炉，经过调研发现，有 70% 的农户持续使用该炉具，其余 30% 农户由于经常到城里打工不在家里做饭，所以使用不频繁，按计划 2016 年将继续安装 80 台。采用该种方式的优势在于可以充分利用农户原有的炊事设施，完全不改变农户的原有炊事习惯，而且炊事热效率可以达到 35% 以上，生活热水利用效率可以达到 10% 以上，大大提高了能源的综合利用效率，而且使用更加方便。此外，该炊事炉是一种可以显著减少污染排放的可靠炊事方式，燃烧单位质量燃料的 CO 和 PM2.5 排放量与传统柴灶相比优势明显，可以使燃烧所产生的污染物排放量减少 90% 以上，如表 27-3 所示。

新型炊事炉与传统柴灶的性能测试对比　　表 27-3

设备类型	热效率（%）	排放因子（g/kg干燃料）				
		CO	CO_2	SO_2	NO_x	PM2.5
普通柴灶	11.2%	38.3	1565.3	0.02	2.2	8.3
新型炊事炉	38.8%（共 50.4%）	27.6	1623.6	0.01	1.69	0.4

图 27-7 给出了某农户使用传统柴灶和新型炊事炉时厨房内的 PM2.5 浓度变化情况，从中可以看出，使用传统柴灶时厨房内 48 小时平均浓度为 31μg/m^3，而使用新型炊事炉时厨房内 48 小时平均浓度仅为 7.5μg/m^3，改善效果明显。

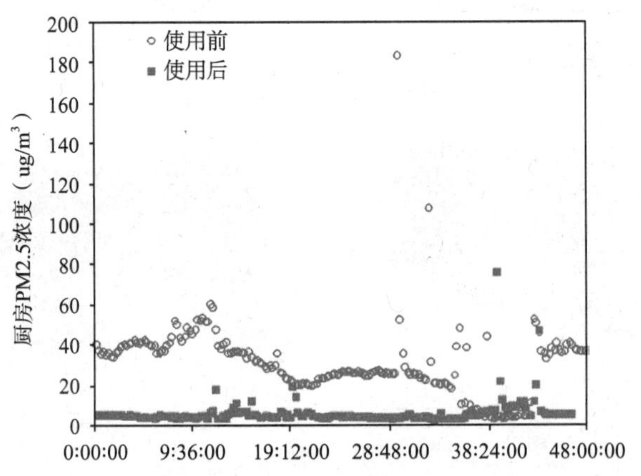

图 27-7　农户使用新型炊事炉前后的厨房 PM2.5 浓度对比

通过对农户实际使用情况监测发现，农户每天做三顿饭的生物质颗粒燃料消耗总量不超过 1kg，单户全年炊事总用量不超过 0.5t，与之前传统柴灶的燃料消耗量相比节省了 80% 以上，这意味着可以为农户节省大量上山捡柴的时间，农户非常喜欢。该小型厂房目前的生产能力为 1 ~ 2t/ 天，单月总产量为 50t 左右，给农户的代加工收费标准定为 300 元 /t，其中包括工人工资 100 元 /t、设备电费 120 元 /t、设备磨损费 30 元 /t 和利润 50 元 /t。由于采用这种“一村一厂”的代加工模式，农户全年用于炊事的生物质颗粒燃料花费不会超过 150 元，仅相当于 1 罐 LPG 的花费（每天使用的话，仅能持续一个月），所以农户完全可以承受，村里已经有一些原来使用 LPG 的农户在看到示范农户使用该新型炊事炉后也主动要求安装。

目前正在对该项目开展后续研究，包括更大范围的室内空气质量以及人体健康改善效果等。

参考文献

[1] 清华大学建筑节能研究中心 . 中国建筑节能发展研究报告 2010. 北京：中国建筑工业出版社，2010.

[2] 清华大学建筑节能研究中心 . 中国建筑节能发展研究报告 2011. 北京：中国建筑工业出版社，2011.

[3] 清华大学建筑节能研究中心 . 中国建筑节能发展研究报告 2012. 北京：中国建筑工业出版社，2012.

[4] 清华大学建筑节能研究中心 . 中国建筑节能发展研究报告 2014. 北京：中国建筑工业出版社，2014.

[5] 清华大学建筑节能研究中心 . 中国建筑节能发展研究报告 2015. 北京：中国建筑工业出版社，2015.

[6] 张海军，丁云飞，周孝清． 广州地区办公建筑空调能耗分析与评价 [J]. 节能技术，2007（6）：54-56.

[7] 李志生，张国强，李冬梅等 . 广州地区大型办公类公共建筑能耗调查与分析 [J]. 重庆建筑大学学报．2008，30（5）：112-117.